未来的真相

THE FUTURE OF (ALMOST) EVERYTHING

不容忽视的六大趋势

How Our World will Change over the Next 100 Years

〔英〕帕特里克·迪克松（Patrick Dixon）—— 著

杨 鹏 车吉轩 陈智霖 —— 译

THE FUTURE OF (ALMOST) EVERYTHING
How our world will change over the next 100 years
(second edition)
by Patrick Dixon

推荐语

绝对精彩。这是一部令人振奋的作品，对未来变化进行了有远见的洞悉，未来变化的最终驱动力是人性的智慧。

奈杰尔·尼科尔森

伦敦商学院组织行为学教授

这是一本精彩的未来指南，每个决策者都应该阅读，里面充满了对未来趋势的深刻见解。

布莱恩·邵特尔爵士

捷达集团有限公司董事长

这本书发人深省，对可能影响我们未来的全球趋势有深刻见解，能帮助企业从不同的角度思考未来的市场。

琳达·岳

伦敦商学院经济学兼职教授，北京大学经济学客座教授

每一位领导者都要走在主要趋势的前面。读一读这本书，让你走在未来的前面！

辛克莱·比查姆

Pret A Manger 有限公司联合创始人

这是我读过的关于未来趋势最好的书。

汉斯·迪特·冯托贝尔

冯托贝尔银行董事长

对于那些渴望了解未来的人来说，这是一本必读的书。

林达·格拉顿

伦敦商学院管理实践教授

这是一本讲述行动和解决方案的好书，提出了许多关于未来挑战很好的、切合实际的观点。

弗兰克·阿波尔

德国邮政敦豪集团首席执行官

每一个担心我们将如何负担得起新的、更环保的技术的人都应该读这本书。

莫德·奥勒夫松

瑞典副首相

21 世纪不可或缺的生活与商业手册。这是一本重要的指南，为美好的未来指出了一条清晰的道路。

菲利普·德萨特尔

微软董事

每一个参与应对气候变化的政府都应该阅读这本书。

瓦尔季斯·东布罗夫斯基斯

拉脱维亚总理

不同于卢德派和末世论所宣传的那样，这是对未来乐观的、创新的、具有技术可操作性的现实预测。

埃德蒙·金教授

汽车协会主席

可持续性将改变人们对未来的看法。每位商业领袖都应该读一读这本书。书里充满了新的想法和商业机会，以及采用有益方式解决世界上许多重大挑战的实际见解。

彼得·瓦迪爵士

瓦迪集团前董事长

非常有用的成功指南。对任何一个经营企业的人来说都是必不可少的阅读材料。

布伦特·霍伯曼

lastminute.com 联合创始人兼首席执行官

优秀的管理书籍能激励你采取行动。这本就是！一本具有相当可读性、能激发灵感的读物。

莱奇勋爵

英国保险公司协会前主席

帕特里克·迪克松在商业类著作的作者中是首屈一指的。这本精彩的书揭示了在发展强大品牌的过程中对客户和使命的热情是多么重要。

蔡立平教授

美国普渡大学普渡旅游与酒店研究中心主任

这是每个商业领袖都需要倾听并付诸行动的信息。

德里克·阿贝尔教授

柏林欧洲管理技术学院院长

前言　洞见趋势，把握未来

我有幸多次访问中国，并有机会了解到中国非凡的历史和文化、卓越的成就与创新以及远大的愿景。《未来的真相：不容忽视的六大趋势》是关于未来学的，依据我给许多国家的公司董事会、高层团队以及政府领导人所做的相关演讲结集而成。希望中国读者能够喜欢这本书，并能从中找到有助于理解未来的内容。

在开始写这本书之前，我再次阅读了我写于25年前的一本书——《未来智慧》，并把当时写的内容和发生的事情进行了对比，对比结果可以在我的个人网站[①]上查到。1998年的许多预测已经成为现实，还有许多预测可能很快就会发生。有些事情我预测有误，主要是关于变化的速度和时机等问题，而不是发展趋势的方向问题。

我们的未来往往受持续的大趋势所影响，也被短期冲击所干扰。本书重点关注的不是未来可能发生什么，对于市场而言，未来的变化是显而易见的，我更关注的是这个变化什么时候发生。

我曾预测了一些可能会对世界产生巨大影响的事件，比如我对可能引起全球大流行的新型变异病毒风险进行了预警，我还预判了世界上某一个强国可能会出现重大误判，进而导致地区冲突持续发生。目前这两个预测已经得到了证实。

---

① https://www.globalchange.com/read-futurist-predictions-i-made-in-last-20-years-measure-against-today.htm.

尽管出现了突发事件，但世界仍运转如常。这是经验教训，也是本书的主题。纵然经济、卫生和政治危机可能在世界不同地区交替发生，市场亦有跌有涨，但长远来看，大多数人日常生活的变化依然缓慢。

过去几周，我访问了智利、哥伦比亚、巴拿马、法属波利尼西亚、法国、美国、西班牙和土耳其等国家。对于这些国家的普通人而言，他们的日常生活在许多方面仍与 5 年前相似，只是从事互联网工作的人比过去多了。事物通常会以相对可预测的方式发生变化。

当您阅读这本书时，请重点关注主要的变化趋势，因为这些趋势将是改变未来世界最重要的因素。其中一个关键趋势是，中国作为一支全球性力量在经济、文化和社会等方面快速崛起，同时印度、巴西等国家也在加速发展。这个趋势将持续至少 100 年。世界上 85% 的人口生活在新兴市场，那里是世界上大部分儿童的家园，也是未来经济增长最快的地方。经济的不断增长也将加剧人们对可持续发展的担忧：我们如何把地球传给子孙后代？

Patrick Dixon

帕特里克·迪克松

2022 年 9 月

目 录

序

一　关于未来的真相

未来 20 年，一系列重大事件与发明将震撼和改变我们的世界，影响政府、公司和个人的生活，我们正以惊人的速度奔向一个几乎无人知晓的未来。

把握未来，或未来掌控你。

本书希望告诉世界各地的高层领导者们关于 2050 年甚至更遥远未来的生活，其中一篇呈现的是 2120 年的生活。关于未来的辩论将不再是针对一些显而易见的趋势，而是围绕至关重要的时机展开。

· 真正的变化是什么？为什么许多趋势会消失？

我们正面临人类历史上最大的生存危机，而技术将为我们战胜这些挑战提供前所未有的最佳机遇。

消费者的选择正在发生根本性的变化。很多公司将在 20 年后消失。谁将是赢家？谁又是输家？领导者又需要采取哪些行动呢？

我们的后代将震惊于人口增长的规模、人类的破坏性、随意的浪费和有毒物质的污染。随着成千上万物种的灭绝、二氧化碳水平的持续上升，以及我们对整个地球地貌的不间断改变，今后 20 年中所做的决定将会改变未来地球上万年的生活。

我们的后代还将震惊于风险日益“不对称”的本质：拥有

有限资源的小团体可以轻易地操控整个国家的计划表、控制全球新闻、破坏经济增长、迫使企业改变政策，或是控制一些社区。因此，必须密切关注这些团体，观察它们如何获得未来的权力，以及它们的计划可能是什么。

另外，许多趋势的发展将是相当缓慢或可以预见的，就像过去 30 年出现的情况。大多数人的日常生活在许多方面的改变比想象的更加缓慢。历史表明，一个预测越令人震惊，就越有可能是错误的，因此我们需要格外关注那些媒体大肆宣传的内容，如英国脱欧或特朗普的长期影响。

现在引起媒体注意的一些“主要趋势”将完全消失，有的消失得更快。以数字革命为例，其部分内容已经接近成熟。在不到 5 年的时间里，英国电子商务从占零售业的 12% 提高到 24%。以这样的速度，再过 10 年，英国零售业将实现 100% 的线上消费，但这永远不会发生。这也就意味着，目前的增长速度将会很快放缓并趋于平稳。全球智能手机拥有量、人们的在线时长等也会出现类似的趋势。

要么将自己的未来看成需要为之努力的方向，要么将其看成行为造就的结果。这本书是关于未来的，而不是宿命的。

正如我的一些客户过去发现的那样，你可以拥有地球上最伟大的战略和卓越的领导力，但如果这个世界的变化不是按照预期发展的，你只会在错误的方向上走得更快。人的一生太短，我们不能浪费任何一天去做那些完全是浪费时间的事情，或者做我们根本不相信的事情，所以我们迫切需要知道我们将走向何方。

· 最大的风险是机构性盲目

媒体的大字标题中充斥着各种危言耸听、令人困惑、愚蠢而荒谬的预测，那么真正的远见和洞察力从何而来呢？我们需要从常识开始。对于任何组织（以及任何预测者）来说，最大的风险是机构性盲目（Institutional Blindness）。当银行家们花费太多时间互相扯皮，结果就会出现银行业危机。如果 IT 人员花费太多时间关注同行而忽视了自身发展，就可能会出现主系统漏洞、不能满足客户要求的设计或容易遭到网络攻击等结果。

·我遇到的最恐怖的听众

一年之中我会在不同的国家做 60 多场主题演讲，但我曾面对过的最可怕的听众在五角大楼里。我的任务是向 500 名高级军事领袖做关于趋势的演讲，并给他们提出一些建议，希望他们能够利用其庞大的军事力量来缓和国际紧张局势、改善美国形象、防止未来战争和消除国家安全威胁。

我的听众是军舰、战斗机、潜艇、核武器、巡航导弹、无人机、坦克、大炮等世界最强武器的指挥官以及军事情报人员。

我在礼堂外的展览厅徘徊，寻找某种新灵感。展览厅里摆满了令人印象深刻的军事装备，全球军火公司的销售团队向我解释如何利用他们的新奇技术以更少的努力、更小的风险，更有效地瞄准并杀死一大批人。

我深刻体会到了 20 世纪的感觉。这些硬件的能力确实令人震惊，技术令人敬畏，但拥有超级武器永远无法建立信任，更无法消除冲突根源，也无法修复破碎国家的信心。

·如何在几秒钟内引发一场重大冲突

未来，对于指挥官来说，决定性的问题不是他控制了多少导弹、无人机或其他武力，而是他是否应该在几秒钟内下达命令射杀一名正走向美军检查站并且可能携带炸弹的 6 岁女孩，而这一切大家都可在电视新闻中看到。

一个孩子的死亡可能会引发当地民众的愤怒、大规模的内乱和进一步的流血事件，以及全球的谴责。在这样的时刻，一个军事超级大国的全部力量是完全无用的。

走出大厅我感到了深深的忧虑，他们郑重声明，我是第一个被允许在这个定期军事集会上演讲的非美国人。迄今为止，他们的原则一直是只有美国公民的声音才值得倾听。所以来这里对我来说是一种荣幸，他们愿意倾听来自不同世界观的声音甚至是种恩典。在许多其他国家的国防部进行的军事演习中也可以发现类似的盲目性。

· 陷入狭隘的视野

任何组织都可能受到某种程度的集体疯狂的影响而无法拥有更宽阔的视野。每个人都是透过自己的“眼镜”来看待周围世界的，这副“眼镜”扭曲了我们的观念和反应，它们来自我们的文化、出生地、人生经历和经验。因此，要获得准确的未来预测，最重要的一步是认清自己的局限性：摘下自己的“眼镜”，戴上别人的“眼镜”，拓展自己的视野空间。

二　我的旅行

我曾去过 60 多个国家，与很多政府和大型公司的领导人进行过交谈，接触过各行各业，会见过创新精英和企业家，给超级富豪提过建议，也在大城市的贫民窟、难民营和偏远山区与最贫穷的人进行过交流。

·市场调研不能预知未来

我了解到的第一个事实是，除了对眼前的“未来”有用之外，市场调研可能是一个完全无用、昂贵并且危险的指南。全球的公司和政府每年的市场调研费用为460亿美元，调研内容只是询问人们会如何做。但针对新产品、社交媒体、骚乱、体育赛事、重大丑闻等，人们的心思可能在几个小时内就会发生变化。

然而，市场调研仍然很重要。我们确实需要密切关注客户动态以及他们的感受，仔细倾听他们的要求，及时解决客户提出的问题。但是，当谈到未来的时候，我们要更加审慎地对待调研结果。

·驱动未来的一个词：情感

我了解到的另一个事实是，有那么一个因素将比重大事件、经济、创新、技术、人口、宗教或政治等更能驱动未来的变化。领导者通常会关注指标、数据、财务、分析、流程、客户、竞争对手、投资者、舆论和监管。所有这些确实很重要，但还有一个核心要素，它对塑造未来更加关键。

能够推动未来的关键词就是情感（Emotion）。如果要探索未来，我们需要了解人们的感受和想法。正如我们将在本书的每一篇中所看到的，情感反应通常远比事件本身更重要。所有的领导行为都要与情感有所联系，这就是机器人无法成为领导者的原因。

·你需要看多远?

每当我被邀请做关于未来的讲座时，我总是问同样的问题：你希望我带你走多远，进入什么领域？

如果你是一个股票交易者，你只需要比市场快 3 毫秒，就能在高频交易中赚到数十亿美元。如果你是一家时装公司的管理者，提前 6 个月的预测可能就足够了。如果你是一位银行家，你的未来视野可能不需要超过 5 年。如果你是一家大型保险公司的管理者，你的视野则需要延伸到 10 年或是更久以后。

制药企业需要 25 年的愿景，因为一种新药从研发到上市需要 15 年的时间，而专利的保护期一般是 25 年。能源公司则希望看得更远。不久前，我和一位高级管理人员交流，她在 10 年前签署了一份从里海海底开采石油和天然气的合同，而这些油田需要再过 10 年才能开始开采，开采周期为 30 年甚至更长，所以在签署协议的时候，她必须对未来 50 年的能源价格进行评估。

· 如何预测未来？

如何预测 2040~2050 年一桶原油的平均价格？有人说，这种预测是不可能的，也是毫无意义的，我们所能做的就是为不确定性做好准备。这种说法是危险、天真、愚蠢、宿命的无稽之谈。一切都取决于你想要预测什么。

没有人可以一直准确地预测市场价格或汇率的短期波动、势均力敌的参选双方的选举结果，以及愚蠢政客的下一个决定，我们永远不能确定明天到底会发生什么。对于每一个决策者来说，对最有可能发生的事情进行理性预测不仅合理而且至关重要，但同时仍需考虑其他的可能性，以便进行风险管理。

· 长期趋势是可以预测的

所有可靠的、长期的预测都是建立在大趋势基础之上的，这些趋势在过去 30 年中推动了深刻、持续且相对可预测的变化，这些趋势也是每一个精心设计的公司战略和政府政策的基础。下面是一些可以预见的长期趋势。

√ 世界人口增长率逐步下降

√ 人们选择晚婚或不结婚，导致新生儿数量减少

√ 数字技术、电信和网络的价格快速但可预见地下跌

√ 各种无线、移动设备和移动支付的快速增长

√ 从传统零售转变为在线销售，配送速度更快

√ 人、公司和机器之间的联通性

√ 新兴市场经济快速增长

√ 新兴市场中产阶层数量的快速增长

√ 数以亿计的人口迁往城市

√ 从贫穷国家向富裕国家的大规模移民

√ 更有成效的全球性扫盲和更多的大学毕业生

√ 大多数规模化生产产品的成本下降

√ 全球贸易的快速增长（尽管存在保护主义）和对旅游的强烈需求

√ 贸易集团、自由贸易区、货币区的形成

√ 越来越大的全球公司兼并、重组，形成更短、更灵活的供应链

√ 快速增长的为预测未来健康而进行的基因筛查

√ 包括干细胞技术在内的生物技术疗法的发展

√ 随着饮食和健康的改善，预期寿命更长

√ 欧盟、日本、韩国、中国等多个国家或地区的人口老龄化

√ 印度和尼日利亚等新兴国家的婴儿潮

√ 随着更多的女性参加工作，社会中女性意识的觉醒

√ 儿童福利和虐待问题越来越受到关注

√ 更加注重工作中的“健康与安全”问题

√ 更加关注环境、可持续性和食品供应

√ 拥有丰富能源或矿产资源国家的不稳定性

√ 从国与国之间的战争转向国内冲突

√ 更广泛地接受民主（但不信任传统政治家）

√ 更广泛地认可公民权利，保护弱势群体

√ 顾客对方便、舒适、价值、服务、诚实、可靠、速度的期望值更高，当标准下降时，将会产生更多投诉

√ 家庭、办公室、工厂的日常工作快速实现自动化

√ 人工智能的发展和国家控制能力的增强

我们可以为某一个行业或国家列出数百个这样的趋势。这些比较大的趋势对于大多数趋势分析师来说是显而易见的，并在过去 30 年里被详尽地描述过，它们的发展比经济的繁荣或萧条以及社会风潮的变化要缓慢得多。

· 所有趋势互相关联

所有的主要趋势是相互影响、彼此作用的。同时，某个人的未来正受全球 75 亿人未来的影响而改变。这就是为什么专注于单一的趋势是非常不合逻辑并且危险的。但遗憾的是，许多经济学家、生物学家、技术专家、军事顾问和其他专家倾向于关注单一趋势，每个人都在自己的专业领域内盲目地进行微观预测。

并不是说我的预测从未失误过。预测未来趋势永远是一个充满风险和令人越来越谦卑的过程。如果你想自己对此进行判断，你可以去看看自 1997 年以来我在网站上发布的超过 600

个 YouTube 视频、数百场演讲和文章以及 6 本完整书籍的文本。它们的访问人数超过了 1700 万人[①]。

三　2040 年比我们想象的更近

对于未来学家，问这样的问题可能有点奇怪，因为未来学家的职业根基就是理解快速的变化，但这个问题又至关重要。

· 在过去的 20 多年里，到底发生了多大的变化?

尽管我们习惯了对变化速度之快的大肆宣传，但如果一位企业领袖从长达 20 年的昏迷中苏醒过来，他仍然能很快适应这个社会，也许用不了几个小时就可知晓身边乃至整个世界发生的重大变化。我们暂且称这位领袖为汤姆吧……

我们要告诉他什么呢？没什么会让汤姆感到惊讶的。互联网泡沫事件和“9 · 11”恐怖袭击；伊拉克、阿富汗和叙利亚的战争与伊斯兰激进分子有关；更便宜的、可移动的计算技术；更快的网络、更多的电子商务、社交媒体的快速增长；更便宜的技术和机器人；亚洲的快速崛起；越来越多的人担心全球变暖和无处不在的太阳能电池板；在长期繁荣之后，银行贷款危机引发的市场大崩溃；企业的银行丑闻；退休年龄的延迟和对养老金的担忧；对病毒性流行病的担忧；等等。

· 根本性的改变?

但是，走在欧洲任何一个首都的街道上，汤姆都很难看到多少根本性的变化，比如关于时尚、音乐、日常文化、政

---

① http://www.globalchange.com——译者注。

治以及年轻人的希望和梦想的变化。除了越来越多的人在智能手机上花更多的时间，以及进行更多的网上购物之外，一切看起来都差不多。

汤姆以及其他许多人早在1996年就开始使用诸如诺基亚9000等智能手机，这些手机同样具有完备的网络浏览器、电子邮件、照相机、文字处理、记事本等功能，而且价格每12个月就会减半。早在1997年，汤姆的女儿就经常同时运行多达16个聊天页面。所有这些早在20世纪90年代就有了某些苗头。那么，对于汤姆来说，什么是真正全新的变化呢？

· 年轻人和老年人过着非常相似的生活

与20世纪50~70年代的许多发达国家相比，今天的“代沟”要小得多。年轻人和老年人听相似的音乐，看相同的电影，穿类似的服装，到同样的地方旅游，分享相似的价值观。

人们外出就餐更频繁，生活水平提高了。技术更加便宜。欧洲和美国的大多数住房看起来与2000年时没什么两样。办公室更加开放，人们可以携带自己的电脑或移动设备。但大多数人仍需要通勤出行。电视新闻看起来也一样。尽管画面效果更好，但好莱坞电影的故事仍在重复，重大体育赛事仍能吸引大量观众。

· 2040年的生活变化也不大

到2040年，大多数人的日常生活在许多方面将与今天非常相似。在世界的许多地方，3岁孩子们的生活几乎一样，将来他们的18岁是现在18岁的人们同样熟悉的生活。他们会进入高中，参加考试，开始第一份工作或上大学。他们的希望、想法和梦想与你18岁时相似。他们也会照镜子，考虑个人形象，同样希望有一天能遇到对的人，并开始一段美好的姻缘。他们也会寻求幸福、舒适的生活，也想“有所作为”，也会讨论政府的作为或世界如何才能可持续发展。

而当这一代人自己成为父母时，他们也会像前几代人一样担忧自己孩子的幸福。因此，请不要错误地认为，由于下一代数字技术、移动技术、机器人技术、虚拟生活、可穿戴设备、基因编程、社交网络或其他任何东西，人类的本性将有所不同。回顾2000年前人们的生活，你会发现更深层次的心理和生理需求在很多方面一直是相似的。

·“千禧一代”更关心长远的未来

但与此同时，一些根本性的转变正在发生，它们将改变社会，淘汰一些跨国公司，摧毁一些政权。而自成年后就生活在第三个千禧年（2001~3000年）的“千禧一代”更关心诸如可持续性等长远问题。

到2050年，历史将记录一个完全不同的世界，一个拥有新的力量平衡、新的全球文化、新的行业巨头、新的政府形式和新的社会习惯的世界。

四　未来的六个面

研究未来的一个有效方法，就是将未来看作一个拥有六个面的立方体，这六个面同等重要，在本书的不同篇章中将分别阐述，但每个面呈现出来的相对影响力因人而异。

要同时看到这六个面是不可能的，因为它们有些是相关的，有些则是相对的，它们共同构成一个立体的未来，只有我们持续转动它，才能完整了解它，而情感是让这个立方体旋转的力量。它的六个面拼成了英文的“FUTURE”。

快速的（Fast）——变化的速度，如未知因素、数字化未来、人工智能、机器人技术

城市的（Urban）——未来的城市化，如人口结构、健康、时尚、潮流

群体的（Tribal）——未来的国家、文化、社交网络、品牌、团队

全球的（Universal）——未来的全球化，如零售、电子商务、贸易、制造业

激进的（Radical）——政治的消亡、激进的行动主义的崛起、可持续性

道德的（Ethical）——价值观、动机、领导力、抱负、精神

“快速的”与“城市的”密切相关并处于同一方向，“激进的”与“道德的”也是互为一体，处于另一方向。顶端是“全球的”，与之相对的是“群体的”。

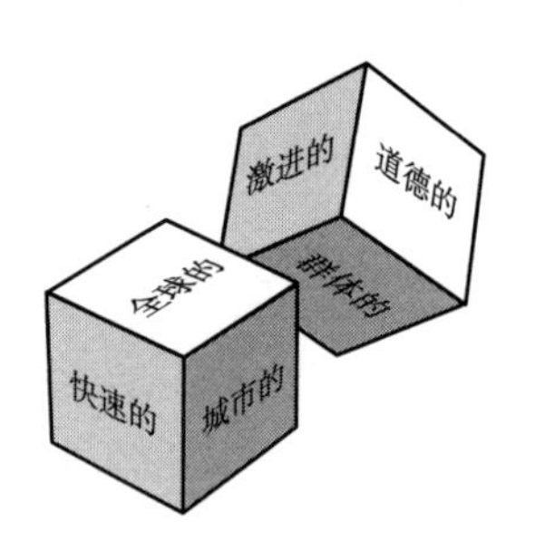

大多数管理者是从顶端看这个立方体的，他们看到的世界是快速的、城市的和全球的。然而，如果将这个立方体旋转180度，又呈现一个不同的视角，此时看到的世界是群体的、

激进的和道德的。

理解这两种主流观点之间的矛盾非常重要。一个具有激进的、道德的和群体的意识的少数人群体可以对一个公司或国家产生深远的影响，比如民族主义政治家、反移民抗议者、伊斯兰国家、气候变化活动家，或以实际行动来制止童工的消费者。他们的想法是激进的，受强烈的道德观念驱使（无论你是否同意这些道德观念），并且非常群体化（紧密、团结、组织良好）。

· 对于每一种趋势，都要想到其对立面

每一种趋势往往都有与之相反的趋势，如在同一个城市或国家的某些地方，自由主义和保守主义的趋势同样强烈。毒品使用激增，要求合法化的呼声也越来越高；禁烟运动试图在所有公共场所禁止人们吸烟，但那是不可能的。在西方媒体和营销活动中每天都有提高儿童和青少年性意识的过度宣传，同时对虐待儿童和性骚扰的愤怒也与日俱增。

可以预见，在未来的 100 年内，我们将看到对立趋势之间的强烈冲突，当然也会有极端趋势出现，甚至有难以容忍的趋势——正如我们在伊斯兰和自由的“西方”文化之间以及伊斯兰内部的文化冲突中所看到的那样。受宗教信仰或者缺乏宗教信仰的影响，最强大的冲击力来自道德的冲突而不是文化的冲突。事实上，在一个多元化、多轨道的社会中，每个城市和国家都有诸多不确定因素，这就是观察趋势的魅力所在。

· 所有的领袖必须是未来主义者

什么是未来主义者？在某种意义上，所有有思想的人都是未来主义者。提前计划是人类生活和生存的一部分。未来主义者只是跨越了行业和国家的专业的未来思考者。

所有的领袖必须是未来主义者。人们只追随那些对美好未来有着强烈愿景的领袖。这些愿景必须建立在现实的基础上，建立在当前认知的基础上，建立在清楚如果不采取行动可能面临什么样的结果之上。

· 乐观主义者并不相信世界末日

人们经常问我是乐观主义者还是悲观主义者。我应该是一个乐观主义者，尽管未来充满威胁和挑战，尽管只有少数人有能力应对恐惧。

多年来，许多趋势观察者发出过一些可怕的、有关世界末日的、令人震惊的警告，如食物、水和空间的枯竭，全人类将被重大事件毁灭或被机器人控制，等等。

正如我们将要看到的，绝大多数此类说法是危言耸听的无稽之谈。我们的世界远比许多人想象的更有韧性。人类拥有惊人的、不断加速的创造和创新能力，并将以今天难以想象的方式解决未来所面临的挑战。此外，全球体系内还有许多平衡力量。然而，人类的行为是完全不可逆的——比如，100 年前地球上 60% 的动物物种现在已经灭绝，且它们的灭绝在很大程度上是人类活动的直接结果。

下面让我们开始未来的第一面——变化的速度以及它对你的意义。

第一篇　快速发展（Fast）

个人生活以分钟计算，重大事件以秒计算。我们的世界被即时信息所困扰。电子成瘾已经成为焦虑、抑郁和精神崩溃的最常见原因之一，尤其是在年轻人当中。英国 15~25 岁的人平均每天花在手机上的时间是 4 小时，每 9 分钟查看一次信息，上网时间与心理健康的风险直接相关。但与菲律宾相比，这根本不值得一提。2019 年 HootSuite 和 We Are Social 联合发布的一项调查显示，菲律宾人平均每天上网 10 小时。在同一项调查中，巴西用户的上网时间是 9 小时 29 分钟，泰国是 9 小时 11 分钟，柬埔寨是 9 小时，印度尼西亚是 8 小时 36 分钟，美国是 6 小时 31 分钟，中国是 5 小时 52 分钟。全球每人每天平均在线时间是 6 小时 42 分钟[①]。

即便这些报告中的描述比实际情况略严重，但这已经是一个具有巨大社会影响的完全不可持续的趋势，而不仅仅是影响情绪和健康的问题。到 2030 年，年轻人真的愿意每周花 80 小时上网吗？越来越多的家长对这些每天至少花 8 小时看屏幕、对线下生活失去兴趣的孩子不知如何是好。

一　数字快乐的真相

使用数字设备的目的是让我们更快乐、更满足，更加有效

---

① 宽带评论网站，BusinessFibre.co.uk——译者注。

地节省时间，让我们的生活更轻松，缓解压力，放松身心。这是数字设备及相关产品开发的初衷，但对于青少年来说，现实往往截然不同，尤其需要考虑社交媒体对青少年的破坏力。

如今，在许多国家，大多数十几岁的女孩觉得，如果不编辑自己的照片，就无法让自己看起来更有个性或是更有吸引力。她们的自我价值通常取决于每天能上传多少张令人羡慕的或展示有趣经历的照片。自我厌恶的感觉已经成为常态。在许多国家，自残现象激增，尤其是女孩，自杀率也在飙升。在英国，25% 的 17~19 岁的女性患有精神疾病，主要是抑郁或焦虑；25% 的 14 岁女孩说她们在过去一年中有过自残行为，12% 的 14 岁男孩做过同样的事情。60% 的美国青少年说他们在网上被霸凌或骚扰过，有人收到过涉及性内容的短信，青少年被迫用智能手机向他人发送他们身体私密部位的图片——其中一些可能会被迅速公开扩散，这对青少年造成了极大的伤害。

· 未来人们对超数字化生活的反应

预计在未来 10~20 年，一些群体将强烈反对数字生活。在美国西海岸，正在出现“过度连接”（Hyper-connected）父母的另一个版本，他们禁止保姆在孩子面前上网，他们自己也完全不接触屏幕。这些父母生活在恐惧中，担心孩子的大脑会因为过早接触数字刺激而受损。预计到 2025 年，会有更多的研究表明，每天盯着屏幕超过 7 小时的儿童，其大脑结构会有所不同。但是，最大的风险还不是这些年轻的大脑结构上的改变，而可能是情绪上的变化。

不仅仅是我们所看到或体验到的内容，屏幕的亮度也在大幅度提升。最新的手机和电视屏幕投射出的图像都是经过精心处理的，它们比现实影像更清晰、更明亮、更有活力、更强烈、更具有视觉刺激性。当超现实的影像和屏幕上的运动结合在一起时，将产生一种眼睛几乎不可抗拒的吸引力。假如你正在与某人交流，他身后不远处正在播放着视频，试一下你能否与他保持眼神交流。

有人说，大多数人的日常生活从未改变得如此之快，我们几乎接近人类忍耐的极限。但无论如何，这不是真的。可以肯定的是，能够快速实现减压的市场将会越来越大，比如短暂的休息、水疗、美甲、刺激肾上腺素的体验、水上运动、桑拿、现场音乐会等。

二　被事件取代的策略

变化速度对所有领导者来说都将是一个巨大的挑战。大型企业的战略计划可能会被重大事件所推翻。世界变化之快可能都来不及开董事会。可以预见，人们会越来越重视领导力的灵活性、动态战略、后备计划和风险管理。

大多数中型或大型公司将在未来的 30 年里缩减并消亡，因为它们的领导者对技术视而不见、对激进的变化速度感到不安。对于在同一个行业中工作了 10 年甚至更长时间的人来说，生活对他们来说会越来越难以理解。

· 反对不断的变化

在一个不断变化的世界里，不变的事物将更有价值。预计将有更多被列入保护名单的建筑，以及对一些城镇、政府大楼、教堂、清真寺、寺庙和纪念碑的保护令。古树、未受破坏的荒原、森林和海洋景观将得到更多的重视。对于那些有资金承受力的人来说，老房子会继续受到他们的青睐。

三　未知因素：20 秒影响 40 年

我们的世界现在如此紧密地联系在一起，以至于小事件很容易引发大动荡，使它们成为决定性的时刻，比如苏联解体和冷战结束，英国脱欧公投，在非常激进的民粹主义议程中选举总统。几秒钟就能改变历史。一场持续不到 1 分钟的地震导致日本福岛第一核电站出现裂缝，其结果是德国和日本放弃了核能，这将影响能源市场 40 年。然而，与此同时，英国和中国开始了核工业的繁荣。正如我所说，对事件的情绪反应往往比事件本身重要得多。

俄罗斯突然重新夺回克里米亚（1957 年之后属于乌克兰），其导火索是 2014 年乌克兰革命推翻总统后，俄罗斯担心乌克兰的军港会归北约所有。这导致欧盟减少了对俄罗斯天然气供应的依赖，激化了乌克兰其他地区的冲突，并引发了新一轮冷战，而制裁对俄罗斯和欧盟都造成了损害。

“9 · 11”恐怖袭击后，全球反恐联盟成立，引发了两次国际战争，并在中东、阿富汗和巴基斯坦激起了反美愤怒。

2018 年 12 月，中国突然禁止从欧美进口垃圾，这意味着欧美每年 1.1 亿吨塑料和纸垃圾无处可去。中国的回收商破产了，全球纤维素价格一夜之间几乎上涨了 70%。

· 上百种风险

在每一个大型企业中，都有许多潜在的影响力极大的风险或不确定因素。如果你能列出 400 种不确定因素，每年每一种的发生概率是 1%，那么每年平均会有 4 件大事发生。但每一种风险都是与其他风险相关联的。

主要的未知因素

√　病毒性瘟疫——迅速蔓延，在每个大陆都有病例

√　欧元区解体——另一个巨大的全球经济危机之后

√　持续的网络攻击——政府、电信、公用事业、交通、银行瘫痪数周

√　针对以色列的重大的、持续性的军事行动

√　有可能拥有核能力或某种“肮脏武器”的恐怖分子对某个主要城市的威胁

√　一系列与“9·11”恐怖袭击影响相似的事件

√　太阳地磁风暴击垮了电信公司 /IT

√　巨大的火山喷发影响了地球温度

√　投资机构的重大投资失败影响了超过 4 万亿美元的资产

√　大国的错误估计导致持续的地区冲突

√　大型流星冲击一个大城市——比如 1908 年将俄罗斯约 2150 平方公里夷为平地的通古斯大爆炸；再如 2013 年发生在俄罗斯的陨石坠落事件，其动能比投在广岛的原子弹还要大

考虑这样一个问题：在 10 个人中，有 2 个人生日相同的可能性有多大？那么在 70 个人中呢？

答案是：在 10 个人中有 2 个人生日相同的概率是 10%；在 23 个人中的概率是 50%；在 70 个人中的概率是 100%。这一概率远高于大多数人的猜测。这些巧合的数字是对“生日悖论”（Birthday Paradox）充分研究后的统计结果。

· 为什么标杆管理如此危险

每一家大公司都需要管理风险并向股东报告。但不幸的是，正如我们在 2008 年经济危机中所看到的那样，银行雇用了数百名风控经理，但仍被摧毁。为什么？

许多公司依赖“标杆管理”（Benchmark），即与竞争对手或整个行业相比较。然而，这个方法可能是非常危险的，会导致整个行业盲目地步调一致，像旅鼠一样，摔下同一悬崖。

在危机爆发前一两年，我给来自世界各大银行的数百名高级风控经理做了一次演讲。我告诉他们，我非常担心银行业的重大风险没有被适当地提出来。之后，几位风控经理找到我。他们说我是对的，但他们不能采取行动。如果他们建议董事会要更加谨慎，那么他们得到的回答通常是：“就像标杆基准所显示的那样，我们承担的风险和整个行业类似，监管机构并没有反对。如果我们采取更谨慎的态度，我们的财务回报将会降低，分析师会攻击我们，我们的股价也会下跌。”

风控经理必须思想独立，头脑缜密，拥有远见卓识，从行业外的趋势中获取信息，避免机构性盲目，有勇气“特立独行”，从不同角度看待问题。

· 短期思想将摧毁许多大公司

许多跨国公司以 12 个星期为一个运营周期，而很少考虑较长的期限。这往往是因为按照法律的要求，企业领导需要每季度报告其盈利情况。

以往的许多丑闻表明，决策受时机的影响：如何将投资推迟到下一个季度，以免影响评级，或者用其他方式来篡改数据。采取大规模的战略行动几乎是不可能的，因为那样可能在5~10年才会赢利。

根据上一年的业绩发放巨额年度奖金，使得短期思想更加严重。如果再加上其他激励措施，比如即将兑现的股票期权，那结果将是致命的。希望监管机构加大干预力度，迫使上市公司根据几年来的业绩发放奖金。

当然，即便是能力很强的首席执行官也可能很快被逼得走投无路。在美国，一家大型集团的首席执行官的平均任期只有5年，在欧盟则是7年。

与此形成鲜明对比的是大型家族企业（或家族控股的企业），我经常与这些企业的领导者交流，我们谈的通常是另一种内容。他们会说，“公司是我的祖父创立的，我每天都在想自己会把什么样的公司留给后人”。这类企业往往具有强烈的方向感和目标感，要求员工忠诚，并且能在企业里待上几十年。当然，家族所有制也有缺点，比如老一代的领导者拒绝为下一代让位，年轻家庭成员缺乏才能、抱负或兴趣。

我曾与某些上市公司的高层领导人交谈，他们希望自己的公司也能成为“私有”公司，并且已经在考虑如何退市。希望有更多这样的对话，探讨包括私募股权投资在内的不同所有制模式。联合利华（Unilever）等公司已经停止发布详细的季度报告，以求恢复理性经营。

四　全球经济的未来

对于经济学家来说，第三个千禧年开始的15年是一个令他们非常尴尬的时期。许多人无法预见日益累积的危机，也不能准确预测危机将持续多久。

在 2008 年金融危机之前，我做过很多演讲，也写过很多文章，内容都是关于人们对复杂金融工具下的全球贸易知之甚少而带来的巨大且不断增长的风险，以及对冲基金的风险。我也对未来全球市场的不稳定性以及通货紧缩的冲击向人们提出警告。但是，我没有预测到那场危机有多严重，会持续多长时间。

以下是在未来 10 年可能影响全球经济的十大因素。

全球经济的发展比许多人想象的要好。得益于新兴市场，危机爆发后（除 2009 年外）全球经济每年都在增长。中国的增长速度有所放缓，但每年也在 5%~7%[①]。短期内的低油价将有助于经济增长。

全球上市公司坐拥 12 万亿美元的现金储备（不包括金融公司），这比所有国家的外汇储备都要多。预计未来 5~10 年将有大规模投资，尤其是在基础建设和新兴领域。

主权财富基金的增长。截至 2018 年，中国、挪威、阿拉伯联合酋长国、沙特阿拉伯和新加坡等国家的主权财富基金价值超过 5.5 万亿美元，总额为 7.4 万亿美元。仅中国就超过 1.9 万亿美元，其中大部分是美国政府债券。未来中国的房地产、大宗商品、采矿、基础设施、医疗保健、物流、科技公司和其他领域将迅速实现多元化，保障中国的未来发展。

私有资产价值的增长。仅在英国，伴随着利率和通胀处于历史低位，私人房地产的价值超过 6 万亿美元。自 1980 年以来，65 岁以上群体已经获得了超过 2 万亿美元的免税

---

① 根据联合国发布的《世界经济形势与展望》，受新冠肺炎疫情影响，2020 年全球经济萎缩 4.3%，疫情造成的影响是 2009 年全球金融危机的 2 倍多，其中发达经济体萎缩 5.6%，发展中国家萎缩 2.5%。2020 年中国 GDP 首次突破 100 万亿元，按可比价格计算，比 2019 年增长 2.3%——译者注。

资本收益。在未来的10~15年，下一代将会继承大量的资金或者通过股权产品获益。预计在其他国家也会出现同样的情况。

各国央行将对通胀采取更为宽松的态度。进一步的冲击导致了对通缩的担忧，这意味着一些央行可能会错误地倾向于采取刺激政策，直到它们确信经济出现了稳健的恢复趋势。

经济增长使得每年出现超过1.6亿新中产阶层（年收入为1.5万~15万美元），他们将拉动需求。未来10年，将有88%的新中产阶层出现在亚洲，其中印度3.8亿人、中国3.5亿人、亚洲其他地区2.1亿人，全球其他地区只有1.3亿人。

繁荣与萧条的大循环。几十年来世界上最大且持续时间最长的萧条时期过后，很可能在5~10年内的某个时间点（经过了数万亿美元的刺激）出现全球最盛的繁荣，除非有进一步的经济危机推迟这最终的超级繁荣和超级萧条。预计到2035年，经济周期将变得更长，变化幅度也会更大。

债务大规模违约的风险。尽管出台了新的监管规定，但高风险的金融交易持续增长，利用法律漏洞，由影子银行（从事类似银行活动的公司，而不受类似银行的监管）销售更加复杂和巧妙的金融产品。由于过度刺激经济、低借贷成本和不可持续的债务，与许多发达国家相比，中国的政府债务尽管较低，但其经济仍然非常脆弱。

下一代技术刺激经济增长。到2040年，物联网、人工智能、智能家居、智能电网、绿色技术、生物技术、机器人技术和纳米技术等下一代技术对经济的刺激将使全球经济总量增加80万亿美元。与此同时，与绿色技术和节能相关的开支将超过50万亿美元。

到 2030 年，亚洲的经济总产出将超过欧洲和美国的总和。本书中提到的大部分趋势基于这一事实。

· 1000 年经济周期的修正

我们正在见证全球财富再次实现根本性平衡。1500 年，印度和中国占全球总产出的 50% 以上。到 1900 年，这一比例下降至 17%，被欧洲的工业革命所超越。因此，我们今天看到的这个过程是在 1000 年周期内其中 500 年的一个修正期。然而，今天欧盟和美国仍占全球 GDP 的 60%，占全球贸易的 33%，占全球服务业销售额的 42%。

· 不稳定且混乱的市场

预计一些国家会更加反对全球化，因为它们觉得由于廉价产品进入本国，大规模、不稳定的货币流动或其他市场力量正在削弱它们的实力。每天有超过 5.3 万亿美元的货币交易，然而像菲律宾、秘鲁、波兰或英国这样的国家持有不到 800 亿美元的外汇储备来抵御投机者，这只够坚持几天。

· 对中央银行和货币的攻击增多

当大型投资者试图通过预测易变的市场，或希望通过削弱一个又一个中央银行来继续赚取（或损失）巨额财富时，预计会有更多的货币攻击，比如做空公司股票、对大宗商品价格以及整个证券交易市场的稳定性发起类似的攻击。

与 10 年前或更多年前相比，许多亚洲国家因拥有更强大的储备和联盟而受到更好的保护，但随着全球化进程的加快，市场力量将继续壮大，市场联通将更加紧密。

比特币等虚拟加密货币将更有可能成为重大投机性攻击的

目标，随着炒作和对前景的担忧，价格将随之波动，让那些喜欢在不稳定的商机上赌博的人赚取数十亿美元，或者损失数十亿美元。

五　电信和IT的未来

在55亿成年人中，大约有40亿人已经拥有了一部智能手机，智能手机市场正在迅速成熟，尽管每年有14亿部的新销量，但大多数人仍然每隔几年就要更换一次智能手机。到2025年，一半以上新智能手机的价格可能低于70美元，而且价格会迅速下降，一些银行和电信公司将免费赠送智能手机。

越南是下一个移动热潮的典型代表：工资成本仅为中国的一半，9000万人却拥有1.1亿张SIM卡，数百万人从没有固定电话到直接拥有移动电话。

· 打电话是很久远的事了

1/3的英国人打电话只是为了和父母通话，他们更倾向于给合作伙伴发短信，给朋友发WhatsApp短信。大多数人觉得社交媒体比打电话更方便，然而多数公司在如何与客户和自己的团队沟通方面却远远落后于时代。

· 网络将重新定义时间

网络让我们变得非常不耐烦，大多数人坦言，如果网页速度慢，很多人会在不到4秒的时间内按下浏览器后退按钮，这意味着在4秒内可能失去90%的客户。到2025年，发达国家90%的年轻网民可能会在不到1.5秒的时间内按下后退按钮。缺乏耐心是商业关系中的一个特点。

呼叫中心也有同样的特点。大多数人讨厌听各种各样的选择。商业领袖认为浪费他们的时间是一种个人盗窃行为，而安装类似系统则是一种社会犯罪。

然而，奇怪的是，很多企业的确为客户安装了这种令人厌烦的呼叫系统。这是机构性盲目的典型案例，因为价格低廉的技术可以让我们分析来电，通过大数据确定来电者是谁及其来电目的，然后自动将电话进行转接。

· 五秒钟让销售额翻倍

在店里找到一名店员需要多长时间？结账要等多久？完成网上交易需要多长时间？回复一封电子邮件需要多长时间？要等多久才能收到书面评估或合同？我们要努力加快进度，简化消费者的体验流程。每次点击网页都会损失销售额。每一秒都很重要。

到 2025 年，把语音转换为文字信息并迅速以短信的形式发送到手机、电子邮件等都将是日常生活的一部分。在个人通信方面，WhatsApp、微信、短信或类似的短消息将取代电子邮件。如果你想领先竞争对手，那就多发个人信息。

· 电信业务的商业模式被完全打破

到 2025 年，在许多发达国家，超过 90% 的网络流量将是视频消耗。英国就是一个例子，仅 BBC iPlayer、NetFlix 和 YouTube 就占据了英国 60% 以上的网络流量。一个 2 小时的视频流量就相当于 1 亿封电子邮件，或者几天的语音通话。因此，不要再收取语音费用或其他费用，其成本比流媒体视频要小得多。

未来 5 年，移动数据将增长 1000 倍，将有 500 亿个移动设备连接到 5G，以 10Gps 或更高的速度运行。这意味着用不了3秒钟就可以下载一部高清电影。电信公司将被迫专注于新的业务，比如为企业提供云服务。

· 移动支付将冲击电信公司和银行

新兴市场的移动支付出现了爆炸式增长。在非洲，1/4的成年人已经在使用移动货币账户，亚洲的支付业务也在蓬勃发展。问题在于，一家电信公司可能每月在其网络上处理1亿次支付，但实际上没有赚到钱。

到2030年，英国将有超过4000万人使用移动支付。然而，这些新方式也将因客户的困惑、谨慎和习惯而受阻。例如，非接触式信用卡支付在美国的普及率非常低，而德国每年的人均在线销售额只有英国的35%，这主要是出于对网络安全的担忧。

· 10亿台可穿戴设备

到2025年，可能会有10亿人佩戴智能设备，如记录运动的腕带、与移动设备集成的智能手表。同时，全球每年将通过智能手腕设备检测到至少5000万起潜在的重大医疗事件，这些事件主要与心律不齐有关。

· 趋同是创新的大敌

趋同意味着每一部智能手机的外观和感觉几乎是一样的。每个操作系统都以相似的方式工作。趋同是创新的对立面。所有真正的创新都是为了更好地为客户服务。

趋同意味着产品脱颖而出的唯一方法是降低价格以及赢利能力的迅速下降。

预计未来几年，会有数百家新公司进入电信行业，它们都在照搬那些已经运行良好的东西，但能幸存下来的则很少。预计电信巨头的利润将因此面临巨大压力。正如我所预测的，当智能手机开始在屏幕材质、手机大小和分辨率这些有限的范围内进行优化时，智能手机真正创新的步伐就已经放缓了。

· 简单将成为新的生存原则

客户越来越无法容忍复杂的产品，简单将是每一个成功的数字公司和电信公司的核心要求。

所有的移动设备都在过度提供很少使用的复杂功能。许多仍在销售的移动设备和信息技术系统充斥着漏洞、不兼容和故障等问题。如果公司制造的是汽车或飞机的话，这些问题带来的后果可能是灾难性的。

IT 公司或电信公司希望我能展望一下未来，我的建议是，在开展进一步的创新之前，尽快解决现有产品中的问题，让产品或系统能够正常运行，更好地服务和支持客户。但事实是，真正的技术创新步伐仍然非常缓慢。

几年来，我一直订阅一本发行量很大的欧洲杂志《T3》。我希望每一期都能看到一些最新的小发明和技术突破。但在这每 3 个月一期的杂志中几乎没有多少真实的、有价值的报道，更不用说每个月一期了。

· 用新方法武装大脑

大脑和移动设备之间的连接既笨拙又缓慢。阅读速度并不比以前快，在某种程度上阅读速度反而下降了，因为快速阅读大尺寸印刷文本的速度比在屏幕上看更快，而且在移动设备上打字速度也较慢。

人类将不遗余力地找到获取即时数据的方法，而无须盯着口袋里或手腕上的屏幕。很多人对类似谷歌眼镜这样笨拙的初期产品持怀疑态度，但我们确实需要彻底重新考虑人机交互的问题。预计将有更多种类的利用大脑或手势控制的显示装置，它们最终也将被数字——大脑直接交互的模式所取代。最早的此类设备是游戏玩家的头盔，它就是用脑电波来控制动作的。

· 许多人已经拥有生物数字大脑

生物数字大脑（Biodigital Brains）快速发展，脑细胞与芯片融合在了一起。第一次实验是在 1993 年，老鼠的大脑中被植入了小型芯片，它们能够极速地相互传递想法，比如对食物或水的需求。

从北卡罗来纳州到巴西，老鼠之间可以跨越千山万水传递信息。几只老鼠被连接到一个“大脑网络”（Brain Net）中，它们在解决问题的过程中可以相互协作，甚至实现“心灵感应”（Mind-reading）。

医生已经在 60 多万人的大脑中植入了类似的芯片，而且每年还将有 5 万人被植入芯片。其中，大部分是人工耳蜗，通过连接内耳的听觉神经来恢复已经严重受损的听力。

· 仅通过思考就可发送电子邮件（或图像）

科学家将芯片植入盲人大脑的视觉皮层，或连接到他们眼睛内部的视神经，让盲人重获光明。一个瘫痪的人仅通过思考即可控制他的手臂、手和手指，这不是通过大脑中的芯片实现的，而是通过上臂的芯片来感知被激活的神经。哈佛医学院的科学家利用头盔探测脑电波和另一种头戴式设备激活脑组织的感觉，使人们仅通过思考就能相互传递简单的信息。

按照目前的趋势，到 2050 年，生物数字大脑将成为 2500

多万人正常生活的一部分，主要被用于恢复听力或视力，以及弥补大脑或脊髓损伤造成的伤害，极少数可用于尝试扩展精神视野、记忆力、智力、思维速度和专注力（尤其是对于那些富有且好奇心强的人而言）。但需要克服的一个挑战是，直接植入脑组织的芯片会刺激大脑，从而增加癫痫的风险。

· 数字自知很常见却不好解释

拥有数字自知（Digital Insights）会是怎样的一种感觉？想象一下，当你走在街上，凭一种无法描述的直觉感觉到你要找的商店就在右手边，或者有一种内在的“感觉”使你的心率增加到每分钟 80 次左右，或者“就是知道”路过的某个人是你非常熟悉的人的亲属。

大多数人对芯片植入他们的大脑或孩子的大脑感到非常不舒服。如果出现健康风险或是被黑客攻击怎么办？这恰恰说明未来不仅仅是创新的问题，更关乎情感。你可以拥有世界上最聪明的发明，但如果不能把它与情感联系起来，那么销路就不会好。

· 对电磁辐射的担忧

人们越来越担忧架在空中的电线、智能手机和其他设备所产生的电磁辐射会影响生命。一些研究表明，肿瘤更常出现在人们用来接打电话的那一侧的头部。需要有进一步的证据表明手机辐射会影响大脑或其他细胞。尽管正常使用手机给个人带来的风险似乎非常低，而且随着越来越不流行打电话，取而代之的是短信、App、浏览网页等，这种风险还会变得更低，但我们仍然需要一些法律方面的措施。

· 短视频的持续繁荣

几年前我就预测个人视频会很重要，但人们对直播视频的接受速度之快是我意料之外的。

人们喜欢上传经过认真检查、编辑、挑选的录制好的视频，以匹配他们的个人形象。YouTube 用户每分钟上传的视频超过 300 个小时，每月有 13 亿人使用 YouTube，平均每人观看 6 小时，其中 55% 的人通过手机观看视频。每天大约有 50 亿个视频被观看。目前，80% 的流量来自美国以外的用户，但 YouTube 在美国吸引的 18~25 岁的观众比任何有线电视网络都多。

· 为什么人们仍然讨厌工作时视频直播

与家庭成员之间的视频通话相比，视频直播在大多数工作场所仍然不受欢迎，原因是它涉及信息泄露。打电话前你梳头了吗？你看起来像宿醉吗？作为一个在家工作的人，你刮胡子了吗？他们能看见洗碗槽里的餐具吗？对于家庭视频来说，这样的信息泄露是令人愉悦的，有一种身临其境的亲切感。

六　汉语普通话将主导互联网

汉语普通话是 8 亿网民最常用的网络语言。中国是全球最大的电子商务市场，占全球 40% 的份额。到 2022 年，中国人在线消费将达到 1.8 万亿美元。阿里巴巴是中国最大的在线零售商，其收入每年增长约 50%，2018 年超过 400 亿美元（亚马逊为 1800 亿美元），拥有 6 亿注册账户，每天有 1 亿的电子商务购物者，占中国所有电子商务的 60%。

亚洲新兴经济体将凭借极具吸引力、简单而又巧妙的创新成为重要的全球竞争者，这些创新在几天或几周内就能吸引数亿人的关注，使现有市场的主导产品像恐龙一样落后、过时。许多最具创新性的新兴网络公司将被人们所熟悉的大品牌收购。

· 谷歌将努力管理你的整个生活

未来 20 年，谷歌将继续引领许多新领域的创新方向，从无人驾驶汽车到下一代生物技术，以及连接语音识别的智能家居。为了实现这一目标，谷歌将收购一系列小规模的公司，比如斥资 5.5 亿美元收购 DeepMind[①]，该公司可以让电脑像人类一样思考，再如用 32 亿美元收购智能家居技术的领军企业 Nest Labs[②]。

2018 年，谷歌安卓操作系统占据了 85% 的移动市场份额，而苹果只有 14%。谷歌将在欧洲受到更加严格的审查，因为谷歌可能滥用垄断，其在欧洲的搜索查询份额超过 90%，而在美国为 68%，在俄罗斯等国家，谷歌将受到更为严格的网络监控。在与美国间谍机构深度合作以及个人数据丢失的消息曝光后，谷歌和其他美国大型 IT 公司将面临进一步的网络审查。

· 更多有天赋的网络亿万富翁

许多新的网络亿万富翁有一个典型的成长历程，从创业到

---

① DeepMind 是一家位于英国伦敦的前沿人工智能企业，由人工智能程序师兼神经科学家戴密斯 · 哈萨比斯（Demis Hassabis）等人于 2010 年联合创立，将机器学习和系统神经科学的最先进技术结合起来，建立强大的通用学习算法。AlphaGo 正是 DeepMind 开发的程序。2014 年 1 月，谷歌斥资收购 DeepMind——译者注。

② Nest Labs 成立于 2010 年，是美国加州的一家智能家居公司，由苹果 iPod 之父 Tony Fadell 参与创建，被称为“智能家居领域的苹果”，初创产品主要是智能温控器、智能烟感器——译者注。

收购或上市，需要4~5年的时间。在大多数情况下，至少一半的价值来自公司忠实的用户，这就形成了一个新的购买群体。其中，一些最成功的网络亿万富翁来自定位清晰的领域，就像Uber等打车应用程序或Airbnb等度假网站一样。成功的秘诀通常是一个真正聪明、完美和“酷”的网站或用户界面。YouTube不是第一个视频流媒体网站，却是迄今为止最容易使用的。

七　娱乐业的未来

· 音乐行业将面临崩溃和混乱

音乐行业每年仍然有740亿美元的产值，每年在新唱片上的支出为150亿美元，但大型唱片公司已经处于危机之中，受到每年收入达80亿美元的流媒体服务的威胁。美国音乐收入从1999年的146亿美元暴跌至2009年的63亿美元，但在大幅削减成本后，目前收入正在回升。在一些国家，超过50%的音乐收入来自数字流媒体，2017年英国数字流媒体增长了45%，音乐总收入增长了10.6%。

随着流媒体风靡全球，聆听体验的质量却出现滑坡，因为与使用20世纪80年代技术手段的音乐CD相比，（目前的）音乐数据的分辨率要低得多。比起现在人们所听的音乐，大多数人家中的音响和耳机能更好地再现接收到的音乐信号。预计到2025年，在线音乐将得到重大升级。与此同时，在千禧一代[①]的推动下，再度流行的复古黑胶唱片和盒式磁带的销量有望进一步增长。

① 千禧一代，是指出生于1984~2000年的一代人，其成长期与互联网和计算机科学的形成与高速发展时期完全吻合——译者注。

年轻的听众希望所有的音乐都是免费的，或者几乎是免费的。音乐市场将继续充满才华横溢的音乐创作者、艺术创作者，他们大量制作数百万小时的免费娱乐节目，打造自己的网络品牌，希望能被一家大唱片公司“签约”。许多未签约的艺术创作者将从 Spotify（正版流媒体音乐服务平台）和其他流媒体平台上获得基本收入。

过去，大唱片公司常常投资许多小乐队，希望其中一两支乐队能真正走红，但在未来，它们将很少签约网上已取得成功的音乐人。到 2025 年，唱片公司将继续主导全球唱片销售，但 85% 的收入将来自少数几支超级成功的乐队。大多数崭露头角的新艺术创作者将被迫完全绕开唱片公司，与促销商和活动组织者合作进行直接销售。

预计到 2022 年，将有超过 1.5 亿人通过 Spotify 等服务付费享受无限制的流媒体（仅 Spotify 就已经拥有 8700 万付费用户，在英国超过 600 万）。不过每播放一首歌曲，音乐人的收入还不到 0.002 美元。预计流媒体服务将变得更像传统的广播电台，播放大型唱片公司媒体宣传中的精选曲目。

· 广播音乐将幸存，现场演唱会将蓬勃发展

广播作为背景娱乐，无论是在家里还是在车里收听都很方便，因此广播将继续受到广大听众的欢迎。另一个原因是广播有陪伴的感觉，成千上万的人在收听同一个广播节目。

目前，音乐行业约 60% 的收入来自现场演出，高于 2000 年的 33%。到 2023 年，现场音乐将成为一个 300 亿美元的产业，并以每年 3% 的速度增长。预计会有更多的轰动一时的巡回演出，每次巡回演出的全球观众超过 500 万人，门票收入通常超过 6 亿美元。多数成功艺术家的收入主要来自现场活动、赞助、商业广告、电影配乐、名人露面等。顶级的艺术家会同意免费使用他们的音乐，让其成为增加收入的来源。

在英国这样的国家，夜总会将面临严峻的未来，因为现在很多年轻人更喜欢坐在家里，打开社交媒体，而不是出去喝酒、吸毒或通宵狂欢。

八　电影行业和游戏的未来

与音乐行业的剧烈变革相比，电影行业的改变将是缓慢的，我们将看到更多的续集、更大制作的电影，以及虚构的生物、世界和事件更逼真的影像。如同电视和有线公司所面对的一样，电影行业也要努力制作高质量的产品，以满足超高清分辨率家庭影院的需求。超高清画质对演员、导演、化妆和灯光构成挑战，每一个瑕疵都将在超真实的屏幕上暴露出来。

大多数电影制作仍将首先面向美国市场，全球电影收入约为 400 亿美元，其中美国占 31% 的份额。美国占全球媒体销售的 29%，其次是中国。到 2024 年，电影的全球市场规模将达到 2.5 万亿美元。

· 电影直播热潮

盗版仍是一个持续的、令人恼火的问题，但不会阻止影院观众的快速增加，吸引观众的不仅是令人惊叹的视觉沉浸感，还有分享体验的兴奋感。由于流媒体的影响，DVD 和蓝光碟在全球的销量将出现下滑，到 2025 年之前，大多数在线或视频资源在质量上都难以与蓝光碟相媲美。

3D 电影有时给人留下深刻印象，有时让人颇感失望，这取决于观众和电影题材。3D 电视机曾风靡一时，但最后一家 3D

电视机制造商在2018年停止生产，这再次说明创新虽然容易，但没有情感投入就会失败。

点播（On-demand Watching）已经成为千禧一代收看电视节目的主要方式，但大型直播电视节目和体育赛事仍将吸引大量观众，人们依然喜欢共同参与的体验。

· 增强的现实感和完全沉浸式游戏

电脑游戏市场价值达1400亿美元，未来10年将以每年11%的速度增长[①]。到2025年，每一款非常成功的新游戏的总销售额将超过120亿美元，增长最快的将是智能手机游戏。在英国73亿英镑的娱乐市场中，有一半是游戏，超过了视频和音乐的总和，66%的美国人玩游戏。游戏行业的发展依赖于惊人的创造力、震撼的画面和在线观战（人们通过观看喜爱的游戏玩家来学习）。一些新游戏的主题瞄准了中国的女性市场，比如高度逼真且可以互动的虚拟男友，在中国，有50%的玩家是女性。

电影业将与游戏业实现融合，比如交互式的高清动画和"真实"演员的镜头。因为具有更高分辨率的屏幕和对头部运动更加流畅的响应，以及可以通过思维控制（检测脑电波）来玩游戏等花哨的噱头，头戴式耳机将得到更广泛的应用。然而，由于眼睛疲劳、重量大、分辨率差、缺乏舒适性、价格高、不酷以及电池寿命短等原因，未来10年，大多数游戏玩家会拒绝日复一日地使用耳机。但这并不能阻止一些昂贵的实验，Facebook就在Oculus上花费了20亿美元。但3D游戏对儿童大脑的影响不容小觑。

---

① 受新冠肺炎疫情影响，2020年中国游戏市场实际销售收入达2786.87亿元，同比增长20.71%——译者注。

增强现实的眼镜将被广泛应用于一些专业领域，比如外科医生可以用它看到更多的数据，游客参观博物馆、美术馆或纪念碑时可以佩戴，甚至可以用于军事。

九　信息技术的未来

未来 15 年，随着与大数据、机器人技术相关的人工智能的快速发展，以及日益突出的安全问题，我们将看到比 1975 年个人计算机诞生以来更多的变化。

中国将主导人工智能研究。预计美国和欧盟将在 15~20 年内被中国的 IT 系统超越，或许会更快。未来 10 年，微软和苹果都面临同样的挑战：当两家公司都背负一系列经过充分优化但日趋老化的产品，当电脑市场继续被大型移动设备的销售所吞噬时，如何探寻根本性的创新来推动增长。

2025 年以后，微软将依赖 Windows 和 Office 的收入，但难以成为一家全球性的移动公司。未来 20 年，大多数新的投资和收入增长将来自云服务、人工智能、智能家居、自动化和机器人技术，以及金融服务领域的各种合作实验。

· 苹果需要重塑自己

未来 5 年，苹果急需推出至少两款突破性的产品，每一款都既像第一代的 iPhone 和 iPad，又与它们完全不同。问题在于，像智能手机这样的产品现在已经高度优化，彻底创新的空间非常有限。

苹果将继续受到三星电子等巨头和许多中国企业的挑战。苹果将在快速增长的可穿戴技术领域投入巨资，远远超过对配备医疗技术传感器的智能手表的投资。作为对家庭自动化设备深度投资的一部分，苹果还将打造更优质的娱乐中心，集成网络、移动设备和家庭。

预计将有大量投资把所有渠道活动整合为一种联合体验。也就是说，iPhone 知道你在看电视智力竞赛节目，iPad 知道你一边打电话给呼叫中心，一边在搜索更好的在线服务。其他制造商也会及时跟进。

· 量子计算意味着提速 100 万倍

正如我所预测的，政府秘密部门和军方在量子计算（QC）领域投入了巨资，尤其是美国和中国，主要是为了破解强加密系统。量子计算还将被用于复杂的任务，如远程天气预报和核武器模拟。此外，量子计算将改变个人计算机，因为我们都可以在云端访问量子计算机，这一点我们将在后文看到。

量子计算机使用量子位，而不是位。基于原子、离子、光子或电子的不同性质，每个量子位可以有许多不同的形式。想象一下这两种不同的方式：用摩斯密码的点和线写一本书和用字母或汉字写同一本书。这就是量子计算机对单个事件的处理能力是普通计算机 100 万倍的原因。所以，一个需要两年时间破解的军事密码在几分钟或几秒钟内就能通过量子计算被破译。

对于普通计算机来说，摩尔定律还将持续 25~30 年，也就是说，每 18~36 个月，计算空间或存储容量的价格将降低一半，因为无论是磁性物质还是芯片，内存的大小和开关速度将受到限制。

十　下一次重要的数字变革

我们要仔细研究对未来真正重要的四个领域：物联网、大数据、云计算和人工智能。它们各自都已经存在一段时间，但这四个领域以全新的方式融合在一起将引发下一次变革，它们的融合虽然可以创造巨大而持续的商机，但也可能被政府或罪犯滥用，并带来不可估量的危害。

· 物联网的真相

物联网（Internet of Things）是对数十亿不同事物的跟踪、监控和管理。自动化和机器人技术都依赖于它。通过网络直接连接或是使用射频识别设备（Radio-Frequency Identification Devices，RFID），到2025年，至少有600亿种不同的物品将通过网络实现流通，到2030年这个数据将增至1300亿种。所用到的芯片小如砂砾，它与一个小型天线相连即可为设备供电，接收或传输所需信号，这就是所谓的近场通信（Near-Field Communication，NFC）。

每年有超过190亿个新的RFID进入应用环境，这些RFID附在商店的衣服、食品包装、航空行李、供应链组件、农场动物和宠物以及机票和护照上。大多数是一次性物品。空客公司在其最新飞机的150万个不同部件上使用了RFID。RFID也已经成为每年规模达120亿美元的市场，它有助于提高效率，减少生产线故障，实现供应链自动化，减少货物被盗和人为犯错。这意味着一个服装零售商可以在移动应用程序上提供实时数据，显示哪家商店有什么尺码和颜色的衣服，以及当顾客走进商店时，可以很快为其找到衣服。

RFID也有其局限性：在普通杂货店很难接收到RFID信号，因为水、金属箔和钢材会干扰无线信号，而且RFID传输距离通常只有1~2米。更为可靠的解决方案是使用一个完全充电的无线设备（如手表或灯）让网络始终在线。

今后所有的新冰箱都将能感知其内部的食物，或者外界天气的变化，这样就可以在炎热的天气里制更多的冰。所有新的燃气锅炉在发生故障时都可以向维修工程师和业主发出警报。闹钟在下雪天能早点叫醒你。但也有一些功能几乎是无用的，比如说，谁想要一台自动订购同样食物的冰箱呢？

· 人体与物联网融合

尽管存在健康风险，但人类已经是物联网的一部分。有些人已经在自己的皮下植入了与兽医在动物身上使用的相同的 RFID 设备。2002 年，VeriChip 公司获得了向人体植入 RFID 的美国许可证，但随后有消息称，数百只被植入 RFID 的动物患上了癌症，该公司因此倒闭。

人们在皮下植入 RFID，以此作为进入安全设施的钥匙。鹿特丹的巴甲海滩俱乐部通过植入 VeriChip 来识别 VIP 客户，客人们也可以用它来支付酒水费用。在瑞典，已经有 4000 人植入了“芯片”，这意味着他们不再需要纸质票或塑料旅行卡来乘坐火车旅行。

与此同时，全球定位系统（GPS）将被政府广泛使用以监控罪犯和软禁中的政治活跃分子，家长们也会使用这种设备来定位保护孩子。预计各种秘密跟踪软件的使用率将迅速提高，主要通过从智能手机上各种应用程序中的隐藏功能收集数据。未来可穿戴设备将被植入人们体内，从而监测或控制人们的健康，感知血糖、心率或其他身体指标，并保持与健康服务机构联通。

但可能会受到很多黑客威胁。例如，如果一个恐怖分子或敌对政府入侵了 1000 万辆在路上行驶的无人驾驶汽车，或者控制了 3.5 万个心脏起搏器，会有什么样的后果？

· 大数据为什么重要?

我们所创建的所有数据中的 90% 都是在过去两年里生成的——每天 250 万亿个字节，其中大部分来自物联网，仅美国公司每年收集的数据就可以填满 20 多个美国国会图书馆。

营销总监和保险承保人需要这些数据，但是大多数公司实际上很难获得投资回报，因为被犯罪分子窃取造成的数据丢失将是一个持续性的噩梦，甚至会违反越来越严格的隐私法[①]。

在世界最繁忙的网站上，多达 2000 家公司正在看着你的一举一动。即使这些数据是匿名的，只要有合适的工具，通常也很容易知道你是谁。你访问的每个网页可能会收集你的屏幕尺寸、操作系统、位置、网页浏览器类型等，所有这些形成了独特的数字足迹，与你所填表格中的其他数据相互参照。这些信息被用于在线广告的准确推送，此类广告已经占到全球 5000 亿美元营销支出的 25%。预计未来将出台一系列新规定增加此类数据收集的难度。正如我们在 2013 年斯诺登泄露美国机密文件时所看到的那样，每一家大型情报机构都在利用大数据来追踪人员、探测模式、预防或阻止犯罪，甚至进行政治监控。

· 大数据有助于节省资金、挽救生命，但过度依赖是不可取的

以下是一些体现大数据价值的例子。

---

① 2020 年 12 月，中国国家互联网信息办公室起草了《常见类型移动互联网应用程序（App）必要个人信息范围（征求意见稿）》，旨在限制科技公司通过智能手机 App 收集个人数据，对于 38 类常见 App，包括网络支付类、网络约车类和餐饮外卖类等，要求告知用户它们所收集的个人信息类型，并且在收集数据前须征得用户同意。根据这一新规，App 将被禁止收集与其提供服务无关的数据——译者注。

√ 银行从陌生位置发现异常购物信息，并向顾客发出欺诈警报

√ 在顾客下单之前，亚马逊会根据顾客的购物习惯、年龄、收入以及光标在按钮上停留的时间，预测哪些产品在顾客家附近的仓库里

√ 在英国，乐购（Tesco）利用大数据进行消费者营销，推出了会员卡。根据所收集到的数据，为客户量身定制吸引眼球的服务

√ 洛杉矶警方利用历史数据来预测最有可能发生新犯罪的地区，以便更加精准地增加警力，实施的效果非常显著，当地入室盗窃案下降了 26%

√ 五角大楼通过在无人机航拍画面中寻找隐藏的线索，判断地面常规事件和局部爆炸或袭击之间的联系

√ 世界卫生组织与谷歌合作，通过跟踪观察不同城市的谷歌搜索请求，监测病毒流行病的传播，比如埃博拉病毒

√ 气象部门研究过去几十年的规律，以改进长期预报

√ 雇主们通过观察员工的工作行为以便发现银行的欺诈行为

· 大数据对个人的影响

在移动世界中，最重要的事情是了解客户现在所处的位置以及过去所处的位置，这能够告诉企业大量有关顾客的信息，尤其是与其他数据结合使用时。乐购为距离商店 400 米以内的年轻女性推出了一项特别优惠，结果有 4 万名女性走进店里购物。这样的优惠措施只需要几秒钟来决定，为少数目标客户提供个性化折扣。

· 谁正在看着（监视）你？

我曾经浏览过一位客户的网页，看到居住在另一个城市的消费者输入的一个个字母和数字实时地以 Web 表格形式出现。那位消费者完全没有意识到他的数据正在被密切监视着，即使他的数据是经过同意使用的“缓存文件”（Cookies）。

想象一下，有人准备计划一次豪华度假，如果你看到她已经三次错误地输入护照号码，你感觉到了她的沮丧，害怕她会放弃。你会按她刚才输入的手机号码打电话询问：“你好，是玛丽 · 琼斯吗？我看到你在我们的网页上输入的护照号码有问题，你想让我通过电话办理吗？”还是你会等上一两个小时，假装打个随机的销售电话？答案是：不要打扰。使用数据来改进你的网络表单，明天再打电话。

· 小数据比大数据重要得多

用大数据可以发现一种模式，用小数据却可以发现一个人。多数大公司需要减少使用大数据，专注于一些小事，给客户带来实际的改变，否则这些公司只会陷在无穷无尽的数据分析中。未来 10 年，企业将在无用的大数据系统上浪费数十亿美元，这些系统只会让人产生挫败感。

假设有一个富有的电信客户，他喜欢帆船运动，正打算买一艘游艇。下面是一些小数据以及它们是如何促成销售的。

√ 几个月来，他一直用智能手机搜索游艇和码头的网页

√ 参观了很多码头

√ 购买游艇杂志

√ 18 个月中多次度假，给游艇租赁公司付款

√ 网络搜索游艇金融、游艇保险、游艇所有权
√ 智能手机显示这位顾客参加了全国游艇展

在游艇展前的几个月内，电话公司或银行会不时地发送关于船的随机信息，或者在 Facebook 广告、YouTube 视频剪辑、网页旁边等地方显示与船相关的信息。在超市收银台也会看到同样的情况，人脸识别（Face Recognition）将现金购买与消费者个人相匹配，从而实现个性化的销售服务。

· 信息正在加快转向云端

全球超过 90% 的网络用户已经在使用云邮件或 Facebook、LinkedIn、YouTube、Twitter、Instagram 等网站，在这些网站上，信息储存于连接在世界各地的计算机网络中，而不是在你自己的电脑或智能手机上。云计算将成为防止数据丢失的主要方式，自动备份每台计算机或移动设备的内容。大多数软件将按天、周、月或年出租，并在云端运行，而不是在你自己的机器上。无论是软件开发还是更新，节省的费用是个天文数字。

Salesforce.com 是云端公司的一个典型例子——它能够立即建立和运行呼叫中心，维护客户关系。Salesforce 拥有 3 万名员工，每年的预算超过 83 亿美元，很少有跨国公司具备这样的能力和水平。

企业正在迅速将大部分系统转移到云端，有些会搭建自己的私有云。与此同时，在出现大规模的网络攻击后，董事会将更多讨论网络风险的问题，尤其是在银行和金融服务领域。

· 人工智能——控制整个世界？

人工智能（AI）正在逐渐接管并主导我们的世界，它会比

一个大国的总统更有权力。也就是说，炒作常常远超现实。

人们一直在谈论技术奇点[①]（Technical Singularity），一台拥有超越人类智力神经网络的计算机，可能主宰人类未来的命运，引发失控的技术增长，开启后人类时代（Post-human Era）。这是科幻小说，还是近在眼前的现实？

人类已经建立了巨大的超级大脑，它们可以自己学习、获取知识，并且能够做出比任何人类专家更准确的决定。30 年前，人们争论的焦点是计算机能否打败世界上最优秀的国际象棋棋手，但如今人们每天都在这样做，就像《星际争霸 2》（StarCraft Ⅱ）这种复杂的电脑战略游戏。当时，人们讨论最多的是，计算机是否可以不用花几个小时去适应每个人的声音，就可以听懂人们的讲话，但今天，声音识别已经相当普遍。

从未在医学院受过训练的机器人医生，现在诊断许多紧急医疗情况比大多数医生或护士更准确。人工智能在探测支付欺诈、预测犯罪或天气、预测接下来哪个石油钻井平台会爆炸等方面更有优势。人工智能已经能够仅通过人脸形状（人脸识别的一种变种）来预测各种各样的基因缺陷，准确率甚至高达 90%。

人工智能已经开始通过个人的社会信用度来控制中国超过 10 亿人的网络访问，这个评分也是由机器设定的。这个信用评分是基于社交媒体帖子、网络搜索请求、犯罪记录、债务历史、家庭成员或朋友的分数等得出的。

---

① 技术奇点认为，未来技术发展将会在很短的时间内发生极大的、接近无限的进步。一般设想技术奇点是由超越现今人类并且可以自我进化的机器智能或者其他形式超级智能的出现所引发，技术的发展会完全超乎全人类的理解能力，甚至无法预警其发生——译者注。

现实情况是，数以亿计的小决定已经受到人工智能的影响，如选择行车路线，Amazon对你可能喜欢的产品的建议，新闻推送会根据你的阅读习惯进行自动调整，等等。在英国，根据人工智能对犯罪判决结果的预测，警察调查的袭击和违反公共秩序行为的数量仅为过去的一半。

人工智能最大的风险是，犯罪分子将利用人工智能来自动完成任务，比如破解密码，或者撰写完全定制的、极具说服力的钓鱼邮件。人工智能已经被广泛用于制作有关知名人士言行不端甚至性丑闻的虚假视频。政府利用它对市民进行全方位的追踪，结合面部识别与数百种其他信息来撰写宣传言论。

人工智能有可能操纵市场，甚至开发出人类无法理解的武器，人工智能可以通过进一步的自我学习，日渐变得更加聪明。

十一　网络犯罪——全球最严峻的威胁之一

如果把物联网、大数据、云计算和人工智能所有的优劣势组合在一起，再加上60亿部智能手机、电脑和其他智能设备，就可能成为一个超大范围的犯罪攻击目标，或者一个潜在的未来全球性突发事件。当下，世界上的每一家大公司都在频繁经历严重的网络攻击，攻击的对象是企业的自身系统或云端。已经有超过40亿人的个人信息被窃取，而这仅仅是安全体系噩梦的开始，这将促使所有大公司和政府在新的安全措施上投入巨资。

在人类历史上，从来没有一个人能够待在卧室却能制造如此大的破坏和混乱，甚至用几行计算机代码对整个国家或政府进行勒索。在这样一个未来，除了摧毁我们的整个数字世界，没有任何退路。到2025年，每年的损失可能超过5万亿美元，特别是出现与敌对政府相关的大规模攻击时，损失更多。在拥有5万多条记录的公司里，一次数据泄露的平均损失为630万美元。我们所说的不仅仅是针对银行网站等传统目标的攻击，还包括类似对索尼的商业攻击，索尼在发布了一部关于朝鲜的有争议的影片后遭到勒索。

网络滥用并不是什么新鲜事。在每天发送的2470亿封电子邮件中，至少有80%是垃圾邮件，其中许多是所谓的网络钓鱼攻击，这些邮件假装是来自银行，欺骗人们输入自己的密码。

McAfee[①] 每年检测出超过6亿种新的不同的计算机病毒、恶意软件或特洛伊木马。针对制药、化工、矿业、电子和农业公司的恶意软件攻击以每年600%的速度增加，针对能源、石油和天然气领域的攻击以每年400%的速度增加。窃取零售商数据的尝试每12个月就翻一番。

·个人信息被窃取

如果你有很多在线账户，你的密码、姓名、地址、银行信息、信用卡号码和出生日期等个人信息很可能已经被卖给了居心不良的人。黑客攻击的规模和后果是令人震惊甚至有伤体面的，因为很多时候被攻击公司的安全措施过于草率。

黑客曾在一次网络攻击中窃取了30亿份雅虎客户的信息，雅虎花了两年时间才确认和披露这一事实。在某些情况下，大公司可能需要长达8年的时间才能意识到自己遭到了黑客攻击。2019年，犯罪分子在网上公布了一份文件，披露了从250亿份

① McAfee（迈克菲）是全球最大的专业安全技术公司，总部设在美国加州圣克拉拉市，该公司致力于创建最佳的计算机安全解决方案，以防止网络入侵并保护计算机系统免受下一代混合攻击和威胁——译者注。

不同记录中窃取的 30 亿个不同的姓名和密码。

类似的案例还发生在“成人交友软件”（4.12 亿人）、LinkedIn（1.64 亿人）、Adobe（1.64 亿人）、eBay（1.42 亿人）、Equifax（1.43 亿人，包括社会安全号码）、万豪酒店（5 亿人，包括护照号码）和索尼（1 亿人）的客户身上。这份名单没有尽头，每天都在增加，还涉及 Facebook、Uber、DropBox、Tumblr 以及世界上许多大的航空公司、零售商和银行。摩根大通丢失了 7600 万个姓名、地址、电话号码和电子邮箱，影响了全美 2/3 的家庭。纽约梅隆银行 1250 万个账户遭到黑客攻击，花旗集团 390 万个账户、美国银行 120 万个账户遭到黑客攻击。

大约 43% 的人在网络上使用相同的密码，所以一次盗窃成功就意味着犯罪分子可以访问同一个人拥有的许多其他私人账户。另一个问题是，很多人使用的密码太简单，没有安全性，例如，全世界有 1% 的人使用的密码是 123456。

我们可以得出这样的结论：网络安全已被完全破坏，至少需要 20 年的时间才能修复。

· 支付欺诈的规模难以想象

“心脏出血漏洞”（Heartbleed Bug）是病毒攻击的另一例证，它在全球造成了巨大的破坏，入侵了许多跨国公司、零售商、银行和互联网公司的网站。未来还将有更多、更复杂的攻击，迫使个人或公司支付“赎金”，否则就会失去全部数字信息和所有数据。

目前，每年网络欺诈的规模超过 660 亿美元，仅美国就有 190 亿美元，但大多数案件并未被报道。在英国，99.6% 的人从未受到任何起诉，这意味着什么？网络欺诈是世界上最有利可图和最安全的犯罪，这种情况至少还要存在 15 年。

在美国，在线商家收入中至少有8%是欺诈性的，在交易高峰期，虚假交易的比例高达43%。每年有超过1700万美国公民成为身份被盗窃的受害者，接近成年人口的7%。一年内银行账户被犯罪分子侵占的人数增加了66%。

预计将采取许多新的措施来阻止欺诈，如强迫人们使用更复杂的强密码、强制定期更改密码、使用指纹访问等。客户还将被敦促建立双重认证，使用发送到移动设备的代码来确认密码。当犯罪分子试图窃取短信或电子邮件并拦截这些代码时，预计针对电信公司和移动设备的攻击将大大增多。针对双重验证的攻击在12个月内增长了100多倍。

· 为什么银行黑客即便是被抓，也经常能逃脱起诉

一些银行家没有起诉或解雇侵入自己银行系统的员工。银行害怕负面宣传，就给他们一笔钱，甚至为这些人提供一封很好的推荐信，让他们去竞争对手那里工作，在那里同样的事情很可能再次发生。在大多数国家，没有法律要求任何银行在遭受黑客攻击和数据丢失时进行报告，这意味着大多数攻击永远不会为人所知，而真正受攻击的规模远远超出大多数人的想象。

· 大公司被迫加密存储数据

所有IT和智能手机公司都将在数据传输过程中通过端到端（End-to-End）加密来确保数据安全，并对存储在服务器上的所有“静态”数据进行加密。令人震惊的是，大多数银行仍然没有加密服务器上的数据，黑客一旦进入，就能轻易读取银行文件，黑客每年都会对各大银行入侵几次。最好的办法就是通用加密，这将大大增加黑客大规模入侵的难度。

十二　网络战争——新型冷战

未来 30 年，预计会有许多针对整个国家或企业集团的大规模网络攻击，这些攻击通常是由犯罪团伙而不是政府工作人员操作的，但其费用由其他国家的秘密特工支付。这些攻击中规模最大的可能会成为国家间冲突或争端的一部分，致使整个政府机构瘫痪数天或数周，对银行和电信业造成重大破坏，毁坏发电站或部分国家电网等公用事业。

这已既成事实。例如，德国的一家钢铁厂高炉遭到黑客攻击，导致工厂生产运营停摆。为了国家利益，大多数针对主要设施的成功攻击都秘而不宣。黑客攻击一个常见的伎俩是强行控制数千台电脑，指挥它们多次访问某个公司的网站，导致网站崩溃，直至公司支付赎金。这种通过搜索引擎访问网站可在几秒之内成功完成攻击的费用还不到 10 美元。

· 针对个人、公司和国家的网络攻击

网络攻击同样很容易在实体存在的网络基础设施上进行。如果你可以切断一个国家和其他国家之间的整个网络通信系统一周或更长时间，为什么还要去攻击它们的政府网站呢？根据不同国家的情况，这很容易做到，成本也很低，而且难以被阻止。这比发射巡航导弹便宜得多，技术含量也低得多。世界上任何一个国家都可以做到这件事，因为整个网络从根本来看仍然是脆弱的，尽管看似被设计得坚不可摧。

其弱点是物理上的：世界上大部分带宽是通过一些非常脆弱的光纤电缆传输的，这些光纤电缆通常横跨海洋。但在水深不到 40 米的水域，切断水下电缆是非常容易的，它们甚至被

标记在每张海图上，以警告渔民要小心，并且通常就铺设在海床上。要破坏一根电缆，只需沿着海床一直拖动船锚，很难发现是哪艘船干的，尤其是在相对繁忙的航运区域。更糟糕的是，也很难准确定位电缆实际的断裂处。

事情已经发生了。水下电缆损坏曾使整个印度和埃及的网络接入率分别下降了 70% 和 60%，而中东的许多其他国家也受到了严重影响。曾经有潜水员在埃及海岸进行破坏活动时被逮捕。他们甚至不需要使用船或小潜艇，地图就能精确显示每根电缆经过岩石、泥土或沙滩的上岸位置，任何想制造破坏的人可以沿着海岸开车到不同的点，用一个 50 美元的角磨机或电锯在几秒钟内切断电缆。

基于所有这些原因，北约将重大网络攻击列为可能引发军事或其他行动的事件之一，但难以证实谁是真正的幕后黑手，因此也不可能进行有效的反击报复。根据惠普公司的数据，美国海军遭受攻击已成为常态，每小时就要受到超过 10 万次的在线攻击。但是攻击来自哪里？是谁干的？目的为何？

有时会偶然留下一些信息碎片，可以提供有关来源的线索，例如，以某国著名电视喜剧演员的名字命名的代码被加密放置在复杂的病毒中。但是，秘密机构或犯罪团伙也会利用这种微妙的遗漏线索故意作为诱饵，将责任推到一个无辜的国家身上。

· 被用来控制国家的病毒

“能量熊”（Energetic Bear）是一种网络间谍武器，在乌克兰—俄罗斯—欧盟危机期间感染了欧洲能源基础设施的关键部分，破坏目标包括工业控制系统、国家电网、发电站、风力涡轮机和生物燃料发电厂，对它们进行实时监控，并能够按照命令使能源系统失效，但是按照谁的命令呢？

未来的能源病毒将以智能电网和智能家居为目标，想象一下这样的后果，一个来自敌对国家或组织的黑客同时打开1500万台空调，造成瞬间断电，或劫持并撞毁500万辆行驶中的汽车。对于聪明的小型IT团队来说，这些事情很容易实现。正如我们从焦虑的安全服务代理商泄漏的信息中了解到的，在某种程度上，数字武器已经被制造出来了。

在“能量熊”病毒被发现几周后，俄罗斯电信公司、医疗公司、公用事业部门和政府机构发现，它们也曾遭受过有史以来最致命、最复杂的病毒群“瑞金”（Regin）的袭击。这个病毒群设计了多个应用程序来窃取密码，从大量的系统中提取信息，并完全控制许多不同类型的工业设备。

· 大型组织内部的“数字炸弹”

沙特阿拉伯、墨西哥、爱尔兰、印度、伊朗、比利时、澳大利亚和巴基斯坦的一些目标也遭到了袭击。在很多情况下，这些病毒隐藏了长达6年之久而没有被发现，尽管每一次都有检查。这些病毒一直在网上监听命令，以在全国各地引爆数以万计的“数字炸弹”。与此同时，中国在北京和上海之间建立一条量子计算连接线[①]（Quantum Computing Link），希望这条线路能封锁外国的监视。俄罗斯建立了一个在本国范围内运行的互联网，该互联网使俄国与全球网络断开连接后仍可运行上网，以保护国家免遭危机。

2007年，爱沙尼亚的银行、政府机构、议会、广播公司和

① “京沪干线”是连接北京、上海，贯穿济南、合肥的全长2000余公里的量子通信骨干网络，通过北京接入点实现与“墨子号”的连接，是实现覆盖全球的量子保密通信网络的重要基础——译者注。

报纸遭受了长达 3 周的网络攻击，网络功能完全瘫痪。这是在与俄罗斯产生分歧之后发生的，尽管这一事件的肇事者从未得到证实。

在最富裕国家中，我们将看到政府、银行、证券交易所和公用事业公司对提高网络恢复能力的巨大投资，但小国家的网络防御能力仍然比较脆弱。在所有攻击中，至少有 1/4 是间谍活动，旨在窃取国家机密或已获得专利保护的企业研究成果。

· 黑客将被间谍和犯罪团伙招募

预计会有越来越多的全职专业黑客，成为犯罪团伙和秘密机构的独立顾问，与其他人联合策划重大攻击。在很多情况下，这些黑客天才永远不会意识到他们的最终客户到底是谁。例如，或许他们认为自己在为英国的 MI6 工作，而实际上他们在为一个协助俄罗斯联邦安全部门的保加利亚团伙工作，或者为美国中情局（CIA）或摩萨德（Mossad）工作。

许多攻击将是多维度的。在一个重要的支付通道被入侵前的几个小时，发生了大规模的身份窃取，目的是需要创建新的个人识别码。几分钟后，200 名持有克隆卡的人开始从 50 多个城市的自动取款机上提取现金。

· 黑客之间也会互相攻击

对于如何处理那些被定罪的黑客，我们必须进行一次彻底的反思。那些在破解开放系统方面已被证明是天才的人，很可能是世界上测试自己系统安全性并帮助改进的最佳人选。一些公司对发现一个重大新漏洞的人给予超过 100 万美元的奖励。HackerOne 社区只是未来 30 年内迅速发展的新兴行业中的一个例子，在短短 3 年多的时间里，这个由 20 万名黑客组成的社区已经挣到了超过 3100 万美元的奖金，他们在 1000 多个公司系统中发现了 7.2 万个漏洞。

最优秀的黑客将得到政府的秘密奖励，让他们来攻击和摧毁犯罪网络。其中一个目标是识别数百万用户使用 Tor 网络浏览器（这些浏览器与普通的网络浏览器一样，但能够阻止任何监视网络活动的人）和其他“秘密”工具所从事的活动：那些试图 100% 隐藏活动和支付踪迹的人。

仅 2014 年，就有 400 多个暗网被关闭，其中包括非法出售毒品、促成非法军火交易、招募职业杀手杀害伴侣或政客，为各种堕落、腐败行为提供服务的网站。在克里米亚被占领后的短短几个月内，Tor 在俄罗斯的使用量从 6 万激增到 20 多万。

· 比特币等加密货币将成为网络犯罪的主要增长点

当然，除非你确信自己能在不被逮捕的情况下拿到钱，否则向一个政府、公司或国家敲诈是没有意义的。但事实证明，比特币和其他加密货币已经成为有史以来最好的犯罪支付系统。加密支付是完全匿名和安全的，这就是为什么 2018 年此类支付中有 70% 用于购买非法毒品、非法武器、支付赎金或为暗杀行动埋单。

十三　监视、间谍和国家监听的未来

“老大哥正在看着你”——乔治·奥威尔的《1984》描绘了一幅如何利用技术来控制数百万人的可怕画面。但是现在可用的工具已经远远超过了奥威尔所预想的。大多数政府通过使用各种各样的数字工具来秘密监视民众。未来的工具将把这一功能提升到一个全新的水平，如公共场所的固定摄像机，警察或卧底人员佩戴的移动摄像头进行即时、准确的人脸识别，等等。中国将在人脸识别算法方面处于领先地位，并将在全球范围内推广。

安全机构用简单且花样百出的方式来侵犯隐私、监视每一个公民。预计大多数发达国家的政府预算将迅速增加，用于使用公共或商业数据、视频监控图像以及合法、半合法或非法截获的数据进行监控。网络间谍活动将逐渐频繁，而且，专家不止为一个雇主服务，这将会不间断地带来风险。

大多数发达国家的情报机构能够远程访问任何计算机、电话等，甚至在设备“未使用”时也能够使用内置麦克风收听，使用内置摄像头观看，并监控每一个屏幕、每一次按键。

· 每个设备都有秘密“后门”

所有的电脑和手机操作系统都会成为中情局、军情五处等情报机构的目标，目的是控制属于私人、公司或其他政府的设备或系统，读取文件，拦截密码，远程打开内置摄像头和微型麦克风。

秘密“后门”早已用编码成功嵌入 Windows、Mac、Android 等应用软件中，甚至包括进入类似赛门铁克（Symantec）等专门解决网络加密和安全的公司系统，而它们毫不知情。因此，可以预见，越来越多忧心忡忡的消费者要想“独处”就必须关掉所有的设备。

但这还不足以逃脱。更安全的方法是用银箔纸包裹手机，或者把它放在一桶水里，或者把它放在另一个地方。例如，即使 iPhone 关机，仍会像往常一样记录你所有的地理跟踪数据。即使电池没电了，iPhone 应用程序也可以继续测量你所走的步数，同时利用其他线索就可绘制出你的移动轨迹。但这都是苹果官方系统设计的功能。那些秘密的服务代码是怎么做的呢？

像谷歌这样的公司就曾因为把安全密匙交给政府以便更易监控而受到批评。许多 IT 和电信公司正在进行反击，它们开发的系统非常安全，即使秘密服务机构也无法解码客户数据，这在很大程度上是为了恢复客户的信任。人们对安全方面更深的担忧是新一代智能手机可能被恐怖组织用来逃避监控。然而，一些媒体对这种“安全担忧”的报道无疑是情报部门的烟幕弹，它们不希望罪犯、恐怖分子或其他安全机构知道安全服务已经植入这些新系统中了。

问题在于，这种超级安全的创新很容易被政府禁止，而且也将被禁止。例如，一个国家可以宣布，如果没有“后门”密匙使警察或秘密机构可以随时快速地获取私人数据，那么任何云服务提供商或移动电话制造商都不能在该国销售 IT 服务或手机。澳大利亚在 2019 年执行了这一政策。许多政府会认为保护隐私意味着危险的罪犯可能隐藏起来。

许多技术人员将继续进行创新，作为对国家干预的无声抗议，利用政府监控中的小漏洞，发明巧妙的方法来击败系统。随着人脸识别技术的巨大进步，预计许多人会开发出各种方法来欺骗无处不在的摄像头，从 3D 打印的面罩到头套、化妆和其他技术。

那么，恐怖组织和犯罪分子，或者那些只关心自己隐私的人，他们又会怎样？预计会有许多新一代的技术和在线工具出现（许多工具是由安全机构秘密研发和推出的，伪装成希望帮助人们保持隐私的企业家）。

· 每次会议和谈话都被记录下来

最重要的是，通过隐藏在标准电源适配器、笔、装饰品或暗藏的微型摄像机中的无线设备，个人从事间谍活动从未如此简单过，并且还会变得更加容易。每个设备都能将数据传输到1000米以外的基站，基站可以立即在线传输，也可以使用秘密安装在某人手机上的应用程序（这可能只需几秒钟）传输，或者使用配备了摄像头的无人机录制传输。

商业领袖应该意识到每一次会议都可能被录制，或者直播传送给更多的听众，只需使用藏在口袋里的智能手机上的语音备忘录，或者只需在口袋里的手机上打一个设置为免提的开放式语音电话即可实现这一切。

医生、护士和家庭护工在工作中出现的错误可能会被制成视频并上传到YouTube上。各行各业都是如此。此外，还有对家人、朋友、竞争对手或敌人的秘密追踪，每台移动设备内置的自动追踪设备和随处可见的追踪应用软件使之变得更加容易。

十四　出版、报纸和新闻的未来

印刷书籍仍然未来可期。在过去10年中，电子书以及与之相关的设备或可阅读书籍应用程序的销量在增长，但儿童纸质书的销量也在增长，2017年电子书销量下降了10%，这是销量连续第三年下滑，而有声读物的销量却猛增。到底是怎么回事？

长期来看，电子书的销量有望增长，纸质书籍和杂志的销量将逐步下滑，除了一些小众领域，比如精美的旅游书籍和儿童体验书籍。但书籍的物理属性将变得更加重要：触觉、视觉、感觉和嗅觉。过去几年里，许多国家的杂志品种激增，针对的读者群体越来越小。杂志将继续受益于其便利性和在移动设备上阅读带来的更好的体验感。

· 纸质书的阅读速度更快

多年来，人们一直在预测“无纸化办公”，但事实是，在大多数公司里，每位经理每天打印的纸张比以往任何时候都多：92% 的高管每天都会打印一些东西，45% 的高管打印 10 页或更多，15% 的人每天打印超过 50 页。纸张仍将伴随我们很长一段时间。

所有的电子媒体都将继续面临来自印刷品的挑战，因为印刷品的页面尺寸、格式和分辨率都会让读者提高阅读速度。在电子阅读器上阅读小说时，阅读速度并不是一个考虑因素，但在工作中阅读速度确实很重要。

每一位忙碌的高管都知道，阅读和标记一套冗长的董事会文件或一份篇幅很长的合同的最快方法就是打印出来。大多数人阅读纸质书的速度是在屏幕上阅读的 10 倍，他们会使用一些无意识的技巧，比如整页浏览，与滚动无尽头的电子文本相比，这样更不容易错过重要的部分。纸质阅读会更有利于记忆，特别是“图像”记忆，通过在页边空白处做笔记，阅读者能更好地重现相关内容的重要观点。

· 报纸适合快速阅读

大多数高层领导人每分钟只能在屏幕上阅读 500 字左右，但在 5~10 分钟内，可以大致理解 4 万字的内容。因此，任何一个严格实行无纸化办公的公司都在浪费大量的时间和金钱。

你可能认为这一切会随着更高的分辨率、更大的屏幕而改变，但这种情况在很长一段时间内都不会发生。我们已经有了很大的“视网膜屏”，以眼睛能处理的最大分辨率工作，但它们几乎不能移动。我们需要等到电子纸张的出现：平整、可折叠的薄膜，具有与大张纸相同的对比度、分辨率和便利性。预计到21世纪30年代，大尺寸的视网膜级别分辨率的纸张仍不多见且是非常昂贵的。

十五　新闻机构、报纸和报道的未来

人们常说："新闻就是别人不希望你刊登的东西。其余的都是广告。"但在BuzzFeed①或ViralNova②等网站上，传播最快的在线内容是那些温暖人心的视频、搞笑的内容以及吸引眼球的标题，它们的共同点是正面且能引起共情，而且一般在朋友间流传。

·报纸陷入危机，但在新兴国家会增长

未来5~10年，几乎所有发达国家的报纸都将迅速衰落，而在印度等喜欢新闻的国家，由于中产阶层的壮大，读者数量将增加。5年内，美国的报纸读者数量下降了47%，但印度的读者群在未来5年内将至少增长15%，全世界1/5的日报会在印度发行，新闻标题将超过1亿种，占所有广告条目的45%。

在发达国家，传统报纸很难将读者转化为在线订阅者，因而会损失60%以上的收入。自2004年以来，美国报纸记者的数量减少了45%。与此同时，无论是小型编辑团队在地铁站发放的日报，还是在广告活跃地区（特别是房地产中介广告）发行的地方周报，这些免费报纸都做得更好。

---

① BuzzFeed是一个美国的新闻聚合网站，2006年由乔纳·佩雷蒂（Jonah Peretti）创建于纽约，致力于从数百个新闻博客中获取订阅源，通过搜索、发送信息链接，为用户浏览最热门事件提供方便，被称为媒体行业的颠覆者——译者注。

② ViralNova是一个个人网站，网站的定位是分享世界各地有趣、有爱、有价值的故事，通过Facebook分享进行"病毒式"传播——译者注。

· 新闻媒体的未来

现在在线收看新闻的美国人比看有线电视的人多。约 61% 的 18~29 岁的年轻人主要在线观看流媒体内容；约 500 家网络新闻公司提供了 5000 多个新的全职工作岗位，包括为离开《纽约时报》和《华盛顿邮报》等报纸的有经验的记者提供工作岗位。电子报纸将开发出一种新的工作模式，如不限制文章的长度，也无须规整地印制在纸质报纸上。网络新闻的增加并不能阻止新闻公司受众的下降。例如，点击新闻链接的 Facebook 用户平均每月在新闻网站上仅花费 90 秒的时间。

新闻广播已经成为一种社交活动，一半的社交媒体用户在分享新闻，并对新闻发表评论，而 7% 的美国成年人将自己制作的新闻视频发布到社交网站或新闻网站上。研究表明，令人悲伤的新闻故事传播的可能性最小，积极向上的新闻故事获得了更多的分享。这些趋势将深刻地塑造和影响社会，并影响所有的新闻公司。事实上，娱乐总是比新闻更具商机。

· 谁会在意网上那些令人沮丧的新闻？

在线付费新闻网站面临的挑战将仍旧是来自数百家广受好评的免费新闻网站的强劲竞争，如 BBC、《卫报》、《赫芬顿邮报》以及谷歌等网站。此外，还有很多“社区”新闻网站，同样都是免费的。内容策划者将成倍增加，他们收集各种类型网站的相关内容，对其进行编辑，添加自己的评论，但会涉及版权问题。

20 年后，高质量的、有深度的调查新闻在发达国家几乎全部消亡。有抱负的记者将转而为电视新闻工作，并提供链接（免费访问）网页。但即便是大型的电视新闻公司，未来也将为维持世界各地记者站的运营成本而苦苦挣扎。美国三大新闻频道——CNN、FOX 和 MSNBC，在一年内失去了 11% 的黄金时段观众。

自由记者和摄影团队将快速壮大，他们身后没有新闻公司的正式支持或保障，只能单独或结伴工作，在竞争中承担巨大的风险，以获取有轰动效应的新闻报道或图片图像。其结果将是，战地记者的死亡人数会增多，同时人们也越来越担心失去专业精神和可能存在的偏见。

·“新闻疲劳”将进一步减少观众数量

过去，大多数新闻往往是令人悲伤的或坏的消息。杀戮、殴打、强奸、失业、自然灾害、空难、炸弹爆炸、战争、商业丑闻……编辑们把最糟糕、最轰动的事件置于头版或者电视新闻的前 60 秒，画面越恐怖、事件越耸人听闻，就越会被播报。

观众们已经出现“新闻疲劳”，他们听了太多煽情的故事，看了太多相关的图片和视频，这对电视新闻尤其重要，因为在播放电视新闻的同时总离不开相应的视频。任何拥有智能手机的人都可以成为新闻来源，但新闻的质量会下降。

电视新闻歪曲事实的程度甚至超过报纸或网络，有时会让人认为整个世界每周都要受到炸弹爆炸、恐怖谋杀或自然灾害的影响。然而事实可能是，一周内的大多数时间没有足够的爆炸性新闻来填满新闻简报。

观众也会越来越厌烦时事辩论和政治采访。在媒体辩论中，政客之间的分歧通常会被夸大。发达国家的大多数人不信任政客，何必费心费时去听他们说什么呢？

·假新闻将成为一个更大的困扰

在过去 20 年乃至更长的时间里，英国记者和政客的社会信任度是最低的。如果医生或教会领袖的社会信任度是70%的话，记者仅为10%。这对民主制度和政府责任都是有害的。记者们知识渊博，对细节一丝不苟，对他们的这种不信任是没有道理的。

特朗普当选总统后，利用人们普遍持有的不信任别人的特点，挑起猜疑甚至公开的敌意。对于任何一个政治家来说，如果他（她）害怕公众批评，这当然是明智之举。特朗普还完美地运用与民众直接对话的艺术，就像20世纪使用国家电视台和电台的独裁者一样，用自己的Twitter账户持续不断地传播对自己有利的评论和报道。

在一些专制的国家，记者越受尊重，他们的平均寿命就越短。这种杀戮的目的远远不止让作者或传播者噤声：其主要目的是恐吓并使整个社会的其他媒体批评家噤声。但最终，所有的政治家和商界领袖都需要媒体的独立性，以为其赢得最大的尊重，放大信息并改变整个社会，因此官员与媒体之间的博弈将会继续。

接下来，我们看看当10亿人涌入城市时世界将如何运行，巨大的人口分布变化，平均寿命延长，这一切对未来意味着什么？

第二篇　城市化（Urban）

未来的第二个面是有关城市的，关于特大城市、移民、人口、健康和平均寿命的剧烈变化。通过一个城镇或城市、国家或地区的人口统计数据，便可以预估该地区未来的发展。一个地区的发展取决于其人口数量、年龄结构、受教育程度等。按当前的情况可以预测，到 2025 年，世界上一半的人口将居住在亚洲，印度将成为世界上拥有年轻人最多的国家。

未来 15 年内，将有 10 亿儿童成为消费者，这将是人类历史上巨大的飞跃。我们的生活方式与 3.5 亿非洲儿童形成了鲜明对比，大多数非洲儿童终其一生都在努力追求我们的生活标准。

现如今，新兴市场居住着世界上 85% 的人口，其中大部分在城市，推动了全球 90% 以上的经济增长。全球 30 岁以下人口中有 90%生活在这些国家，这表明新兴市场将在未来的 100 年主宰世界发展。所谓的发达国家变得不再那么重要，其实力和影响力也在下降，到 2060 年，发达国家人口将不到世界人口的 8%。

随着亚洲新兴经济体的迅速崛起，老牌公司将面临巨大的震荡和收购风险，并受到冲击：它们的市场被占领，竞争者被兼并，董事会出现变动。令政府、工人和股东感到沮丧的是，由于财力和创意都消耗殆尽，老牌公司难逃被收购和兼并的命运。

一　人口将达到 110 亿人的峰值

尽管全球每对夫妇平均生育量已经下降至 2.4 人（正常人口更迭生育量为 2.2 人），到 2040 年，地球上的人口将突破 90 亿人，比 2020 年多 16 亿人左右。因为在撒哈拉以南的非洲，每对夫妇的平均生育量仍是 4.9 人。预计到 2090 年，地球人口将达到 110 亿人[①]。

世界将变得非常拥挤，土地资源面临巨大压力，将造成国内、国际局势紧张。土地资源的压力尤其加剧，气候变化造成洪涝灾害、海平面上升和沙漠扩张，致使世界上最贫穷、最脆弱的群体流离失所。很多人可能将其归咎于发达国家几十年来的碳排放。

许多国家 50% 的年轻人口在 25 岁以下。除了全球性瘟疫和灾难性战争的影响，即使这些地区在未来 20 年内没有新生儿出生，这些年轻群体也是未来父母人数暴增的源泉。

在不破坏地球资源环境的情况下，为 110 亿人提供衣、食、住以及水、电将是一个巨大的挑战，尤其是人们还期待过上中产阶层的生活。如果领导人不能兑现承诺，社会可能会出现剧烈动荡，尤其是在人口规模庞大的国家。

如果没有其他危机，人口增速不可能突然放缓。欧洲和

---

① 对全球到 21 世纪末人口规模的预测目前存在不同的版本，比较有代表性的有两个：一个是联合国关于全球人口的预测，即全球人口在 2030 年和 2050 年将分别达到 85 亿人、97 亿人，2100 年地球将承载 109 亿人口的“重负”；另一个是由比尔及梅琳达·盖茨基金会资助的研究对整个 21 世纪的“人口持续增长”提出质疑，认为 2064 年将是世界人口的拐点，全球人口将达到峰值 97 亿人，之后到 2100 年将逐渐下降至 88 亿人。本书中有关 110 亿全球人口规模的阐述主要是依据联合国的判断——译者注。

日本面临庞大的老年群体。日本约有 20% 的人口超过 65 岁，到 2065 年日本人口可能从 1.24 亿人减少至 8800 万人。预计到 2025 年，全球 60 岁以上人口将达到 10 亿人。到 2026 年，仅意大利 90 岁以上的人口就有 100 万人，这足以影响每一次选举。

· 由于巨大的财富对比，将出现 10 亿流动人口

未来 30 年，将有超过 10 亿人移居城市去寻求更好的生活，仅中国就有约 3 亿人从农村来到城市，印度有 3 亿人，非洲有 4.75 亿人也会移居到城市。未来 20 年，全球 GDP 增长的一半将来自新兴市场的 450 个城市，这些城市可能是人们从未听说过的，它们将创造出世界上最大的新市场，拥有数以亿计的新城市零售商，其中许多是街头商人。到 2035 年，大多数世界级的大公司将落户新兴市场，而在 2000 年这一比例仅为 5%。

当全球 1/3 的人缺乏诸如自来水、卫生设施和充足的食物等基本生活必需品的时候，有 10 亿人想要这些东西就不足为奇了：全球一半以上的人每天的生活费不足 3 美元，每天有 2.2 万儿童死于贫困，10 亿人没有安全饮用水，近 10 亿人不能阅读或书写，每天大约有 8.4 亿人在挨饿①,10 亿人没有电力供应。在欠发达国家，几乎 1/3 的人的寿命不到 40 岁。

大规模的移民潮是一股不可阻挡的力量，就像我们多次在战争或内乱期间看到的那样。当 20 万人决定迁移，其中许多人愿意冒生命危险，如果没有国民警卫队、巨大的围墙或海上巡逻费用的支撑，世界上没有任何其他陆军或海军可以阻止他们移民。当然还有一些简单的方法可以绕过这些障碍：购买一

① 根据《世界粮食安全和营养状况》报告，近年来全球挨饿人数逐年增多，2018 年全球面临食物不足困境的人数达 8.216 亿人——译者注。

张去迈阿密迪士尼乐园的机票，或持旅游签证入境，或持学生签证入境，然后消失。

· 1% 的人口拥有 65% 的财富

世界上最富有的 1% 的人口掌握着 50% 的财富，而 20% 的人占有了世界上 75% 的财富。他们的收入是那 20% 的最贫困人口的 60 倍，贫富差距还在迅速扩大。按照目前的趋势，30 年后，这 1% 的富人将拥有世界上 65% 的财富，这样的局面令人担忧[①]。

历史表明，贫富悬殊通常会激化人们的怨恨和愤怒，暴力革命也会随之而来。在社交媒体时代，新的革命可能会在几分钟、几小时或几天内突然爆发，就像 2018 年底巴黎街头的骚乱一样。

历史表明，降低大规模流血冲突风险的唯一途径是政府积极应对民众的不满情绪，加大力度对富人征税，提供更好的公共服务，或者鼓励超级富豪捐献部分财富。

基于以上这些原因，应当出台更有效的税收政策，尤其是针对超级富豪和跨国公司的税收政策，并为建立更好的公共服务提供资金支持。富国应该帮助穷国改善教育、医疗和基础设施水平。许多政府会惩戒腐败官员（就像沙特阿拉伯和中国的做法），以减少公众的怨恨。

世界上最富有的 80 个人和世界上最穷的 34 亿人拥有同等数量的财富，如果最富有的这 80 个人居住的地方发生大规模

---

① 根据彭博社亿万富豪指数，2020 年世界上最富有的 500 人的净资产总额增加了 1.8 万亿美元，达到 7.6 万亿美元，相比 2020 年增长了 31%，是该指数 8 年来最大的年度涨幅。目前，全球财富增长不成比例地集中在顶端，有 10 个人的财富超过 1000 亿美元，另有 16 个人拥有至少 500 亿美元的财富——译者注。

的动乱，他们的家庭很可能成为被攻击的目标。接下来是 1600 位亿万富翁的家庭，他们的资产有 6.4 万亿美元，超过了世界上最贫穷的 120 个国家的总收入。在一些新兴市场国家，许多享有特权的人被暴徒抓住，可能会被终生关押、虐待，甚至死亡。在美国，这种贫富差距也愈加显著：1% 的人拥有 40% 的财富，最富裕的 3 个美国人拥有的财富比其他美国公民多 1.6 亿美元。

较贫穷的国家贫富差距更大，尤其是在城市，差距更加明显。印度孟买，就在它们最高档社区的围墙外，贫民窟的居民住在由塑料和胶合板搭建成的棚屋里，晚上人行道上挤满了熟睡的工人。

即便是出于政治目的且组织有序的移民只占 0.1%，其结果也将是一场史无前例的、革命性的抗议运动：可能从最贫穷的国家开始，进而推翻其政府，攫取富人的财产，并迅速跨越国界。2010 年的“阿拉伯之春”（Arab Spring）就是一个真实的写照，部分原因是粮食价格的迅速上涨对穷人造成了冲击。

二　在城市生活

世界一半以上的人口已经生活在城市，其中大部分是人口超过 1000 万人的特大城市。到 2025 年，许多国家将拥有所谓的智能城市，这些城市规模更小，广泛应用数字技术，从根本上提高交通、能源和公用事业的效率，改善工作场所、家庭和休闲环境。

10 多年前，很多人预测城市将会衰落：由于城市普遍存在的噪声、污染、高房价和暴力犯罪，将有数百万富裕人口搬到农村地区。

我认为这样的言论是无稽之谈。人们喜欢繁忙的社区和热闹的氛围，向往大城市提供的机会，喜欢城市中的酒吧、咖啡馆、俱乐部、餐馆、电影院、剧院。而且，许多城市的犯罪率也在大幅下降。除此之外，城市的发展也有利于生态环境的可持续性，城市将人们聚集在一个小范围之内而不占用农业用地，使农田和农村环境免于被破坏。再者，城市生活是高效率的，家与工作地、学校、商场、医院之间的距离很近，而且还有规模经济的优势。

· 10 亿人口生活在城市的贫民窟

在大多数新兴国家的城市，一辆出租车可以在几分钟之内把你从豪华的酒店送到贫民窟：那个临时的家是一栋摇摇欲坠的四层建筑。走在黑暗狭窄、坑坑洼洼的街道上，你会看到孩子和动物在开放的下水道里玩耍，一滩滩死水散发着腐烂的气味，一堆堆臭气熏天的垃圾，屋外悬垂着缠成一团的电线，到处显露出贫穷与疾病。但是，如果你被邀请到这里的家庭做客，你会发现他们的房间整洁，也在使用智能手机，年轻人受过良好的教育，他们怀揣野心和梦想，或许他们的父母还拥有专业资质……

10 年后，再回到这里，你会发现大多数贫民窟变成了中产阶层居住的街区，到处是混凝土建造的房屋，有自来水和污水系统。但又会有新的 100 万人来到这里，建造新的棚屋，于是城市的发展仍将继续。

· 一些贫民窟居民成为百万富翁

贫民区也经历了城市化的过程，城市化造就了许多房地产大亨。多年前，这些人在土地上建造起临时住宅，并以某种方式获得了土地权，现在这些地方高楼大厦林立。

未来 25 年，超过 20 亿人因拥有新财富可以有更多的选择，享有更好的医疗条件以及电子商务、银行等服务。其中，至少有 10 亿人将成为第一代中产阶层——成为上大学、拥有汽车、拥有房产的第一代人。

由于人口增多，有限的基础设施会给人们生活造成不便，许多特大城市的人口将稳定在 2000 万 ~2500 万人。因此，每 100 万低收入移民迁入大城市，就会有 100 万中产阶层的工人去往小城市，最终农村到城市的人口迁移将告一段落。这个情形已出现在巴西，像里约热内卢这样的城市不再有新的移民浪潮涌入人口密集的贫民区。

· 大规模基础设施建设

以上问题带来的后果是，2020~2050 年，人类在基础设施方面的投资数量和规模将超过历史上的所有投资，投资涉及学校、医院、发电站、电网、供水厂、污水处理厂、公路、铁路和机场。与此同时，我们还将见证房地产业、建筑业和大宗商品交易的繁荣与萧条。

大部分基础设施的使用寿命将远远超过人们的想象。每座城市对自然的影响在未来 3 万年都将清晰可见，即使这座城市会被遗弃。港口已经为旅行者或商人服务了数千年，将来还会继续；罗马许多 2000 年前修建的道路今天依然繁忙；许多石器时代的土石建筑在农村地区仍然可见，尽管它们在 5000 年前就被废弃了。

· 大宗商品市场的不稳定

快速的城市化有时会影响钢铁、铜或铝等大宗商品市场。

投机者利用不确定性进行交易，造成大宗商品价格的大幅波动。钢铁价格将受到房地产荣枯以及全球产能过剩的影响，全球每年的钢铁产能达 1.6 万亿吨，中国钢铁用量是印度、美国和欧盟总和的 2 倍[①]。

矿业公司将被迫往深处开挖质量较低的矿石，且需要 40~50 年的时间收回投资。随着商品价格的上涨，人们会重新开采废渣堆以提取更多的材料。中国将抢购采矿权、矿业公司和采矿技术。拥有丰富矿产资源最多的国家会在军备和安防方面投入更多资金，它们的领导人可能是超级富豪，让巨额资金流出国家，司法系统也存在腐败，甚至会发生内战。这些国家的经济增长更有可能放缓，因为随着大宗商品出口，汇率就会上升。一旦发生这种情况，其他出口的商品和服务的竞争力就会下降。

三　非洲的未来由城市驱动

除非出现新的区域性灾难，非洲仍将是世界上工业产出增长最快的大陆。尽管这片土地上有血腥的部落冲突历史，但非洲撒哈拉以南地区在过去 10 多年里几乎完全处于和平状态，没有发生实质性的边界冲突，许多内战也得到了解决。

在过去的 40 年里，我曾与非洲许多国家的人们有过密切的交往。尽管非洲农村仍然保留着传统的生活方式，但大城市

---

① 根据世界钢铁协会 2020 年 1 月发布的数据，2019 年全球粗钢总产量约为 18.699 亿吨，同比增长 3.4%。其中，中国粗钢产量高达 9.963 亿吨，同比增长 8.3%，占全球粗钢总产量的 53.3%，欧洲各国粗钢产量约为 2.988 亿吨，北美地区粗钢产量约为 1.2 亿吨（美国粗钢产量约为 8790 万吨），印度粗钢产量约为 1.112 亿吨，日本粗钢产量约为 9930 万吨。参见世界钢铁协会官网，https://worldsteel.org/zh-hans/more-items/page/2/——译者注。

的发展速度是惊人的，而且是持续性的发展。

1988 年我第一次踏上乌干达的坎帕拉。那里很多人死于艾滋病，1/3 性生活活跃的成年人感染了艾滋病毒。这个国家正从内战中恢复。现在的坎帕拉是一个充满活力的城市，有大城市的嘈杂繁荣，有国际化的高楼大厦，酒店和写字楼遍布，周围有很多新工厂。然而，在离城市仅 40 公里的地方却是另一番景象：沿着长满杂草的土路，大多数人住在茅草屋顶的泥砖房子里，没有自来水，用电也成问题。

· 未来对非洲的巨大投资

如今，Primark①、H&M 和通用电气（GE）这样的公司正在进驻非洲。智能手机的迅速普及加速了移动支付和商业的发展，刺激了非洲经济的发展。当中国完成非洲援建时，仍有数以万计的中国人选择留在非洲并投资当地企业。非洲人发表的科研论文数量在 10 年内翻了 3 倍，达到每年 55400 篇。

我曾参观过一个与我们的艾滋病基金会有关的创收项目，该项目设在乌干达的农村。我们从坎帕拉出发，在一条糟糕的公路上行驶了 8 个小时。我们路过一条由中国人正在修建的高速公路，修建这条公路雇用了当地的劳动力，这有利于解决当地贫困人口的收入问题，同时中国通过援建非洲项目扩大了国际影响力，打开了石油、矿产和当地农作物贸易的大门。几十年前，英国是非洲建设的主要援助者，但现在中国的影响力正在不断提高。在斯里兰卡的科伦坡也一样，中国正在一个战略港口的附近修建一座海上城市，而斯里兰卡的人均工资水平只

---

① Primark 是爱尔兰的服装零售商，是英国食品加工公司 ABF 的附属公司，总部设在都柏林，是老牌的英国服饰品牌，拥有诸多适合不同年龄风格的品牌线。2020 年 4 月，“2020 全球最有价值的 50 个服饰品牌”中，Primark 排在第 33 位——译者注。

有印度的一半。

未来 20 年，尽管存在地区竞争和政府腐败现象，许多非洲国家的经济年增长率将上升 5%~8%。随着亚洲制造业成本的上升，许多非洲海港方圆 80 公里范围内的制造业和服务业将迅猛增长。

· 尼日利亚：向沿海城镇和城市快速移民

尼日利亚是非洲最大的国家，也是非洲最大的经济体，但其人均收入只有南非的 1/3。尼日利亚的人口将很快从 1.85 亿人增加到 3 亿人。预计到 2050 年尼日利亚将有 4.4 亿人口，届时将成为全球人口第三大国家。

在接下来的 40 年里，由于拥有石油和港口，大部分财富将集中在基督教占主导地位的南方城市。众多不稳定因素将来自穆斯林占主导地位的北部最贫困地区，那里是恐怖组织“博科圣地”的根据地。尼日利亚可能会再次发生像 1967~1970 年的比夫拉战争（Biafra War）那样旷日持久的内战，当时死亡人数上百万，但如果再有一场内战的话，其结果可能就是分裂。

· 南非：艰难跟上

南非是非洲第二大经济体，但与整个非洲地区相比发展非常缓慢。南非最伟大的奇迹在于种族隔离制度的和平过渡，这一点离不开纳尔逊 · 曼德拉和著名黑人基督教领袖们的影响。

南非面临的最大挑战仍然是年轻黑人群体的高失业率，以及白人在大企业领导层中占据主导地位，财富和机遇差距悬殊，城市暴力、封闭的白人社区以及革命暗流也是当前南非面临的挑战。

· 寄钱回家

来自贫穷国家的数亿名工人将钱寄回家是城市移民的特有现象。在非洲，大多数汇款都是由在城市打工的年轻人汇给住在农村的父母和其他亲属。这些收入在未来农村居民收入中所占的比例将会越来越大。

每年全球的汇款总额已经超过 6500 亿美元，占一些国家 GDP 的一半。例如，塔吉克斯坦的汇款占其国内生产总值的 47%，利比里亚占 31%，吉尔吉斯斯坦占 29%，莱索托占 27%，尼泊尔占 22%。跨越国界的现金流促进了很多行业的发展，过去，携带大量现金的人们使用西联汇款寄钱回家，现在转变为使用移动支付。

· 出生率下降将增加亚洲的城市移民

如果你到印度旅行，会看到大街上、公共汽车上、学校里到处都是孩子。然而中国情况则不同。中国现在已经取消独生子女政策，但它的影响力将持续 70 年。虽然来到城市的农村移民将会继续弥补沿海城市劳动力老龄化造成的缺口，但由于出生率的降低，从农村到城市的移民最终也会减少。

· 日本和韩国需要更多新生儿

40 年前，韩国平均每对夫妇有 6 个孩子，而到了 2018 年，这个数字下降到 1.1 个孩子。从全世界来看，一旦家庭的年收入达到 1.2 万美元，每对夫妇拥有的孩子数量就会大幅下降。每个家庭拥有孩子的数量达到 2.3 个才能维持人口结构的稳定。如果韩国的生育率保持在低水平，同时也没有更多的移民，那么到 2050 年，韩国人口将从 5000 万人下降到 4000 万人，其中 38% 是退休人员。

在日本，除非情况有所改变，否则到 2050 年，日本超过 1000 个农村和城镇将没有育龄妇女。在未来 50 年里，日本人口将从现在的 1.27 亿人减少 1/3，到 2110 年日本人口将只有 4300 万人。日本社会并不欢迎移民，日本的外来人口不到 2%，希望日本的这种固有观念能有所改变。随着政府出台各种鼓励措施并且将养育下一代作为全民的责任，预期会有更多的人愿意养育孩子。

对俄罗斯来说，人口减少是一个国家安全问题。虽然出生率正在恢复，但俄罗斯人口数量在较短时期内减少了 1000 万人。法国则一直在提供慷慨的税收优惠和福利补贴来鼓励生育。

来自贫穷国家的 10 亿人之中有很多受过良好的教育，他们想移居富裕的国家追求更好的生活，而他们想要移民去的国家面临着人口锐减问题（却不愿意接收移民），这似乎是一个悖论。或许文化才是真正的问题所在。

· 欧洲和中亚的城市移民

从中亚到西欧，人们都在流动。比如，哈萨克斯坦工人到俄罗斯，乌克兰人到波兰，波兰人到英国，英国人到美国。莫斯科已经有很多来自中亚的工人，超过 20% 的城市居民都是穆斯林。

从非洲到欧洲的移民激增导致西班牙和意大利的压力越来越大，这些国家未来会疲于应付精力充沛的年轻的非法移民。超过 60 万非洲人随时在北非等待出发，自 2014 年以来，已有 650 艘满载移民的船只在海上被营救，这些船只将在意大利被处置。每年有超过 10 万人从北非成功偷渡到意大利，他们经常冒着极大的风险乘坐小船偷渡。因为中东战争，从土耳其到希腊的移民在一年内增加了 150%。

无论走到哪里，新移民都倾向于定居在自己的文化社区内（基本都是贫民区）。许多人会保留他们原有的风俗习惯和生活方式，与接受他们的国家格格不入，这加剧了当地的紧张局势。低收入移民社区的新生儿出生率通常远高于富裕的东道国，移民带来的新生人口增加有利于重新平衡东道国的人口年龄结构。

· 欧洲人口在减少，但预计会出现婴儿潮

按照目前的趋势，在德国，八对曾祖父母中只有一个曾孙。这是每对夫妻生一个孩子的结果。意大利、葡萄牙、西班牙、希腊和英国部分地区的情况也与之类似。然而，一些西欧国家的新生儿出生率可能会迅速上升，就像英国一样，部分原因是移民。每年有超过 170 万人进入欧盟，还有 170 万人在欧盟各国间移民，这些移民主要来自工资较低的新加入欧盟的国家。大多数移民都是年轻的单身成年人，他们可能会定居在移民国家并组建家庭。新生儿出生率上升的另一个原因是，这一代女性的生育时间推迟了 10~15 年。

· 1000 多万人想要前往英国

过去 10 年里，每年有超过 50 万人移居英国，但只有 30 多万人离开英国，这其中许多人是在英国出生的。在这些移民中，40% 来自欧盟国家，大多数来自世界其他各地。按照这种趋势，未来 20 年将有超过 1000 万人进入英国，而这 1000 万人中将会有 200 万婴儿出生，抵消了英国的低出生率。到 2037 年，在英格兰的学校里，白人儿童将是少数。近十年来，少数族裔儿童在中小学就读的人数猛增了 60% 以上。

未来 30 年，移民问题将持续是政治热点，这一问题因英国脱欧的紧张局势而变得更加敏感。英国脱欧只能减少一部分来自欧盟国家的移民，这只是每年在英国定居的移民中的一小部分。随着国内极端右翼团体越来越受欢迎，少数族裔受到攻击，英国不得不为控制移民人数做更多尝试，投票支持英国脱欧只是其中一个尝试。然而，英国仍是极具吸引力的移民目的地，雇主会以非常有说服力的理由为工人申请签证，尤其是在低失业率时期。在每个国家，人口规模都与经济规模密切相关，所以英国经济也将随移民人口的增多而增长。

与此同时，预计波兰、捷克、保加利亚、阿尔巴尼亚、斯洛伐克和德国（东部）等国的农村和小城镇的人口数量将迅速下降，未来 10 年，超过 1500 万年轻工人将离开这些地方寻求更好的机会，其中有许多人受过良好教育。大多数人只会在其他国家工作一段时间，然后返回到本国最大的城市。

德国对移民问题可能会采取更加两极分化的态度。在政府做出接纳 100 万叙利亚和其他国家移民的决定之后，德国街头的抗议活动此起彼伏。与此同时，劳动力老龄化带来的挑战加剧，也将威胁经济的增长。

四　城市房地产的未来

未来 30 年，尽管全球各大城市的房地产时好时坏，全球房地产总价值将从 2017 年的 228 万亿美元实际增加 100 多万亿美元，这仅仅是因为城市在扩张，经济在增长，中产阶层数量在增加。

· 全球旅行爱好者青睐机场枢纽附近地区

尽管团队工作已经虚拟化，但是在世界各国飞来飞去的高管们仍将喜欢大型国际机场周边地区。这种“枢纽效应”同样适用于高速列车的网络范围。那些厌倦了城市生活的人有资本反潮流行之：离开城市，回归自然，追求更绿色、更安全、更低成本的生活。然而，那些最富有的人会选择同时居住在城市或乡村，他们有两三套甚至一二十套房子。越来越多的超级富豪们拥有私人飞机，可以让他们直接在办公室、住宅、酒店和度假村自由来往。

· 英国大城市房地产的未来

英国房地产的价格将与伦敦、曼彻斯特、爱丁堡、格拉斯哥等大城市的未来息息相关。尽管经历了2008年的金融危机和对英国脱欧的种种担心，英国房地产仍然是一项良好的长期投资，原因如下。

√　净移民导致的人口快速增长。每年非欧盟国家的净移民超过25万人，而2018年来自欧盟的净移民只有7.4万人

√　小岛上的新建住房用地严重短缺，规划控制也很严格

√　低工资通胀率和低汇率使英国变得更具竞争力，之前在其他国家的外包工作将回到英国（如呼叫中心）

√　尽管英国脱欧，但2009年以来银行业开始复苏

√　服务业和创意产业强劲发展

√　对投资者来说，英国被视为比其他有冲突的地区更安全的避风港

√　家庭解体意味着家庭规模变小，需要更多的房子

√　人口老龄化，老年人住在家里便于更好地被照顾

√　家长投资帮助孩子买房

√ 英格兰银行的政策是保持低利率，直到经济出现一定程度的复苏，即使结果是新一轮房地产热潮

√ 政府债券、银行存款和公司股票的低回报率，使房地产更具吸引力

√ 很多人不信任养老金储蓄，而更喜欢投资房产

√ 将财产所有权作为一种投资的传统观念或心理

√ 尚未对房产征收资本所得税

√ 对拥有房产的个人养老基金的税收优惠

· 伦敦的未来

伦敦的人口在10年内增长了100多万人，尽管英国脱欧，但在未来20年内伦敦的人口还将增加100万人，而房屋数量几乎不会增加。从中期来看，由于国际买家的大量涌入，伦敦的经济将继续保持增长。这些国际买家担心自己国家的发展前景，担心自己资产的安全，甚至考虑全家移民伦敦。

伦敦将继续稳坐全球宜居城市排行榜前列。伦敦的私立学校和私人医疗是世界一流的，街道非常安全，警察通常不携带枪支。伦敦在未来15年内仍是法国人移民首选的第6大城市。伦敦的餐馆、酒吧、电影院、旅馆和夜总会的数量在成倍增加。伦敦已经是一个巨大的工作和休闲综合体，城市中众多娱乐场所为忙碌的高管们提供世界一流的全天候的休闲服务。

尽管欧盟努力摆脱伦敦在整个欧洲近乎垄断的地位，但伦敦仍将是全球主要的金融服务中心。为保持全球外汇交易主导者的地位，预计伦敦将会有积极的行动。未来，伦敦仍然拥有世界上最多的外资银行办事处，但来自纽约、上海、新加坡、香港、东京和孟买的竞争也越来越激烈，巴黎和法兰克福的吸引力低于人们的预期。尽管银行的工作人员在2025年之前不

太可能达到 2008 年经济危机前的人数，但伦敦的银行和其他金融服务业仍是就业者的首选目标。

伦敦将继续吸引富有创造力和想象力的人，比如思想家、数字营销人员、电脑游戏设计师、电影制作人、艺术家、创业者、金融科技创业者（比如移动支付业务）、管理顾问等。预计在未来 10 年里，新的风险资本涌入将推动伦敦的科技劳动力以每年至少 5% 的速度增长，其中大部分投资来自其他国家。

· 美国、东欧、中国和俄罗斯的房地产

2008~2010 年美国的房地产崩盘之后，到 2016 年，其房地产市场已经全面恢复，美国的国内生产总值也实现了较好的增长。2008~2011 年，一些东欧国家的房价下跌超过 40%，而在乌克兰等国，房价可能还会持续下跌。相比之下，中国正在发展的房地产市场将在跌跌撞撞中前行，在不同的地区或繁荣或萧条。中国正在快速城市化，在农村移民、房地产开发商、雄心勃勃的业主、各种信贷及政府政策的推动下，中国的房地产发展并不平衡。

五　健康的未来

每个国家的未来都是与人口、移民和城市联系在一起的，而这些与健康密切相关。在发达国家，65% 的医疗开支都花在 65 岁以上的人身上，他们中大多患有几种慢性病，而这些慢性病几乎都与年老有关，也就是说，在这些发达国家中，制药公司和医院主要是满足老年人的需求。随着许多新兴国家人口的平均年龄逐步偏大，未来 20 年，人类面临的最大的健康挑战几乎都与老龄化有关。

· 从治疗转向预防

医疗的重点已经从治疗转向预防、保健、提高身体机能。许多药物在今天用来治病，未来可能会用于提高身体机能。比如，原来用于治疗性健康和记忆力减退的药物在 15 年间有了更广泛的用途，像伟哥（Viagra）和西力士（Cialis）这样的药物最早是为患有不同程度阳痿的男性开的处方药，但随着网上“地下销售”的增长，这两种药物现被广泛用于健康人群增强“常规”性能力的需要。哌甲酯和其他增强大脑功能的药物也是如此，不仅精力旺盛的年轻人在用这些药物，有记忆力减退问题的老年人也可以用。现在约 20% 的美国学生和英国学生在考试的时候会使用这种药物。

老年人经常抱怨精力不足。最有效的药物可以作用于每一个细胞，比如提高线粒体的活力，产生电能，从而使老年人的身体和大脑恢复活力。线粒体有自己的基因，它们可以分裂，可以在动物和人类之间交换。通过 α - 硫辛酸和其他药物联合治疗可以使老鼠的旧线粒体复活，使年龄大的老鼠跑得更快，更快走出迷宫。想象一下这类治疗方法对人类健康的作用：它对记忆、伤口愈合、心脏跳动以及性功能或运动能力的影响。

· 化妆品、皮肤护理和整容的未来

化妆品行业也有类似的趋势。到 2022 年，全球化妆品市场规模将达到 4200 亿美元左右，以每年 4% 的速度增长，其中中老年消费者和新兴中产阶层的化妆品消费增长最为迅猛。数亿 30 岁以上的女性想让自己变得更年轻。一些人每年的皮肤护理、面霜、乳液和其他美容消费超过 1000 美元。在未来 10 年内，某些护肤品配方确实能够有效抗皱，维持皮肤的天然胶

原体，让皮肤恢复弹性，使人们看起来年轻 10 岁。

被破坏的臭氧层面积有 2200 多万平方公里，这加剧了人们对皮肤癌的担忧。阳光中的紫外线会导致许多疾病，包括白内障和非霍奇金淋巴瘤（一种癌症），因此护肤品和化妆品也越来越强调紫外线的防护功能。但一些防晒霜的防晒能力太强了，以至于现在的人们不太可能有“正常”的棕色皮肤。越来越多中产阶层父母对皮肤癌的预防意识变强，但当他们发现自己的孩子因为缺少晒太阳而患上佝偻病时同样会感到非常震惊。如今英国的佝偻病比 50 年前更为常见，超过 50% 的英国成年人缺乏维生素 D，许多儿童也是如此，在冬季和春季尤为严重。

在欧洲，晒黑的皮肤将会越来越不流行，就像印度一样，苍白的皮肤是精致生活的标志，越来越多的人不太愿意去热带海滩度假。人们选择整容手术，重塑脸部、耳朵、脖子、胸部、臀部和大腿等部位，试图放缓老去的步伐。

· 营养与肠道菌群

人体内的细菌比细胞还多，肠道中的细菌重达 2 公斤。很多肠道细菌是对人体有益的，未来人们会加大研究如何更好地滋养肠道菌群以保持身体健康。到 2024 年，益生菌的全球销售额将增长到 600 亿美元。未来改变口腔和肠道细菌（微生物群）的常规治疗将会很常见，比如改变健康人群粪便中的细菌。肠道细菌能引出许多疾病，比如抑郁、免疫功能紊乱、胃溃疡、肥胖、自闭症等，牙龈疾病也可能导致阿尔茨海默病。

六　未来 40 年最大的健康挑战

大脑退化——现在，英国男性和女性最常见的死亡原因是阿尔茨海默病，但迄今为止关于阿尔茨海默病的研究结果并不乐观。到 2050 年，全球将有超过 1.3 亿人受到阿尔茨海默病的影响，而这一数字在 2019 年仅有 4800 万人。人们对阿尔茨海默病的恐惧在全球蔓延，它成为数亿人最担心的问题。阿尔茨海默病让人陷入痛苦，让人渐渐失去记忆直到死亡。患者随着病情加重可能认不清自己的家人，他们感到痛苦和困惑，甚至出现尿失禁——这些症状可能会持续数年。这种病使人们丧失了个性和认知，相较于原来的自己，就是个迟钝的小丑。期待在接下来的 15 年里对阿尔茨海默病有更多的研究，关键在于找到能尽快判断药物是否真正有效的方法，而不需要等待 20 年的临床研究时间。对阿尔茨海默病的研究还将使人们了解大脑的生理结构：我们如何思考？如何储存记忆？如何做出决定？什么是有意识思维？

癌症[①]——大多数类型的癌症及其病例已经可以通过早期诊断和最佳治疗得到治愈。期待未来会有许多新的疗法，使免疫系统可以攻击癌细胞，利用基因筛选根据每个肿瘤的确切特征选择抗癌药物。未来 30 年内，大多数癌症患者的治疗都需要组合多种疗法。到 2065 年，在多数发达国家，癌症死亡率将快速下降[②]。

---

① 根据世界卫生组织 2021 年 2 月的最新报告，全球新增癌症确诊总人数从 2000 年的大约 1000 万人增加到 2020 年的 1930 万人。全世界每 5 个人中就有 1 人会患上癌症，到 2040 年，癌症确诊人数将比 2020 年增加近 50%。死于癌症的人数也有所增加，从 2000 年的 620 万人增加到 2020 年的 1000 万人，每 6 例死亡中就有一个以上是癌症导致的——译者注。

② 2021 年 1 月，《自然医学》将癌症早筛技术列为 2020 年令人瞩目的 10 项医学领域的进步，癌症筛查是降低恶性肿瘤死亡率极为有效的途径，有助于提高患者生存率和生活质量，降低死亡率和未来发病率。人工智能、大数据、新型肿瘤标志物检查等快速兴起，有助于提高早期筛查水平。参见 *Nature Medicine*，2021，27 (1) ——译者注。

与肥胖有关的疾病，如糖尿病——地球上有 30% 的人超重，由此产生的各种费用约占全球 GDP 的 2.8%（包括医疗保健和失业时间），占死亡总人数的 5%。随着越来越多的人变得更加富有，到 2030 年，世界上一半的人会被肥胖所困扰。2020 年，在纽约出生的婴儿中有 1/3 会在小时候就患上成人型糖尿病，因为他们太胖了。在美国，每年因肥胖产生的医疗费用和生产力损失超过 1000 亿美元，每年有超过 30 万人因肥胖死亡。在所有发达国家，20% 的医疗消费与肥胖有关，一个最显著的例子就是非酒精性脂肪肝（NASH），这是一种脂肪性肝病，目前影响着 12% 的美国成年人，患者每年的医疗消费达 50 亿美元。期待未来会出现新的疗法，比如以甲状腺素为基础的治疗方法可以在不影响心脏的情况下加速新陈代谢。为了预防肥胖，未来需加强监管，禁止向儿童发布巧克力广告，减少方便食品或饮料中的含糖量，鼓励健身。

心脏病和中风——由于成年人定期进行血压和胆固醇的检查，以及吸烟人数的减少，全球范围内心脏病和中风的死亡人数将出现大幅下降。到 2025 年，超过 3.5 亿老年人将使用降压片和他汀类药物来降低血液胆固醇。使用小导管（支架）来疏通心脏动脉的疗法也将被更广泛地应用——在美国，每年有 12.7 万人接受这种治疗。这种治疗方法通常是在腹股沟处打开一个小孔，然后插入一根柔软的导管，通过细金属丝的引导，使其穿过血管直达心脏。随着抗凝药物越来越广泛的使用，中风患者越来越少，恢复得也更快更好。

慢性伤口——到 2025 年，全世界约有 1 亿老年人将受到慢性伤口的困扰，尤其是由于血液循环不良造成的下肢慢性伤口。未来新的敷料和疗法将加快慢性伤口的愈合，包括使用端粒酶（Telomerase）来激活伤口边缘老旧的纤维原细胞。当细胞分裂太多次时，细胞内遗传密码链的末端会变短，细胞就不能再次分裂。端粒酶能把这些末端或“端粒”拉长到一个更“年轻”的状态，使细胞再次分裂。

细菌感染，败血症和肺结核——耐药性细菌一直是外科医生和病人的噩梦。在美国，每年有200万人因细菌感染患病，需要花费200亿美元的医疗开支，导致2.3万人死亡。如果继续不负责任地开处方药，到2045年，全球每年将有800多万人因此死亡，30年内因细菌感染死亡的人数将达到1.5亿人，经济损失达50万亿美元。新抗生素领域上一次的重大突破是在20世纪60年代。制药公司不会因为抗生素而赚到大钱，因为抗生素只需要服用几天，几家全球制药公司已不再研发抗生素相关药品。期待更加严格地管控过度开药，禁止农民在动物饲料中添加抗生素。肺结核大流行的一个原因就是病毒具有耐药性，而耐药性往往与艾滋病毒感染有关。

寄生虫感染，如疟疾——在未来20年里，疟疾仍将是世界上最棘手的医疗问题之一。全球每年约有1亿例疟疾，66万人死亡，儿童更容易感染疟疾。未来在疟疾疫苗研制方面将会有重大突破——预计到2030年，受疟疾严重影响的国家将增加疫苗接种计划。

不孕症——越来越多的女性在35岁以上才开始怀孕，而生育能力随着年龄的增长会迅速下降，不孕症将成为中年未育夫妻的“流行病”。全球范围内的性病也呈上升趋势，精子数量也减少了一半。

对老年人的关爱——未来20年，欧盟将有1亿多老年人需要在家或养老机构接受照顾。尽管人们普遍认为大多数老年人在突发疾病后会平静地离开人世，但还是有一部分老年人需要多年繁重而复杂的护理。预计未来家庭护理人员数量将大幅增加，电子健康监控将得到广泛应用。即使到2050年，老年人护理仍将主要由人工完成，而不是机器人。未来25年内，移民成为低成本劳动力，将填补欧盟护理工作岗位的空缺。

· 病毒性流行病——每个国家都要面对的风险

每年都会有新的病毒变种。随着人口增长和旅行的增多，病毒突变的发生和传播速度将会更快。当人们接受抗病毒药物治疗，或感染通过动物传播的病毒时，病毒最有可能发生变异。

人类很容易受到病毒攻击，因为当前人类研制出的抗病毒疗法并不多，而且相对较弱。目前除了青霉素以外还没有研制出其他效果显著的药物，抗病毒研究落后于抗生素50年。面对病毒，我们唯一真正有效的武器是疫苗接种。丙型肝炎病毒仅是威胁之一，全世界有3%的丙型肝炎病毒携带者，美国有400万人，英国有21.5万人。乙型和丙型肝炎每年会夺去上百万人的生命。

· 艾滋病——全球性威胁

艾滋病已造成4000多万人死亡，另外还有3500万人感染，主要发生在非洲。每年新增180万人感染艾滋病，艾滋病仍然是全球健康的主要威胁。几十年前，艾滋病病毒从动物传播到人类身上时发生了变异，这警告人们还有其他变种的可能，而我们人类缺乏免疫能力、疫苗和有效的治疗手段。虽然当前医疗水平有所提高，相对有效的治疗和预防使艾滋病感染率有所下降，但到2040年，艾滋病仍是头号健康问题。

自1988年以来，我一直从事艾滋病相关工作，这一年一个国际性的艾滋病机构——艾滋病护理教育和培训（ACET）

也在英国成立了，这是我在英国国民保健系统（NHS）为伦敦癌症患者工作的成果，在此期间，我了解到艾滋病患者会在巨大的身体和精神痛苦中死去。ACET 已经在 15 个国家设立艾滋病预防和护理项目，主要集中在世界上最贫穷的地区。

早在 1987 年，我就意识到研制一种针对艾滋病病毒的疫苗是非常困难的，因为这种病毒的“外貌”会不断地变化，有很多的亚型能逃脱疫苗的防护。从现在的情况来看，到 2035 年仍然不可能研制出一种有效的并且可以广泛使用的艾滋病毒疫苗。

艾滋病的治疗方法已经有了极大的改进，而且普及度也较高，在许多广泛使用抗病毒药物的国家，艾滋病现在已经成为一种慢性病。抗病毒药物能使大多数感染艾滋病毒的母亲所生的婴儿免受感染，但是仍然没有治愈的方法。治疗艾滋病的药可能有毒副作用，而且要终身服用。目前，人们发现一些罕见的基因能提供部分或完全的艾滋病毒保护，这将引导我们寻找基因关联疗法。

但是，即使未来人们发现了治愈艾滋病的方法，临床试验也需要 12 年以上的时间来证明其安全性，因此至少还要 25 年艾滋病毒才能得到控制。比如，肺结核在 1944 年就可以治愈了，但它仍然是人类面临的最大流行病之一。好消息是，预防是有效的，艾滋病感染率在许多国家开始下降或趋于稳定，比如在乌干达，过去性生活频繁的男女中一次感染率高达 30%，现在已经下降至 7%~8%。然而在许多国家，随着艾滋病治疗效果持续改善和人们预期寿命的增加，人们的“自满”和“轻视”态度将是一种挑战。

· 流感病毒变异仍是巨大风险

另一种与艾滋病毒规模相当的病毒变异是发生在 1918~1919

年的西班牙流感大暴发。变异病毒在数月内通过马、驴、火车和轮船等各种渠道迅速传播到世界各地，最终造成全球20亿人口中3000多万人死亡。如果未来出现类似的高传染性和致死性流行病毒，很可能在几天、几周之内，而不是几个月之内通过国际航班传播开来。人类来不及开发疫苗并将疫苗分发到世界各地，变异病毒就有可能在一年内造成上亿人死亡。这就是为什么世界卫生组织不断警告各国政府注意类似威胁的原因。

· 从禽流感到埃博拉病毒

西班牙流感病毒的基因序列与禽流感几乎相同。因此，2009年墨西哥再次出现的禽流感引起了人们的恐慌。尽管当时政府大规模调动医疗资源、禁止旅行，墨西哥部分地区几乎立即被封锁，但疫情还是在数周内就蔓延到世界各地，并造成1.4万人死亡。

2003年，SARS在毫无征兆的情况下出现，尽管采取了强有力的措施遏制疫情，但数周内仍有8600多人感染了该病毒，死亡860人。有1%的携带者感染力很强，这些超级携带者触碰过的开关在24小时后仍存有致命病毒。中国、加拿大和其他国家通过严密的追踪和隔离才阻断了SARS的传播。可以想象，如果“超级传播者”乘坐一架拥挤的飞机穿越了非洲，把病毒带到偏远的农村地区，那将是怎样的结果。

2014~2015年埃博拉疫情造成数千人死亡，许多儿童成为孤儿，西非经济瘫痪，农业生产停滞，市场关闭，与其他可治愈的疾病相比造成了大范围的饥饿和死亡，而且野外被感染的动物还有引起疫情再次暴发的风险。

未来病毒变异是一大威胁，因此在抗病毒治疗、快速疫苗开发和流行病监测方面将会投入更多的资金。

· 终极纳米机器人

30 多年前，我在《艾滋病的真相》一文中写过，有朝一日医生会用病毒作为治疗手段。或许那样的想法在当时看来很奇怪，但最近，我的生物技术公司正打算研究这一方法，以此来消灭癌症。

病毒是自然存在的纳米机器人：它们是非生命体，不需要食物和能量，它们只是生物机器。病毒的触突带有“传感器”，可以检测它们所接触的细胞类型。一旦触突附着在要感染的细胞上，病毒就会与细胞膜融合，注入大量的基因序列[①]。

几分钟内，这些基因就被细胞读取，制成新的蛋白质。每一个病毒像是携带着指令，“劫持”被感染的细胞，将其变成一座病毒加工厂。细胞很快就充满了新的病毒微粒，直到爆炸和死亡，感染却在循环。

科学家已经重新设计了人类感染的不同类型的病毒，在不损害健康细胞组织的前提下追踪、感染和摧毁癌细胞。同时，这些病毒也会使细胞对癌症产生免疫反应。病毒可以用来传送额外的基因，赋予细胞特定的作用以实现治疗的目的。

· 病毒将成为战争武器

同样的技术也很容易被用来设计病毒使其成为战争武器，例如，一些受体可能与某一特定种族更具亲和性。毫无疑问，生物武器存在于很多国家，但大多数生物武器的目标性较差，

---

① 根据美银美林的报告，人类寿命将轻松超越 100 岁，“延缓死亡”的市场规模巨大，到 2025 年将达到 6000 亿美元，帮助人类改善健康状况、延长寿命、增强人类活力，使世界人口能够无疾病地生活，而不是长生不死。纳米机器（Nanomachines）将是一个关键的实现手段。参见美林银行官网，https://www.ml.com/——译者注。

对那些利用它的人也极其危险。

我们还需要认识到，一些已知的病毒在某些时候会不可避免地被当作“低技术含量”的武器，例如，故意在敌国的农场引起口蹄疫的大规模暴发。这很容易做到，只需要一个人开着货车，把被感染的肉扔给农场的猪食用就可以。谁能说清楚该由哪个国家负责呢？在英国，单次疫情暴发的代价超过 130 亿美元。就行动成本和对一个国家的影响而言，这种病毒式攻击对小型恐怖组织或动机奇怪的人来说是极具吸引力的。

七　医疗技术将改变所有人的生活

几乎所有最伟大的医学进步都来自医疗技术、制药、生物技术，或是三者的结合。未来 20 年里，仅医疗技术就能改进医疗保健服务。以下是一些例子。

√　内窥镜（检查）——微型望远镜、微创手术快速发展，住院时间缩短。到 2022 年，市场规模达到 750 亿美元

√　3D 成像——能够以超高的分辨率观察活体组织，能够在血管内“旅行”，观察心脏内部状况，在手术过程中探寻癌细胞

√　超像素显微镜——能够实时观察单个细胞内部的情况，观察光子刺激视网膜细胞以及附着在受体上的药物分子

√　患者记录数字化——在云端即时提供所有测试、扫描图像和其他医疗记录

√　人工智能辅助诊断——让机器人诊断患者，利用大数据预测病情。到 2025 年，计算机辅助诊断将在一些国家普及用来诊断某些类型的疾病，医生将被保险公司而不是法

律强迫使用人工智能辅助诊断

√ 远程监护、远程医疗和家庭诊断——虚拟医疗和家庭监护设备将快速发展，医生和专业护士可以远程诊断。然而网络传输太慢会导致手术、机器人、影像之间的传导延迟，也会有诊断严重出错带来的风险

√ 深部脑刺激——通过植入电极或外部设备进行电刺激，以减少抑郁和药物依赖，改善记忆力或帕金森病症状

√ 自助医疗——基于网络的诊断工具和配有多种生物传感器的移动应用程序，使许多患者比医生更了解自己的病情。连接在智能手机上的呼吸传感器可以诊断癌症，使用腕式设备进行复杂的心脏监测，预测心脏病发作等

√ 社交媒体与健康分享——给护理人员评分，给医生和医院评分

√ 用水凝胶制成的微小角膜植入物改变眼睛的曲率，替换老花镜

√ 低成本基因阅读器

· 牙科的未来

得益于医疗技术的进步，牙科将在未来 30 年得到迅速发展。更多人能负担得起牙科美容费用，新兴国家的政府将会为人们提供更多机会进行免费牙科护理。

随着医学诊断、即时 3D 成像、局部 3D 制造和打印技术的巨大进步，加上新的补牙材料和效果近乎完美的“隐形”牙套的出现，牙科治疗将迎来变革。许多牙科诊所会提供一体化的医美服务，将肉毒杆菌、真皮填充物、骨整形和牙齿矫正相结合。无论是想恢复到以前的样子，还是想改变现在的样子，都可以实现。下一代牙齿清洁技术可以通过日常修复改善细小

的缺陷。然而最大的转变是来自于新兴国家对氟化物的广泛使用。

· 制药公司的未来

传统制药企业将面临一场重大危机：如何在一个既被高度监管又被抨击为暴利或腐败的行业中确保风险投资的高回报。要想知道制药业的未来，我们可以看看现在制药企业网站上的临床试验药物列表，现在，全世界的制药流水线有很多药物的配方近乎相同，缺乏突破性创新。今天使用的许多药物 35 年前就已经在使用。

大型制药公司真正的创新过程是困难且缓慢的，需要投入大量的资金。全球最大的五家药企研发预算总额为 320 亿美元，而最大的 50 家药企研发预算总额约为 1000 亿美元，比世界上最贫穷的 35 个国家的 GDP 还要多。尽管如此，在未来 25 年里，大型制药公司生产的新药不到全球新药总量的 40%[①]。

未来，大多数突破将发生在 2 万多家规模较小的生物技术公司，目前这些公司大多数还不存在，它们通常是先与大学合作，然后再被大型制药公司收购。生物技术产品在每年 7500 亿美元的医药销售额中占比已经达到 21%，并且在未来 10 年内可能以每年 7% 的速度增长，而小分子药物的增长速度只有 4%。

· 新药上市需要 13 亿美元

未来 20 年，新药上市的成本将以每年 4% 以上的速度增加。

① 2020 年，全球跨国药企研发投入前十强企业总计投入 960 亿美元进行药物开发，比 2019 年增加了 140 亿美元。其中罗氏研发投入 139 亿美元，占销售额比重 22.2%；默沙东投入 136 亿美元，占比 28.3%；强生投入 121.5 亿美元，占比 14.7%；百时美施贵宝投入 111.4 亿美元，占比 26%；辉瑞投入 94 亿美元，占比 22.4%。参见 “The Top 10 Pharma R&D Budgets in Budgets—2020”, 2021 年 3 月 6 日——译者注。

将一种新药推向市场要花费 13 亿美元，而从有想法到早期研发就需要 15 年的时间。开发新药存在高风险，80%~90% 的实验药物都没有成功。5 年来，在最终临床试验失败的药物上的花费超过了 2400 亿美元。

多数情况下，专利有效期只能保持 25 年，而这 25 年中有 15 年是在开发新药，所以制药公司必须在剩下不到 10 年的销售中获得良好的收益。随着基因分析法被更广泛地用于为每一个患者选择合适的治疗方法（药物基因组学），许多新药的销售额可能会下降。

由于现在医药市场上销售的药物专利都即将到期，全球最新药物的价格将在未来 15 年内大幅下降，这可能会造成制药公司数十亿美元的收入损失，当然政府相应的储备也会有所减少。假如现在一种药物的价格是 100 美元，到 2030 年，它的“仿制药”价值还不到 5 美元。当然，到那个时候又会有新的昂贵的治疗方法，但多数也是为了延长专利有效期而进行的渐进式改变。

对医药公司而言更糟糕的是，如果一种药物是某种疾病的特效药，比如贫穷国家中的疟疾，那么制药公司将面临巨大的道德压力而不得不以“成本价”出售药品。如果一些大型制药公司由于不确定风险而被迫撤回广受欢迎的“特效药”，可能一夜之间将损失 35% 的收益。

· 罕见病将得到特殊治疗

尽管如此，我们仍然需要制药行业能够赢利，能够承担研发新药的风险。因此，为了平衡患者用药安全与快速发展的需要，特别是对于重症患者来说，监管机构将做出更多让步。由于目前“罕见病”种类少，人们对这些疾病不甚了解，也没有引起制药行业的充分重视，因此政府将扩充“罕见病”的名单。这将在一定程度上吸引政府补贴、加大税收优惠力度、加快审批速度，为药品争取更合理的定价和更长的专利期限。

预期会有新的药物开发模式，像艾滋病研究一样——知识和专利属于公共所有，工作由纳税人出资，而生产和分销则由制药公司进行。预计医学出版业也将发生很大变化。资助研究的公共机构主张，公开发表的研究成果应对所有人免费开放。令人震惊的是，在数字时代，大多数已发表的研究成果对新兴市场的科学家是保密的，这些科学家也负担不起期刊的订阅费。期待未来会有新的合作模式，如合作竞争、众包、开放创新、众筹。超级富豪也会资助许多生物技术的创新项目，就像资助社会企业那样。

· 更多新的“特效药”

新药研发的关键性突破将带来可观的销售额和利润。试想一下，刚上市的一种新药可以将阿尔茨海默病的发病时间推迟 3 年。即使没有政府补助和保险公司报销费用，许多人也会将自己的房子抵押贷款来买这些药物。未来治疗类风湿性关节炎、哮喘和糖尿病的药物，以及让人们感觉“更年轻”的药物也会有创新性的突破。

许多最具创新性的产品都是大分子结构，口服后无法通过肠壁吸收，例如抗体、癌症和其他组织靶向药物、人体内的“化学信使”或细胞因子。未来人们将会研究出新的方法使大分子进入血液，例如用空气注射法而不是针头进行皮下注射、利用脂质体（一种微型蛋白质囊，可以穿透肠壁的药物疗法）或是用病毒将基因传递给目标细胞。未来，技术进步可以训练人们的免疫系统摧毁体内不健康的细胞或外来生物，这就是免疫病法。

八　生物技术的未来：改变生命基础

人类已经进入了基因时代，现在有能力重新构建生命的基础，可以创造出一个基因改良的超级种族，这将是超人类主义的基础。人类的大部分基因与昆虫、蚯蚓、老鼠、兔子和马重合，有 50% 与香蕉一致。因此可以在不需要事先知道结果的情况下，非常容易地剪切和粘贴遗传密码，比如在实验室使用像 CRISPR（迄今为止最有效的细胞再生方法）这样的技术。人们通过实验已经将人类基因添加到很多动物的基因中，比如老鼠、牛、羊、兔子和鱼。

每年都有大量的实验动物诞生，每一种动物身上都有两种、三种或更多不同物种基因的独特组合——例如转基因绵羊，它们产的奶中含有人类激素或其他复杂分子。科学家们已经创造出一种带有蜘蛛基因的山羊，这样蛛网蛋白就可以融合到山羊奶中。这些蛋白质还可以被提取出来，制造一种高弹性的、几乎和凯夫拉纤维（一种质地柔软比钢纤维坚固能制作防弹衣的纤维）一样结实的纺织纤维。

人类饲养的奶牛有望产出低脂牛奶，未来人类还希望通过基因技术改造出可以生产人类母乳的奶牛。生物技术适用于养殖业，可以带来新的增长点，例如，通过编程或注射激素改造的奶牛的日产奶量是普通奶牛的很多倍。当然，食品科学家有能力也有意愿大规模改造水果、蔬菜、谷类作物和大米。这并不是什么新鲜事，转基因作物已经存在超过 25 年了。科学家们进行生物技术改造的水平和精确性是惊人的，比如，一个转基因西红柿可以长到正常大小的 3 倍，其所含番茄红素是普通西红柿的 5 倍。

·读懂基因密码（基因组）的能力

过去破译一个基因组需要15年时间，花费达30亿美元，现在成本已经降到了1000美元左右。而到2025年，可能只需要500美元，医生就可以在2个小时内完成读取一个人的基因密码。通过比较基因组、患者病史和生活方式这些数据，破译基因密码将使未来的医疗技术诊断更加精确。预计到2040年，基因阅读器将像U盘一样小，读取一条遗传密码只需要30分钟。基因筛查将在20年内实现一定范围的免费，或是由药店为其忠实客户埋单，或是公司购买用来了解员工健康状况，或是保险公司或政府来支付。

英国卫生服务部门对超过10万个基因组进行了测序，已经可以预测10%的婴儿出生时携带的基因相关疾病，如先天性心脏病或听力损失。

大数据已经确定了与语言、记忆、谋杀、上瘾、过度冒险、害羞、肥胖、忠诚、精神病和幸福感等相关的基因。一个基因一旦被定位并且用于测试实验，就可以在植入前被用于体外受精胚胎，这也引发了一系列的伦理问题。决定不植入携带会导致严重的终身疾病基因的胚胎是一回事，但选择基因胚胎来获得某些偏好特征则是另一回事。

研究发现，美国很大比例的死刑犯都有一个或多个相同的基因。犯罪是不是由"错误基因"导致的？基因是否应该为犯罪承担责任？这其中存在很大的疑问。自1994年以来，在美国，曾以犯人"错误基因"为由而获减刑的案例有50余次。研究表明，拥有XYY染色体的男性更容易杀人，这个染色体会影响大脑中单胺氧化酶-A的生成，它被称为"战士基因"，因为这种基因与人类攻击性行为关系密切。

研究人员还发现，我们的基因会发生许多“表观遗传”的变化。受到我们生活方式的影响，有些基因会被激活，有些则会被抑制，这些变化会遗传给我们的孩子，因此，环境风险或重大压力等对基因产生的影响可能不止一代，这些发现将会增加家长的担忧。

· 基因优化与超级运动项目

如果在基因组中发现了一个“流氓基因”，而且几乎可以肯定这个基因会让你患上严重的疾病，那么为什么不利用技术来弥补这个缺陷呢？这是基因疗法的本质，一个相对简单的方法是使用人类病毒。另一种方法是使用各种基因编辑技术。基因编码可以逐字地进行非常精确的改变，可以从不同的人身上获取最好的基因变体。

当然，这些变化可能很好地通过精子和卵子的结合延续下去从而改变后代的遗传密码。但是如果我们的技术有失误会怎样呢？如果创造出新的危险的细菌或病毒变体呢？对人类基因进行编辑和改造，如果对后代的健康产生意想不到的影响呢？

由于基因片段注射具有短期效应而且很难被检测出来，现在已经被一些运动员用于体育赛事。生物兴奋剂将会成为未来所有体育赛事中的一个主要问题，并且已经引发了对新运动记录有效性的质疑。如果一名运动员因为注射经过特殊改造的“不同的”基因序列而在每场比赛中都获胜，那该怎么办？我们已经有残奥会了，将来会不会有一项被称为“超级奥运会”的比赛。

· 改变人类

人们很早以前就有改变人类的想法。1935~1976 年，瑞典对一些妇女进行了大约6万次强制绝育手术，理由是这些女性基因中的某些性格和身体特征不适合遗传给后代。丹麦、挪威、芬兰和瑞士也有类似的做法。

· 谁拥有一个物种？

公司是否有权拥有一个全新的物种？是否有权创造一个注定要受苦的物种？这两个问题在美国造出“肿瘤鼠”时就被提出了。科学家设计让“肿瘤鼠”在出生后90天内患上致命的癌症，用来测试新的癌症治疗方法，目前“肿瘤鼠”已经被商品化，受专利保护。

· 人类基因专利

公司是否有权拥有人类基因？美国一名罹患癌症的男子将自己的细胞提供给研究机构，这些基因被用来开发一种诊断测试，并获得了专利。男子知情后非常愤怒，说“我的基因属于我”，他将研究机构告到最高法院，但未能打赢这场官司。结果是，在美国人们并没有权利拥有他们自己的基因。

九　生孩子的新方法

男孩和女孩青春期的到来越来越早。27%的非裔美国女孩和7%的白人女孩到7岁时就已经有了青春期前才会出现的明显的身体变化，例如乳房发育。女性细胞产生雌激素，一个女孩的体型越大，血液中的雌激素就会越多。很多食物中也有天然存在的雌激素，加上避孕药中的雌激素污染了水源，女孩早熟的比例越来越高。这种情况究竟是否正常？需不需要治疗？或许医学教科书也要重新编写了。到2030年，应焦虑的父母的要求，发达国家的医生们将采取措施延迟大量幼童进入青春期的时间。

· 孩子之间的猥亵行为导致怀孕

孩子们青春期提前，加上有数百万儿童接触网络色情，这样的情况是相当危险的。儿童对其他儿童实施性虐待（包括强奸）的数量可能呈现爆炸式增长，教师、家长、医生和社会工作者已经在努力应对。如果情况不得到遏制，未来可能会有更多孩子成为“父母”，9 岁的男孩会让 9 岁的女孩怀孕。父母也将反思，必须想办法改变这种情况。

· 不育的一代？

1973 年以来在许多国家，每毫米精子数减半的原因也可能是环境中的雌激素造成的，如塑料中的邻苯二甲酸盐。如果以男性精液减少量计算，许多国家的精子总数已经减少了 60%。在丹麦，20% 的男性不能生育。按照目前的趋势，到 2050 年，男性不育人数将达到 5000 万人，80 年后，全球大多数男性的精子数量将严重偏低。

睾丸激素水平也在急剧下降，导致隐睾和睾丸癌的病例增加，这很可能是化学污染造成的，而且这种影响也有可能通过精子的表观遗传变化由父亲遗传给儿子。这会导致男人的男性化特征越来越弱，从而影响男性的身体功能、感觉和行为。

对于人类生存和性别差异，很难想象还有什么比这更深远的影响。试想一下，如果人们知道大多数年轻女性的排卵数量只有 50 年前的一半，乳房变小，所有女性都受到环境睾丸激素水平的显著影响，这将会引起怎样的强烈抗议。

如果邻苯二甲酸盐确实对男性有害，那我们就面临一个严重的问题，因为它无处不在：凝胶剂、润滑剂、洗涤剂、药品、牙膏、包装、油漆、付款收据、指甲油、液体香皂、发胶，以及加工液体食品的塑料管道和所有塑料容器。塑料是过去一百年最有用的发现之一，我们完全依赖塑料，期待未来的研究成果能使人们在30年内减少接触邻苯二甲酸盐。

不孕不育问题同样也在女性群体中加速蔓延。发达国家的妇女晚育比例非常高。在许多欧盟国家，第一次做母亲的女性平均年龄是30岁，这意味着许多女性在第一次尝试怀孕之前已经排卵20多年。然而到30岁时女性的生育能力已经下降，生育并发症更为常见。

· 新的父母组合

未来会有更多的男性渴望成为女性，女性渴望成为男性。即使做过变性手术，许多人也希望能有机会成为父母，抚养自己的亲生子女[①]。在美国，要求改变性别的人数每年以20%的比例增长。

几年之内，通过胚胎移植或代孕的方式，两名女性在完全不需要精子的情况下也能孕育自己的亲生子女，两名男性（先天性别）也可以拥有自己的孩子。有朝一日，克隆技术可以让一个人不需要任何其他人的基因也能生育。

· 退休女性首次生育

对于50多岁或60岁出头的女性，可以使用捐赠的卵子或

① 2004年，日本实施《性别认同障碍特例法》，根据日本司法统计结果，到2019年，日本共有9625名变性人变更户籍性别。随着日本国内要求简化变更程序的呼声越来越高，未来将会有更多变性人变更户籍性别。在日本要更改性别，必须被两名以上的医生诊断为性别认同障碍，且需要选择出国接受变性手术。总体上，日本社会对变性人的包容度较低，且变性人的生活环境没有得到明显改善——译者注。

是自己的卵子生育孩子，这些卵子已经提前被冷冻多年。随着人类寿命的延长，到 2050 年，甚至 70 多岁的妇女仍可生育。未来 20 年，生育技术将取得突破性发展，每一项技术都有可能会对人们的观念和社会接受度造成冲击，但这些不同寻常的手术费用会十分昂贵。人们可能会指责科学家在“扮演上帝”，会更加提倡“自然”怀孕分娩。

· 不孕症增多

不孕症的增多一方面是由于想要怀孕的女性年龄偏大，另一方面是由于衣原体等感染的迅速传播。尽管人们做出了种种努力，仍有 4800 多万对夫妇因各种原因无法怀孕。而每年有 4400 万人堕胎。在许多国家，随着避孕措施的改进，以及人们对堕胎的强烈反对，未来 20 年堕胎率将继续下降。

发达国家可供领养的婴儿或幼儿数量也将继续下降。尽管世界上有 1800 万孤儿，许多孩子流落街头艰难求生，但跨国领养率也将减少，许多最贫穷国家已经禁止跨国领养。

人们对于堕胎的不安将持续加剧，尤其是在许多新兴国家。想象一下，在印度的德里或俄罗斯的莫斯科一家繁忙的医院里，有两个女人坐在一起，她们都是早孕。一个看妇科想要堕胎，而另一个看儿科想要保胎。如果一个妇科医生谈论堕胎，或者一个产科医生谈论保胎，他们都可能被谴责为不近人情，甚至是不道德。

十　孩子的新时代

我们生活在这样一个时代，任何可能威胁婴儿或幼儿健康和幸福的事情都会遭到强烈的反对。人们担心儿童的乘车安全问题，担心孩子在学校或网上会受到不良影响，对恋童癖表现出更大的愤怒。在这个被污染的、以自我为中心的世界里，孩子是纯洁、完美的象征。

· 过度保护孩子

“为孩子着想”将成为人们的座右铭，在方方面面以此为评判标准：无论是从婚姻忠诚的角度看，人们结婚或离婚都应该考虑孩子的感受；还是从环保的角度看，为孩子创造干净整洁的生活环境；或是从健康的角度看，禁止播放香烟的广告。同样为了保护孩子，许多国家将开始重新审查网络内容，以防儿童或青少年接触到色情内容。人们对孩子接触网络、视频、游戏越来越焦虑。

父母更加关注孩子的健康，他们将竭尽全力保护自己的孩子，使其远离危险。比如，在公园里独自骑自行车或步行上学的孩子会越来越少。而新一代的父母认为孩子需要在“现实世界”中成长，父母不应该过度保护甚至束缚自己的孩子。

矛盾的是，对儿童的过度保护反而会增加他们患各种疾病的风险，比如哮喘、慢性消化系统疾病或其他免疫问题。父母的过度保护使得孩子在“真空”的环境中长大，免疫力下降，这与儿童早期较少接触含正常细菌、病毒和真菌的泥土有关。父母应当以此为戒，改变育儿模式。

· 人类将继续研究克隆人技术

动物克隆已经存在了很长时间，最早是在 20 世纪 50 年代对青蛙进行的克隆。相比较而言，哺乳动物的克隆是一项新的技术，如今在活细胞或冷冻细胞上的技术发展已经相对成熟。

√ 从卵中取出细胞核
√ 将成体细胞的细胞核注入卵细胞
√ 用电流刺激受精
√ 在营养液中培养细胞

细胞核中的所有基因都被卵细胞的细胞质激活，细胞开始分裂，形成新的胚胎。如果这些早期胚胎被植入子宫，它们会长成与成体细胞捐赠者完全相同的双胞胎。如果被克隆的细胞是被采集的，它们就可以作为干细胞为捐献成体细胞的人提供所需的治疗帮助。

· 什么时候能见到克隆人？

许多实验室已经进行了早期的克隆人实验，但一些实验室声称他们的胚胎流产或未能植入成功。目前还没有真正的克隆婴儿问世，但这可能只是时间问题。在一些国家已经有了克隆宠物。

即使人们真的成功研制出克隆人，克隆人的“父母”和医生也可能会对这个新生人相当关注，他们希望这样一个不寻常的孩子能够得到保护，不被责难。因此，从克隆人诞生到人们真正了解他可能需要很长一段时间。

· 克隆人的大市场

很多富人都有克隆的想法，原因是克隆人的“血统”绝对纯正，可以完全复制人类基因。这也意味着克隆可以让一个死去的孩子“再生”，创造出的克隆人也可以为现有的孩子或成人捐献细胞组织。但是克隆有重大的安全和心理风险。即使克隆的孩子是健康的，但当克隆人知道他们只是复制品或替代品时，情感上是否会受到伤害？而且畸形和流产在克隆动物中很常见。基于这些原因，至少在未来35年内，克隆技术不太可能成为被广泛用来“定制”婴儿的技术。

·“定制”婴儿

现在的科学技术已经可以“定制”孩子。科学家们将试管技术与基因编辑和其他技术相结合，利用试管授精中常规使用的一些技术来选择胚胎。但是这种技术在伦理上存在很大争议，并且在一些国家是非法的。和其他新技术一样，它的初衷是避免先天性疾病，但有一些人却希望用这种方式来优化人类基因，让父母选择自己的孩子。克隆技术提供了一种有趣的、长期的可能性：女性生育可能不再需要男性提供精子，也有可能出现一个完全是女性的社会。

·克隆已经死亡或灭绝的物种

已经有人用冷冻细胞成功克隆了动物。所以从理论上讲，只要在一个人生前或死后一周内适当冷冻其细胞，就可以使其复活，获得新生。

现在的技术通过利用冷冻细胞中的基因可以使已经灭绝的动物复活，比如埋在冻土层中的猛犸象，或者通过尝试在现存动物体内加入一些灭绝动物的基因，对它们进行部分复原。2003年，西班牙和法国科学家用冷冻细胞克隆了最后一只布卡多野山羊的细胞，将这个物种从濒临灭绝中拯救回来。克隆羊成功出生了，但很快就死于畸形。

·终极微型工厂

一个传统的制造胰岛素的实验室占地面积很大，耗资数十亿美元，现在这整座工厂可以被压缩到一个活细胞的细胞质中。当一种细菌接收到人类的胰岛素基因后，它就会一直进行分裂，消耗营养生成胰岛素，其过程类似于酿造啤酒。

你能想到的每一种复杂的化学物质都可以通过基因技术在含有细菌或动物细胞的环境中“酿造”出来。无论是药品、疫苗、新型塑料、新燃料，还是像人类荷尔蒙或抗癌药物这些更复杂的物质，未来都可以在转基因昆虫、牛羊等哺乳动物的奶或是鸡蛋中被制造出来。

· 培育完整的器官

将来有一天，人体器官将能在大小合适的幼小动物体内被培育生长。现在的喷墨打印机已经可以打印出营养胶质和不同类型人体细胞的基质，以便一层一层地建造器官。

· 猴子和人类的亲缘关系有多近？

人们很容易就能制造出杂交动物。就像山绵羊，人们将山羊和绵羊的受精卵胚胎细胞结合在一起，形成山羊和绵羊的结合体。或许在不久的将来，人猴（Humonkeys）都能被制造出来，或许这样的胚胎已经存在。这项技术已被证实。

但是一个动物需要多少人类基因才能变成人类这样的高级动物？我们与猴子的基因差异不到 2%。如果在猴子的受精卵中加入 1% 的人类基因，你最好能有勇气接受可能的结果，因为仅仅添加 0.3% 的人类基因就足以让猴子说话了。

· 猴子会上天堂吗？

人猴杂交在伦理上存在很大争议。当这样一个新的物种来到世界上，神学家、哲学家和律师会有怎样的反应？它有人权吗？它能被吃吗？它在法庭上需要承担责任吗？能被判谋杀罪吗？它是和“正常人”结婚生子还是和其他动物交配？它需要宗教拯救吗？它有灵魂吗？

许多生物技术发明已经模糊了动物和人类的区别。这一切都可能给那些接受传统教义的人带来信仰危机，基督教相信人类是“按照上帝的形象”被创造出来的。上帝的形象又是什么样的？猴子和上帝有98%相像吗？所有的生命在某种程度上都是上帝形象的表现吗？

十一　保持年轻的新方法

我们的后代会把老龄化视为一种疾病。在过去的一个小时，这本书的每一位读者的寿命平均延长了15分钟，尤其是在教育和财富水平相对较高的国家。以伦敦为例，2004~2010年，无论是新生儿还是65岁老人，平均寿命都增加了一岁，日本和德国也一样。在许多新兴国家，人们的平均寿命更长。但接下来的50~100年会怎么样？

想长寿的人越来越多，有钱人痴迷于长生不老。这些人每年都在考虑如何将自己的寿命延长一年以上。为什么政府和企业公布的平均寿命要实际得多？因为每个人的平均寿命每延长一年，政府和企业的养老金赤字就会增加3%以上。如果未来人们的平均寿命再延长5年，许多大公司的资金储备就可能会耗尽，政府负债也将飙升。

· 延缓或逆转衰老过程

科学家已经培育出相当于人类寿命160岁的老鼠，还有相当于人类500年寿命的蚯蚓。活跃在长寿的蚯蚓体内的基因与百岁老人身上的基因相同。哈佛医学院的科学家们通过增加烟酰胺腺嘌呤二核苷酸（NAD）蛋白水平逆转了老鼠的衰老过程，这种蛋白质可以修复细胞核中 DNA 和线粒体中 DNA 之间的“交流”。

实验结果是，一只 6 岁大的老鼠的身体组织变得和 2 岁大的老鼠一样，这意味着 60 岁的人身体机能可以“返老还童”，与 20 岁时一样。

· 有些动物不会衰老，有些会再生

岩鱼不会衰老，一些鲸鱼也没有正常衰老的迹象。研究发现，尽管红眼石鱼和普通石鱼看上去完全相同，但红眼石鱼能活到 200 岁，而其他石鱼只能活到 20 岁。裸鼹鼠可以在笼子中存活 28 年以上，是同等大小老鼠的 9 倍，它们几乎没有衰老的迹象，也不会患上癌症。鲸鱼也是如此。根据它们的基因，鲸鱼的平均寿命从 20 岁到 200 多岁不等，比如北极露背鲸就可以活到 200 多岁。阿尔达布拉巨龟的寿命最长可达 255 年，圆蛤的寿命可达 400 多年。人们正在研究可再生动物，比如龙虾、裸鼹鼠和扁虫，同时也在研究可再生四肢的动物，比如蜥蜴。

· 几乎每种生物都有 9 种衰老的机能表现

地球上每一种有机体的每一组细胞都在以相似的方式老化。昆虫、蠕虫、青蛙、鱼、老鼠、老虎、大象、猴子和人类几乎没有什么区别。几乎每种生物都有以下这 9 种机能的衰老。

√ 端粒缩短——阻止细胞分裂

√ DNA 损伤——包括癌症的产生

√　基因表达错误——表观遗传学

√　蛋白质功能或积累减弱

√　应该死亡的细胞不死亡——衰老的细胞

√　线粒体的能量下降

√　低效的细胞交流——对细胞因子或激素不敏感

√　代谢或感知营养素不平衡

√　干细胞衰竭——再生或更新减弱

在寻找“可忽略的衰老”过程中，这9种机能都可以成为目标。只需改变一种机能，比如线粒体突变，人体内就有37万亿细胞的功能可以被优化。

Alteon 711是一种有趣的化合物，它能永久降低老年家鼠和田鼠的血压水平，可以恢复皮肤的弹性。遗憾的是，临床试验发现Alteon 711对动脉的作用很小，对人体皮肤没有影响。这是人们对抗衰老的一个尝试，我们可以期待更多这样的试验。如果Alteon 711对人体有效，它可以永久性治愈高血压、改善皮肤状况、提高身体机能，那它的需求量该有多大。

在上面提到的长寿动物中，它们的基因图谱精确地展示了哪些基因可以延缓衰老。基因让细胞制造特定形状的蛋白质。因此，一旦我们找到了合适的基因，制药公司就可以将基因产生的蛋白质作为治疗手段，生物技术公司也试图寻找并激活这样的基因。

· 年轻人的血液或血浆

自从研究表明注入年轻老鼠体内的血液蛋白可以逆转老年老鼠下降的智力之后，未来我们将看到更多的医疗中心用血液或血浆来对抗衰老。下一步的研究将是识别正确的蛋白质，将它们运用到特定的治疗方法中。从 20 世纪 50 年代起，科学家们做了一些名为“联体共生”的研究，也就是把老年老鼠的身体通过手术与年轻老鼠的身体联结在一起，分享使用年轻老鼠的血液循环系统，从而使老年老鼠恢复年轻状态。

· 利用干细胞培育新器官

另一种让人保持年轻的方法是通过注射新鲜干细胞来修复老化的器官。骨髓是最佳干细胞来源，因为骨髓提取技术已经在治疗白血病方面得到了广泛应用。

发达国家已经有这种治疗。到 2025 年，这将成为许多疾病的常规疗法。尽管有种说法，但如今人们还没有任何理由从胚胎或胎儿身上提取干细胞。我们可以使成体细胞回复到其初始状态，然后修复组织。许多组织都可以是这些细胞的来源，比如皮肤（生长新视网膜）或血液（修复大脑或心脏）。当我们使用一个人自身的细胞时，我们看不到他免疫系统的排斥反应，除非细胞提供者已经患有自身免疫性疾病。

干细胞可以通过在心脏等器官中形成新的功能组织来发挥作用，但它们更可能是通过释放细胞因子来刺激其他细胞完成修复工作。因此，将来人们会研究细胞因子的产生，将其注射到受损器官中。还会有各类新的药物，从骨髓等部位大量提取干细胞以修复受损组织。

将来还会出现新的疗法，通过刺激不同类型的脑细胞使其转化为新的、功能齐全的神经元，以逆转中风、阿尔茨海默氏症和其他疾病造成的局部损伤。

· 大脑或脊髓的修复

鼻腔深处的嗅球细胞将被用来修复大脑和脊髓。嗅球细胞是人类的嗅觉器官，里面有大量的大脑干细胞。我们已经用这种方法成功修复了动物身上断裂的脊髓，并成功完成了人类部分脊髓的修复，使患者恢复了一定程度的感觉和活动能力。

所有的神经每天都会自然再生 2 毫米左右，但大脑或脊髓中神经的再生会被瘢块和碎片阻止。随着技术的进步，很有可能在未来 30 年，有脊髓新损伤的患者只要尽早开始治疗，并且在伤口两侧的脊髓都没有受损的前提下，他们的感觉和运动能力有望完全恢复。目前，已经有一些早期的进展。

· 换头手术——换一个新的身体

脊髓修复的突破性进展将为换头手术提供更多的可能性，用因脑部严重损伤而死亡的人的身体，实施换头手术，可以使那些快要死亡的人存活下来。人们已经成功地在老鼠、狗和猴子身上进行了短时间的换头手术。这个手术的程序在 20 多年前就已经很成熟了。在麻醉状态下，将原来的头颅切下后再缝合上新的头颅，手术过程中要注意小心连接好主动脉、静脉、气管和食道。为了保护大脑在短暂的血液供应中断期间不受损害，用于移植的头颅需要冷却。在之前的动物实验中，由于人们没有重新连接好脊髓或其他神经，也没有关注动物自身免疫系统对新移植的头颅产生的排异反应，所以新移植的头颅在几天后就迅速恶化。然而，手术还是成功的，足以让动物有时间醒过来。有一次，实验人员在手术完成后被术中的猴子咬伤，因此研究人员依此为证据认为，这些被重新接上头颅的动物的意识是没有被损坏的。

或许有人认为在动物或人类身上进行换头手术很奇怪且不道德。但如果一个人颈部以下完全瘫痪，并且由于肝功能或心脏衰竭等疾病濒临死亡，为什么不能将他们的头移植到一个脑死亡的人的健康身体上。换头手术只是器官移植技术的延伸罢了。当然，一旦将来脊柱修复技术发展完善，换头手术也可以让老年人抛弃老态龙钟的躯体，再次享受成为年轻人的喜悦（当然是从脖子以下）。

· 关于未来寿命的惊人事实

撇开外来因素和有争议的地方，只考虑一般老龄化进程中的医学进展，我们能预测从长远来看人类衰老是多么的不同。全世界 100 岁以上的有 32 万人。到 2050 年，这一数字仅在日本就可能超过 100 万人，美国有 400 万人，英国有 28 万人。

· 以我祖母为例看未来预期寿命

我的祖母出生于 1905 年，1970 年 65 岁正式退休。但在 82 岁之前，她仍然喜欢做兼职医生，下午经常去打桥牌，每周打两次高尔夫球。92 岁时她去世了。

我们常说每一代人只能多活 5 年，也就是说，现在的祖母辈将在 75 岁退休，然后兼职做医生直到 92 岁。那么在 102 岁去世之前，她还有 10 年的退休生活。我的一个堂姐几年前去世了，她享年 103 岁，意识状态良好。

· 一个现在 40 岁的人的未来

再看看现在这一代人。假设这本书的读者有一位叫简的 40 岁女士，如果她来自西欧、日本或北美，政府的数据显示她预期寿命为 82 岁。然而从本书中提到的事实可知，她的预期寿命多了 5 年，因为能阅读这本书说明她是受过良好教育的中产阶层，属于上层社会群体。所以平均来看，她能活到 87 岁。但是由于过去 20 年里医疗的进步，身体得到了多方面的修复，每 10 年人类的平均寿命都需要再增加 2.5 年。如果不考虑任何重大进步，在未来 45 年后预期寿命再加上 10 年是完全合乎逻辑的，那么简的预期寿命将会达到 97 岁。

医学研究发展速度如此之快，有理由假设医疗技术和医学研究成果每 2 年就能提高一倍——仅仅基因组研究就可以做到这一点。也就是说在 10 年之内，人类知识和信息储备将是今天的 10 倍，20 年后将会是现在的 100 倍。在未来 30 年里，医疗水平一定会有重大的进步，简的寿命至少还能再延长 5 年，预期寿命可以达到 103 岁。从现在到 103 岁，在她生命最后的 20 年里，简将见证人类医学史上的伟大进步，与健康相关的科学研究水平将不断提高，医学上的进步将是前所未有的。

很难想象未来 63 年的医疗水平将发展到怎样的程度。我们可以从现在回顾 63 年前，回想一下 20 世纪 50 年代中期的生活。到 21 世纪 80 年代中期，医疗水平已经非常先进。因此，简的预期寿命再延长 5 年是完全合理的，她“真正的”寿命至少是 107 岁。当然这只是平均水平，也就是说简的同龄人可能活到 120 岁，甚至有人能看到 22 世纪的曙光。

· 社会是崩溃还是有一个可喜的转变？

我们现在可以理解，为什么大多数精算专家认为通常发布的预期寿命数字完全是误导性的，而基于这些数字对未来社会的预测也是危险的。预期寿命的延长将是全社会最大的调整之一，它影响着每个国家的方方面面，影响养老金的偿付能力，影响每个大公司的财务状况。

就算你现在健康状况良好，你的预期寿命也会受到影响。大多数人的生活节奏没有遵循生物钟，而且很多人低估了退休养老的成本。

由于预期寿命的延长，一些国家老龄化现象将十分严重，数以万计的老年人几乎没有收入，但他们仍然需要被照顾。这个警告中有一个因素是真实的，老年人的工作年限将变得更长，生理上比一二十年前同龄的人年轻得多，而且还将延迟退休，不过多数老年人还是乐在其中的。

尽管如此，一些国家的预期寿命却出现了小幅下降，这到底是怎么回事？这是不同因素同时在不同人群中起作用的结果。比如禁烟的影响，肥胖率的上升。两者都是对不同生活方式的选择，这种平衡可以改变一个主要趋势。但是在治疗、治愈率和寻找延长人类寿命的新方法上，仍然需要有长期的、循序渐进的改进。

· 健康信息可能产生事与愿违的结果

说到健康信息，人们通常持有两种截然不同的态度，一方面是对健康长寿的渴望，另一方面是对个人健康漠不关心。因此会有 80 岁的老人决定开始挑战冒险或极限运动，他们不想在虚弱中老去，要享受一段“轰轰烈烈”的年华。我们会看到更多类似的新闻，比如英国老太太通过跳伞庆祝自己 100 岁生日。放开享受美食、畅饮，尽情感受吞云吐雾的乐趣——活在当下，生命就是活着，人生短暂，尽情享乐。

· 第一人生和第二人生

由于成家立业、学习深造的耽误，到 2040 年，30 岁以下的人仍被定义为处于儿童期、少年期和青年期。第一人生指的是 30~65 岁的生活，也就是正常的工作年限。第二人生则是 60~100 岁，与成年期年限相同，但这个时期充满了惊喜、新技能、新工作、新目标和新的生活模式。老年人说的是 100 岁以上的人。

十二　医疗保健成本上升和配给制

未来，政府的卫生预算将如何应对这样的局面？随着预期寿命的延长，每一个提供免费医疗服务的国家几乎都将面临无限的医疗需求。像过去一样，这些国家还是会通过配给制来解决这一问题，主要是让病人等待，有时要等很长时间。

医疗配给已经有 100 多年了。预计未来有关政府如何解决这些问题将会引发社交媒体上更激烈的讨论，医疗卫生费用将与教育、基础设施、国防和其他政府部门的费用展开竞争。关于医疗配给，医学专业之间也会存在竞争，如癌症和哮喘，髋关节置换和中风康复。同一个专业领域内也会有竞争，比如政府会将更多的资金分配给乳腺癌治疗还是前列腺癌治疗？

· 美国医疗的未来

除了美国，几乎所有发达国家都向公民提供免费医疗保健服务，它们认为“这是文明社会生活的一部分”。许多国家免费医疗的普及程度就像教育普及一样广泛，但这在将来可能会被质疑。或许政府和医院可以向人们收取小额医疗费用，以避免免费医疗导致的财政紧张甚至破产。

美国在健康方面的人均开支远远高于其他国家，但其 12% 未退休的成年人仍然没有医疗保险，因此他们一旦生病就将面临很重的负担。尽管人们都意识到了这一现象，但美国大部分的医疗开支来源于税收。未来美国的医疗保健必须提高成本效益，对保险索赔和授权治疗进行更严格的控制，还应该打击大规模欺诈行为。目前过度治疗的诱因很多，而过度收费现象很难杜绝。

· 英国国家医疗服务体系的未来

英国国家医疗服务体系（NHS）每年有约 40 亿美元的赤字，这其中包括了资不抵债的医院。未来英国国家医疗服务将迅速转向社区医疗服务，通过增加社区诊所来缩短住院时间、减少医院床位的占用，进而减轻医院负担。由于人们不愿长时间等待，同时很多人担心国家医疗服务的质量，未来英国私人医疗服务和医疗保险将快速发展。

未来 10 年，许多家庭医生将退休，全科医生将面临一场危机。由于合同条款吸引力不大，很多医学毕业生不愿到医院工作，这将导致新医生严重不足。护士也存在同样的情况，长期的人手不足和巨大的工作压力使更多人选择辞职。因此，医院会从其他国家聘用很多医生护士，但其中一些人的英语水平较差，并且存在很大的文化差异。希望未来医护人员能享有更多的福利、更好的薪资待遇。

· 医疗旅游、医疗移民与人体器官非法贸易

降低个人、保险公司或政府医疗支出的一种方法是将患者转移到国外接受治疗，未来这样的情况会更多。每年有超过 1100 万人选择出国接受私人医疗服务，可能还会在一家不错的酒店疗养。如今“医疗旅游”已经成为一个产业，市场规模达 400 亿美元，并将保持 20% 的年均增长，到 2025 年，医疗旅游的市场价值可能超过 1300 亿美元。

医疗旅游在各国费用不同，因此可以通过规划来节省费用。比如，巴西的私人医疗费用仅是美国的 25%，印度

是美国的73%，墨西哥为50%，泰国为65%，土耳其为60%。欧盟内部各国之间也存在很大差异，例如匈牙利的牙科治疗费用远比巴黎便宜。有些政府已经与其他国家的私人供应商签订了合同，成千上万的老年人已经搬到东欧和亚洲接受长期护理和康复治疗。根据德国政府的统计数据，超过40万老年人负担不起德国的养老院，而且德国养老院的费用每年都会增长5%，仅在匈牙利的养老院就有7000位德国老人。

“器官移植旅游”作为医疗旅游的一部分也在逐年增加，未来老龄化、富裕人口对器官移植的需求将会更大。仅在美国，每天就有20人因未等到合适的捐赠器官而死亡。家属和病人常常感到绝望，因此许多人愿意花一大笔钱飞到另一个国家购买新器官。在美国，一个肾脏或肝脏的黑市价格可能超过15万美元。尽管法律禁止，印度每年也至少有2000名低收入者为了几百美元将自己的一个肾卖给医疗游客。

或许少了一个肾并不会对人的寿命造成很大影响，但是许多其他器官只能在捐赠者刚刚死亡的时候才能被切除。由此可见，器官交易是一个与死亡有关的非常可怕的行业。器官贩卖已然成为一个行业，每个月都有很多的男人和女人被绑架，被推进手术室，被外科医生切掉他们的器官。每年有7000多个肾脏被贩卖，然而在每年黑市上出售的1.1万器官中，这只是一部分。曾经有过这样的案例，一个孩子的双眼被摘除用作角膜移植，之后就被遗弃到街上。

医护人员也在移民。比如越南的医生和护士在泰国工作，而他们自己的国家花了巨资培养这些医生和护士。菲律宾的护士被吸引去英国工作。对于医疗援助国来说，不断增加的培训成本加大了资金压力，再加上很多人才外流到富裕国家，这样的局面令人担忧。希望将来医疗援助国的政府能够征收一些培训税，或者与公费培训对象签订合同禁止移民。

*

在这一篇我们看到，10 亿人口迁入城市将如何改变我们的世界，日益严重的贫富差距如何对社会构成威胁，人口结构如何成为影响每个国家和市场未来发展的关键，预期寿命如何发生根本性变化，以及人们将如何延缓老龄化进程。接下来我们要看看世界上最强大的力量：群体的力量，以及人与人之间是如何联系在一起的。

第三篇　群体化（Tribal）

群体是当今世界上最强大的力量，比美国、中国、俄罗斯和欧盟的所有军事力量还要强大。群体意识是家庭、归属、文化、语言、关系、品牌、社区和国家的基础，但它也是民族主义、宗派主义、民族冲突、种族屠杀、内战以及人类历史上所有最黑暗事件的根源。

· 大多数人属于多个群体

社区是群体，体育俱乐部的成员是群体，同一个足球队的支持者也是群体。人们能够在一天之内创建一个群体，因为人类需要群体的存在，世界因此变得更有意义。

· 群体可以创造新的语言

我们对自己民族语言的热爱就体现了群体意识。30 年前，盖尔语在苏格兰可以说是一种已经消亡的语言。然而，现在盖尔语却无处不在：商店里有人讲盖尔语，广播中说着盖尔语，学校里有人教盖尔语，路标上同时使用了盖尔语和英语两种语言。在法语电台，允许转播的英语音乐的数量受到严格的限制。中世纪的法语方言也正在复兴。

语言中保存了古代文学、诗歌和歌曲，反之亦然。语言反映出我们来自哪里，甚至我们说母语的口音也能揭示我们的群体特征。这就是为什么乌克兰总统在 2014 年初宣布，在乌克兰讲俄语的地区让儿童接受俄语教育是非法的，这项宣布具有很强的挑衅性。

· 为什么人们渴望加入新的群体

全世界有多达 20 亿人失去了他们出生时的族群，或者说他们族群间的联系减弱了。最常见的原因是他们迁居到了城镇、城市，或者其他国家。另一个常见的原因是他们的父母离异，这给他们的家族带来了痛苦。

群体归属是人类的本能，所有文化中的庆祝活动都体现了这种归属感，如生日聚会、结婚庆典、节日尽欢等。品牌总监、营销经理、足球教练、社交媒体大师、俱乐部所有者、教会领袖、清真寺传教士、音乐名人、母亲和幼儿团体、学校校长、大学教授，甚至是我们友好的邻居都可以组成新的群体。人人都有其追随者或支持者。

· 族群观念使 6800 万人背井离乡

当今世界有 6800 万难民，其中大多数是族群观念的牺牲品。每天都有超过 4 万人被迫离开自己的家园，有 4000 万人投靠朋友、亲戚，或在本国的难民营中避难。每年有 100 万人在寻求庇护，还有 1000 万人没有国籍，他们没有护照也无法办理护照。世界上最贫穷的地区住着 86% 的难民，叙利亚境内流离失所者有 600 万人，哥伦比亚有 450 万人，苏丹有 140 万人，伊拉克有 130 万人。

许多难民和他们的孩子住在拥挤、泥泞的难民营里，住在用泥土和瓦楞铁皮搭建的临时棚屋里。舍弃一切开始逃离是一个艰难的决定。对于每一个难民来说，还有许多和他们一样的人也生活在巨大的恐惧中，但他们选择留在家园。今天超过 3.5 亿人要么是难民，要么即将成为难民。全球 4.8% 的人在过去的 10 年里成为难民，或者有亲戚是难民。

一　群体意识对欧盟未来的影响

群体意识是欧盟形成的主要推动力，并将继续主宰和影响着欧盟的未来。欧盟是在两次世界大战之后成立的，这两次世界大战摧毁了德国和法国。欧盟成立的主要目标是在一个经济和政治框架内将欧洲的主要大国联系在一起，以防止欧洲陷入战争，并建立一个繁荣的欧盟。那些对欧洲计划最有热情的人往往都经历过战争的苦难和悲剧，这促使他们愿意将欧盟国家更紧密地联系在一起，即便是要牺牲本国的某些自由。尽管和平得以维持，但欧盟并没有共同的语言或文化，各国利益仍需捍卫。欧盟一直在磕磕绊绊中前行，回避了许多艰难的决定，它们在努力、快速地对危机做出回应，但在面对内部或全球冲击时仍很脆弱。

英国脱欧后，欧盟仍是一个由内部群体间妥协的集合体，由“重商”的德国和“社会主义”的法国主导，没有英国的自由市场影响力。如果没有英国的大笔捐款，欧盟将难以平衡预算。欧盟将减少对较贫穷成员国的援助，而法国和德国则要提供更多资金，这将加剧相关国家间的紧张关系。

未来5~10年，欧盟最贫穷的几个成员国的经济不景气，这将阻碍欧盟的发展。欧盟擅长通过新的法律来解决琐碎的事情，却极不擅长解决根本问题。数以百计的新法律使工厂和零售商的处境更加困难，而且各国的执行情况也不尽相同。

· 货币联盟给欧洲带来更多压力

很难想象，欧元区如何能以目前的形式维持下去，而不在下一次重大经济危机期间遭受进一步的痛苦和动荡。由于共同的汇率和利率，经济问题和商业周期截然不同的国家仍被紧密联结在一起。预计欧元区将采取进一步措施，更加紧密地整合各经济体，各国也会失去更多权利。从历史的角度看，诞生于1999年的欧元是一种年轻的货币，仍然缺失重要的经济控制机制。

希腊已经被政府债务压得喘不过气，债务超过了其经济规模的180%，其经济在2008~2014年萎缩了25%，失业率高达20%，养老金被削减了40%。当然作为欧元区成员，希腊的汇率是固定的。如果各方未能就注销大部分债务达成协议，希腊很可能在某个时候违约不偿还债务，最终可能脱离欧元区。

意大利也陷入了困境，其经济规模是希腊的10倍，债务是希腊的8倍，还不愿意遵守欧盟的经济规则。与此同时，波兰和匈牙利也表现出对欧盟的民主和法治原则的蔑视。

在普通选民中深入推进欧盟的项目遇到了很大的麻烦，因为30%的欧洲议员属于反对党，如英国独立党（28%的选票）、法国国民阵线（25%）、丹麦人民党（27%）以及极左翼的希腊激进左翼联盟（36%）。此外，60%的欧洲人不信任欧盟的政客，很少有人能说出他们的欧洲议员或欧盟委员会主席的名字，投票率也很低。

欧盟内部的这种潜在问题一直是英国脱欧谈判过程中缺乏灵活性的关键原因，因为欧盟不能显得软弱。

· 美国依然是欧盟的重要伙伴

美国企业在欧盟的投资是其在整个亚洲投资的3倍，欧盟在美国的投资是其在印度和中国投资总和的8倍，全球贸易的1/3是在欧盟和美国之间产生的。未来20年，尽管与新兴市场的贸易增长势头强劲，但欧盟的前景还是过度依赖美国经济。

农业补贴占欧盟全部预算的40%。未来的发展取决于快速的投资，包括对创新项目、下一代制造业、精密工程、航空学、生物技术、医疗技术、纳米技术、大数据、物联网、移动金融服务、电子商务、新型风险投资、企业园区、新兴市场合资企业等领域的投资。如果欧盟现在从零开始，那么最有远见的做法是将40%的预算用于上述领域。

来自新兴国家的5亿人，无论是合法还是非法地在欧盟生活和工作，他们能拯救欧洲的发展计划，因为他们中许多人受过高等教育，具有创业精神，并带来了投资。而其他人则只能从事那些不受欢迎的低薪工作。

· 欧盟的腐败与监控

欧盟将依然是一个腐败的、不负责任的、浪费资源的机构。19年来，审计人员因为欧盟账目的准确问题和付款错误问题等一直拒绝在报告上签字。例如，2013年他们的报告称，有60亿欧元被“错误地”花掉，比上一年增长了23%。

那么，究竟是如何产生这么多“错误”和欺诈性的决策呢？我曾在欧盟委员给一些高级别的领导人做过有关“领导道德”的演讲。我设法得到了一个电子投票系统，可以让他们秘密回答一些尴尬的问题。他们的答案令人不安，但也不足为奇。这个讲座的剪辑版本可以在YouTube上看到[①]。

一些参与者承认，他们曾在压力下做了一些他们认为在道德上是错误的事情。多数情况下，这些事是非常严重的，所以如果是发生在他们自己的国家，那就要被报纸头版披露了。更重要的是，大多数人觉得他们除了服从别无选择。让他们这么

---

① http://www.globalchange.com/leadership-ethics-and-dealing-with-corruption-eu-commission-lecture.htm.

做的通常是他们的老板，而他们无处寻求帮助。

· 被恐惧困住

后来，一位领导来找我，面带恐惧，他向我讲述了曾面临的一次严峻的道德挑战，他觉得自己被困住了。欧盟委员会的薪酬、津贴和其他特权很慷慨，而如果有人离职，其就业前景会非常糟糕，以至于很少有人考虑退出欧盟委员会。但是，当一位高管面对原则问题不敢挺身而出时，他或她已经处于失去道德底线的危险中。腐败将继续存在于欧盟委员会的日常工作中。

尽管如此，欧元区的规模和惯性势必也可以让其在相当长的一段时间内勉强维持下去，甚至可能是一两代人的时间，而变化的只是欧元区或欧盟成员国的名单而已。

二　族群观念将重塑英国

英国脱欧公投对英国经济的短期影响非常轻微，尽管有人预测英国经济会立即崩溃、陷入混乱或危机。但事实证明，英国经济表现得非常强韧和稳定，通胀率低，利率低，失业率也非常低。在脱欧公投之后，英国出口在截至 2018 年 10 月的 12 个月中增长了 4.4%，达到创纪录的 6210 亿美元，其中服务出口增长了 6%。截至 2018 年 10 月的一年中，进入英国的外国投资也达到了历史新高，英国依然是欧洲最大的投资目的地。

· 欧盟与英国的长期贸易

那么，英国与欧盟未来的关系如何呢？下面是有关这方面的长期观点，而不是媒体炒作或混乱的政治胡言乱语。

无论发生什么，英国永远是欧洲大陆的一部分。签署的各种文件对其地理、人口和港口等基础设施不会产生任何影响。

无论脱欧结果如何，英国和欧盟之间的贸易将继续保持强劲增长，尤其是在服务业方面。很久以前，人类就开始了跨国贸易。没有达成任何协议的脱欧结果可能导致快速运输商品供应链的短期中断，尤其是在加来（Calais）等法国港口，这种中断对工业领域有风险，但又在意料之中，不会有长期影响，除了银行业的某些方面，对于英国和欧盟之间的服务贸易（占英国对欧盟出口的 80%）影响更小。即使英国在没有达成贸易协议的情况下离开欧盟，双方也将迅速就某些产品和服务达成一致意见，最终的协议将更加全面。

无论英国脱欧问题如何解决，英国选民在未来 20 年内都会在欧盟问题上产生很大分歧。随着年长的“脱欧派”去世，新一代人认为自己是欧洲人，而不仅仅是英国人。

无论发生什么情况，相较于对欧盟的出口，英国对新兴市场的出口将迅速增长。无论英国脱欧结果如何，英国经济的未来都不可能在欧洲，因为欧盟自己的未来也不在欧盟。未来，欧盟、美国和所有其他发达国家的经济主要是对新兴市场的出口，因为这些市场将在未来 40 年推动全球经济的发展。总部位于伦敦的银行对欧盟的部分金融服务出现了损失，它将被伦敦全球金融服务的惊人增长所抵消，因为伦敦金融服务与新兴市场有着紧密的联系。

英国脱欧有可能创造出成千上万种新的赚钱方式。每一个重大的改变都会为那些有远见、果断、有才能和资源的人创造巨大的机会。在任何一个调整期，都有许多高利润的企业不断涌现，它们填补市场缺口，探索价格差异，管理供应链，应对挑战，争夺新的市场份额。预计未来几十年内将有更多因英国脱欧而产生的亿万富翁——他们通过抢购英国和欧盟在不确定时期资金枯竭的廉价公司，让它们扭亏为盈或变卖它们的资产。

总而言之，到 2035 年，英国脱欧将成为历史。欧盟和英国都能应对这些变化，活跃的商品和服务贸易将继续，短期的业务中断将得到克服。

三　英国：可能会分裂成独立的主权国家（北爱尔兰除外）

族群的力量已经分裂了英国。英国脱欧公投为这一进程增添了动力。全球的趋势是坚定地走向更大的自主和自治。

大约 85% 的英国人生活在英格兰，除了在国际体育赛事期间，这个“国家中的国家”仍存在身份认同上的困扰。英格兰没有国家语言（英语是全球性的），没有得到广泛认可的统一服饰，过去常常被定义为英国人——这激怒了许多苏格兰人、威尔士人或北爱尔兰人。但未来会出现改变。

希望英国民族能够复兴，新一代英国人强烈希望自己是英国人，就像苏格兰的人民是苏格兰人，法国的人民是法国人一样。国家葬礼、BBC 新年音乐会、国际足球比赛和其他活动将有助于形成这种新的族群认同感。他们对英国其他地区所发生事情的反应将强化这种“英国意识”。

· 预计对苏格兰的独立将会进行多次投票

受苏格兰人民投票决定留在欧盟事实的鼓舞，预计未来 10 年苏格兰将进行进一步的独立公投。其结果将受到英国脱欧是否真正完成以及石油价格的影响，后者可能会发生振荡。如果在投票前石油价格从每桶 50 美元的低价出现突然的大幅上涨，更多的人将投票支持不独立，他们更愿意接受英国的补贴。

如果石油价格每桶高于 100 美元，更多的人将会投票选择离开，他们对高财政收入、财政独立和消费自由持乐观态度。如果第二次决定是否独立的投票失败，可以期待在几年后进行第三次投票。但如果英国提前退出欧盟，那么接受独立的苏格兰加入欧盟和欧元区至少还需要 10 年。

· 北爱尔兰将因天主教多数投票而发生深刻变化

受人口结构的影响，北爱尔兰也面临重大变化。在今后 15 年或更长的时间里，天主教徒家庭的新生儿出生率将大大高于新教徒家庭，导致的直接结果就是到 2024 年或更早时间，天主教选民将占多数。目前的情况是，正在工作的成年人中 44% 是天主教徒，40% 是新教徒。在学校里，51% 的孩子来自天主教徒家庭，而只有 37% 的孩子来自新教徒家庭。这就不奇怪为什么调查显示，选择继续留在英国和选择成为爱尔兰共和国的选民几乎各占一半。

虽然许多来自天主教背景的人仍希望自己是英国公民，但更大比例的人可能希望在 2030 年或之前成为爱尔兰共和国的一员，尤其是如果爱尔兰能够解决英国脱欧后的重大贸易问题以及南北之间新的边界紧张局势。因此，在未来 10 年内可能会就北爱尔兰的地位问题举行全民投票，其结果很可能是在 2030 年前使爱尔兰成为一个完整的岛屿。

· 英格兰依然是一个充满活力、经济不断增长的主权国家

许多人声称，英国的这种解体，可能会失去威尔士，还将严重损害经济——但到底是损害谁的经济？仅英格兰就占整个英国

经济的 85%，6600 万人口中有 5600 万人口生活在英格兰，如果英格兰是一个独立的主权国家，它将是欧洲的第五大国：一个充满活力的全球经济体，人均收入位居世界前列。无论发生什么，未来 30 年，英格兰、伦敦仍将是全球受教育程度最高、技术最娴熟人群的首选目的地之一，吸引着新一代的人才和投资。

这种对旧英国体系的破坏会深深伤害英国族群的情感，因为他们失去了大英帝国，未来几十年权利和影响力也相对下降，与欧盟隔绝，并且在一个日益被印度和中国等经济体主导的全球舞台上缺席。另一个更大的变化将是新兴市场的崛起，尤其是印度和中国实力的不断增强，英国作为一个相对较小的主权国家，其影响力将被削弱。

· 皇室改革

尽管规模有限，但族群意识也将拯救君主制，否则英国或英语文化将所剩无几。君主制的根本问题在于皇室是建立在基因歧视和家族血统基础上的。对于一个为机会平等、公平和不歧视而奋斗的民族来说，这不仅有些怪异而且从道德上来说是危险的。

从伊丽莎白女王到查尔斯王朝的过渡变得更加容易，因为公众喜爱女王的两个孙子和他们各自的家庭，而且开支也削减了，同时形成了一种更加不拘礼仪、更加随意的文化。英国作为单一实体的损失可能在于进一步削弱了皇权，但英联邦仍在。

· 英国政府的支出和雄心

有关公共开支的讨论不会变得更容易，无论是谁在英国政府（或其组成部分）任职，都将面临削减开支或增加收入的压力，或两者兼而有之。政府债务对市场的吸引力越小，借贷成本上升的幅度就越大。因此，在税收或支出方面的选择将非常有限。未来 10 年可以预见的是：尽管执政政党不同，但变化微弱；英国脱欧是否可以真正实现以下目标。

√　政府开支面对的巨大压力

√　严格控制公共薪酬

√　增加中高收入者的税收

√　允许通胀率有时高于 2% 的目标，降低低息政府债券对贷款人的价值

√　相对于许多其他国家来说较低的企业所得税，以及吸引投资的其他措施，并吸引跨国公司在英国设立总部

√　英国在时装、电影、音乐、设计、制药、建筑和咨询等方面的优势持续增长

√　尽管与英国脱欧有关的因素不明朗，随着新的收入现金流进入，特别是与新兴市场有关的收入，银行及金融服务业复苏

√　英国制造业进一步自动化——与英国脱欧公投前相比，英镑贬值促进了出口

√　吸引新一代富有而高知的定居者

√　鼓励主要财富基金投资新的基础设施

√　得益于传统贸易、文化和语言联系、相对较低的英国工资通胀以及新的贸易协定，使英国对许多新兴国家的出口增长

√　有限的军事开支——主要限于更换旧的装备和系统，维持最低限度的北约成员资格做出的承诺，越来越多地依赖北约内其他国家，承担他们军事开支的分担份额

四　德国：欧洲中坚力量的未来

德国是欧盟国家中经济和发言权都占优势的国家，尤其是在法国经济持续低迷的情况下。德国是欧盟人口最多的国家，拥有建立在高科技工程基础上的强大经济。德国在欧盟的优势地位是东西德统一之后的必然结果，但是未来可能会引起越来越多的不满。德国的经济增长在一定程度上受到老年人数量迅速增长以及低成本、熟练劳动力短缺的影响，除非移民能大幅增加以补充德国的劳动力。

德国在欧洲中心的地理位置确保其在调解俄罗斯和北约其他成员之间的紧张关系方面发挥至关重要的作用。德国将是波兰等邻国经济发展非常重要的伙伴。至少还需要20年时间，前东德和西德之间的经济差异才会消失，并且作为一个完整的国家充满自信地担当起强大的领导角色。

五　法国：群体抗议和激进变革

作为世界上规模最大、社会意识最强的经济体之一，法国一直在欧盟具有重要影响力，联通欧盟的南北国家。然而，法国正处于一场深刻的经济和社会危机之中，这场危机至少需要10年才能解决。法国经济一直停滞不前，而公共开支占GDP的58%，比其他任何欧洲国家都要高。债务相当于GDP的95%，这将会带来怎样的变化呢？

法国历史的一个核心部分是群众对强大精英阶层的革命。220年间，法国经历了11次激进而突然的政权更迭。今天，抗议的传统仍在继续。例如，2006年，超过150万人走上街头参加了一系列的“自由”游行，他们反对一项新法律，该法律使解雇服务年限少于两年的 26 岁以下工人变得更容易。2010 年，超过 300 万人走上街头，发起了一系列长达数周的抗议活动，抗议将公务员的退休年龄从 60 岁延迟到 62 岁。2018~2019 年，针对燃油价格上涨和其他政策的暴力抗议持续了很长时间，这是自 20 世纪 60 年代以来规模最大的一次抗议活动。

这种“人民运动”不时地出现，使法国变得不稳定、难以治理、难以改革。选民可能会继续支持那些承诺增加社会消费的政府，即使这意味着将借入更多资金，违反欧盟规定，以及对财富创造或企业征收惩罚性税收。

那么，法国的未来将如何？选民们将继续寻找一位具有拿破仑一世或戴高乐将军精神的领导人来拯救国家。他们比英国更喜欢欧盟，因为法国是欧盟的创始国，且他们自认为法国与德国是欧盟的“孪生力量”。然而，2014 年国民阵线（National Front）在反欧盟的票数上赢得了 25% 的欧盟选票，反欧盟的抗议活动可能会迅速增加。某种程度上，法国仍具有强烈的族群意识，例如，法国对政府官员用英语向国际听众发表演讲感到非常愤怒。

最终可能会出现根本性的变革，但在此之前，法国依然处于停滞和骚乱的状态。

六　俄罗斯：160 个民族的未来

西欧未来的稳定和发展取决于许多因素，其中最重要的是与俄罗斯和平共处，尤其是在紧张局势之下。

作为一个由 160 个不同民族组成的庞大国家，跨越 11.5 个时区，有 1.4 亿公民，俄罗斯将保持强烈的民族主义情绪。俄罗斯是一个在逆境中经过艰难困苦和同志情谊锤炼的国家。西伯利亚占俄罗斯陆地面积的 3/4 以上，平均气温低于冰点，50% 是森林，11% 是冻土地带。俄罗斯未来的经济将依赖于能源价格和汇率，但二者在 2014 年都出现了崩溃：俄罗斯是世界上最大的石油生产国，天然气产量仅次于美国。石油和天然气占俄罗斯出口收入的 70%，政府开支严重依赖于能源经济。

· 俄罗斯人渴望强势的领导人和国家

俄罗斯的传统是强有力的专制领导，像普京总统这样的领导人将继续得到民众的支持，只要能够提高人民生活水平，提升安全感和更好的公共服务，或者至少生活水平不因领导人的决策而下降太多。普京总统得到了民众的认可，可能会继续他对媒体和政治运动的有力控制。

在俄罗斯，众多寡头中的 110 人掌握着俄罗斯 35% 的财富，其中一些是在苏联解体后的混乱时期通过非正常手段迅速致富的。政府机构有一个长期战略，就是对寡头施以重压，因为他们“花着俄罗斯的钱”在他国生活，当然俄罗斯国内也有这样的寡头。

如果你与在苏联政权下长大的一代人交谈，当他们回顾勃列日涅夫时代的生活时，你会发现在他们身上既有温暖的怀旧也略带伤感。他们依然看重充分的就业、定期的养老金、国家的稳定、有序的社会和对俄罗斯传统的尊重。但是 1980 年以后出生的俄罗斯人却没有这样的记忆。

俄罗斯大城市的日常生活与许多欧洲国家相似，消费主义和资本主义文化盛行。然而，在萨马拉或托利亚蒂这样的小城市[①]，则会看到许多俄罗斯人所说的“精神的缺失”，这些城市的离婚率高，有毒瘾、抑郁症的人众多，人们缺乏自我目标或道德力量。

· 俄罗斯外交政策与军事复兴

俄罗斯领导人可能会推动与格鲁吉亚和乌克兰（但不包括中国）等边境国家建立一个扩大的自由贸易区，与欧盟展开竞争，他们将试图通过外交政策、经济措施、媒体宣传、军事压力等来影响前独联体国家。

普京总统仍然担心美国在经济、外交、军事和秘密行动等方面持续不断地削弱俄罗斯，他也担心一些欧洲国家会有类似行动。欧盟越强大，北约越团结，俄罗斯面临的威胁越大。

俄罗斯在第二次世界大战中失去了2000多万人，是英国军队死亡人数的60倍，是法国的90倍。对于非俄罗斯人来说，很难完全理解这场灾难对俄罗斯民族精神和民族自豪感的情感影响，俄罗斯的民族精神也证明了其“永不再犯”和“别惹恼俄罗斯”这样的信条，它们影响了俄罗斯几十年的外交政策。苏联解体也给这个国家留下了深深的创伤，就像20世纪50~80年代英国看到自己帝国的经历一样，但俄罗斯对自己的传统、文化和军事实力感到极为自豪。

· 对北约和欧盟深感不安与焦虑

俄罗斯很可能会继续强烈反对欧盟或北约在其边境附近

---

① 萨马拉是俄罗斯工业城市，1941~1945年曾是苏联的第二首都，主导产业有汽车制造、机器制造、化工和石油、电力等。托利亚蒂是俄罗斯重要的工业城市和伏尔加河地区最大的工业中心之一，工业产值占俄罗斯地区生产总值的2%，轿车产量占俄罗斯的72.5%。参见边隽祺《卫国战争时的第二首都——萨马拉：苏维埃之翼》，《国家人文历史》2018年第12期，第72~75页——译者注。

进一步扩大影响，并且很容易因担忧和不信任而引发激烈的行动来阻止类似扩张。俄罗斯的反应可能会影响其经济增长，我们也看到俄罗斯的言论像是倒退到了冷战时期。这种言论将会在其国内盛行，但是如果人民的生活水平持续下降，对政府的谴责来自国内的民众而不是外国势力的制裁或其他行动。

在接下来的 20 年里，俄罗斯在国防方面的支出超过除中国和美国以外的任何其他国家，并寻求与中国结成战略联盟，以减少和西方国家的政治和贸易风险。

无论是坦克、火箭、大炮和军队数量，还是战术核武器储备，俄罗斯在欧洲这片广袤的土地上无疑是一支关键的力量。俄罗斯还将增加对外援助支出，以便赢得朋友，比如说非洲，并加强与该地区的军事联系。

· 俄罗斯面临的挑战

尽管俄罗斯曾经是一个超级大国，但 2014 年初，俄罗斯的经济规模仅与意大利相当，到 2019 年，随着油价暴跌和欧盟的制裁，俄罗斯的经济规模缩小到与西班牙持平的境地。持续的地区冲突将迅速耗尽俄罗斯相当一部分财富。

国内安全仍将是关键问题，内政部的开支远远超过了国家在医疗健康方面的开支。此外还要面对的挑战有：俄罗斯人将财富转移到“安全地区”的资本外逃仅 2014 年就有 1700 亿美元；男性平均寿命低（64 岁——世界排名第 50 位），部分原因与酒精有关；腐败——由透明国际（Transparency International）给出的数据是世界排名第 127 位；制造业实力不足；伊斯兰分裂分子；社交媒体煽动的“颜色革命”；大量苏联时代留下的摇摇欲坠的高楼大厦。

七 民族主义将削弱乌克兰

自沙皇时代以来，乌克兰一直被称为“俄罗斯的粮仓”。乌克兰是苏联最富裕的地区，有煤矿、重工业和大规模的粮食产量。苏联解体后，由于破产和腐败无能的政府，乌克兰的生存依赖于俄罗斯的天然气，政府的高额补贴使其经济迅速衰落，到了拒绝向俄罗斯天然气公司付款的地步。

2014年俄罗斯从乌克兰夺取克里米亚后，克里米亚处于俄罗斯的控制之下。克里米亚拥有俄罗斯最重要的海军基地，曾经是俄罗斯国家的重要组成部分，直到1957年根据条约割让给乌克兰，换取更便宜的天然气。当时这种行政手段在苏维埃帝国的大背景下意义有限。

乌克兰很可能沿着民族主义“断层线”永久分裂。乌克兰东部地区的人们主要讲俄语，他们对俄罗斯文化有着强烈的认同感，他们所在的地区以煤矿开采为主，而煤矿曾经是国家财富的主要来源。

乌克兰的局势将会因为许多其他国家（特别是俄罗斯）的志愿战士和雇佣军的加入，以及任何一方都难以控制的特立独行的地方领导人的存在而变得更加复杂。只有在俄罗斯支持的和平进程中，给予东部地区巨大的自治权，这个国家才能团结在一起。是形成某种形式的联邦结构，还是乌克兰东部地区融入俄罗斯，还有待观察。

我们可能会看到一场将持续多年的“冻结的冲突”，就像南奥塞梯、德涅斯特河沿岸、纳戈尔诺—卡拉巴赫和阿布哈兹在1991~1993年从苏联分离出来后仍然存在的冲突一样。

八　族群意识对未来冲突的影响

自第二次世界大战以来，世界各地发生了数百次内战，正在进行的还有20处，大多数战争已经酝酿了20年甚至是更长的时间，但是已经很少有传统意义上的战争。自1945年以来，与冲突有关的死亡人数可能已经达到3000万人，而在1914~1945年，死亡人数达到1亿人。总体来说，我们的世界相对和平，尽管头条新闻时不时会报道有冲突发生。

目前大多数冲突发生在非洲、中东和乌克兰等地区，这些地区的经济总量不到全球经济的7%。也就是说，在过去20年里，这些冲突对跨国企业的收益影响非常小。例如，美国、英国和日本只有2%的国外投资在这些地方。然而冲突的风险毕竟存在，而且有可能增加。

· 美国的霸权地位将持续制造紧张局势

每年超过1.8万亿美元用于武器和其他国防开支，占全球GDP的2.5%，低于冷战末期的4%，相当于地球上每人支出250美元。全球最大的100家军火公司每年的销售总额约为3200亿美元。然而，全球军费开支的40%来自一个国家：美国，它在这方面烧的钱比排在后面的15个军费开支最高的国家的总和还要多，这是真正令人震惊的军火不平衡，是不可持续的。这就是为什么美国持续向北约成员国施压，要求他们增加军费开支的原因。

美国只需要花费国内生产总值的3%用于军费支出，就可以获得这种主导地位——相比之下，俄罗斯的军事支出占其相对小得多的经济的4%，中国占2%，印度占2%，英国占2%，法国占2%，以色列占6%，沙特阿拉伯占9%，阿曼占12%。

这种超级强大武器装备的无情积累，将在未来20年继续加剧紧张、仇恨和恐惧情绪。尽管俄罗斯和中国的军事预算在迅速增加，但美国的陆、海和空军力量在未来15~20年内仍在全球占据主导地位。

由于在阿富汗和伊拉克的冒险行动，有关长达数年的囚犯虐待或折磨的新闻报道，以及在其他国家使用无人机杀害外国公民的行动，美国充当"世界警察"的美誉将持续弱化。

· 中国和俄罗斯将进入一场新的军备竞赛，美国也将加快步伐

那么，中国需要多长时间才能赶上美国的全球军事实力呢?要看衡量的是军队的规模还是导弹和其他技术的智能性。即使中国将军费开支从GDP的2%提高到5%，即使中国的GDP每年增长速度比美国高4个百分点，除非美国大幅削减军费开支，否则中国的整体军事实力可能需要20多年才能赶上美国。

俄罗斯不可能在未来40年内建立起这样的全球实力，在大量低技术武器和智能战术核运载系统的支持下，东欧的军队规模可以轻松地从目前的50万人增加到100万人。俄罗斯将继续炫耀新型、壮观的军事武器，比如超音速隐形导弹以及装载在潜艇上的巨大新型核弹头，并将其作为国家战略的一部分，向全世界展示实力。因此，如果中国和俄罗斯采取单独行动，它们则难以持续任何规模的远程冲突，但它们能够在自己的地区进行大规模的军事行动。只有美国才有全球力量去阻止，但总体来看，美国将会很不情愿去阻止。

· 新的核威胁和太空竞赛

未来 30 年里，我们可能会看到严重的核恐慌，因为不同国家或组织声称已经掌握了核武器或核材料，或者已经开发了自己的核武器或核材料，并威胁要使用它们。伴随着俄罗斯和美国迅速升级小型战术核武器，撕毁已有 30 年历史的核武器条约，越来越多的新兴国家正在加速核军备竞赛，在未来的 20 年里，两国可能花费超过 2 万亿美元来追逐核武器的霸权地位。

尽管美国在 12 年内花费了将近 1000 亿美元，但在多次试射洲际导弹的尝试失败后，美国将很难开发出一套有效的反弹道导弹防御系统。俄罗斯和中国也将努力解决这个问题。问题在于洲际导弹的飞行速度为每秒 10 公里，并且能够在飞行中释放大量诱饵，还可以发射“外观普通”的卫星，这些卫星携带了隐藏的核装置，可以在飞越美国或俄罗斯等国家时引爆。

1945 年以来，没有人因愤怒使用核弹头。预计有人会在世界的某个地方使用这种威胁，进而引起国际社会关于如何应对这种威胁的讨论。如果一个国家在反复警告侵略者之后使用核弹头进行自卫，其他国家是否会威胁对这个使用核武器的国家发动战争？这样的战争将如何发动？第一次或第二次攻击的目标是哪里？会使用多少枚核弹头，大小是多少，多快按下发射按钮？如何反击一个没有国家支持的无形的恐怖组织？如果一个组织再次发出威胁，并引爆第二枚弹头，会发生什么？

处于这种危机的国家可能只有几个小时或最多几天的时间来研究如何应对。

· 国家军火工业

正如我所预测的那样，军火工业已经开始了重要的整合，而且还将出现更多整合。国防研究只有在具有大规模经济的情况下才具有成本效益。这意味着要向其他国家出售军火，这些国家的政策和行为可能会让许多国家感到不安，但不用在意“如果一个国家不向它们出售军火，那么另一个国家也会这样做”的言论。

· 对高科技武器的再思考

高科技武器不足以赢得未来的战争。大多数战争将发生在国家内部，而不是国家之间，而且将是低技术含量的战争。就像我们在叙利亚看到的那样：游击战争是挨家挨户打；都是种族冲突或恐怖袭击；在肮脏的战争中，坦克指挥官把坦克停在一家大型儿童医院里，平民在那里遭到轰炸；传统的军事装备和化学武器向购物区、公共图书馆周围、古老的石桥和玉米地里发射，把整个城市夷为平地。

· 地雷和其他乱七八糟的武器

新式武器取代了旧武器，被淘汰武器顺着武器链向下游移动，最后落在最贫穷（通常也是最不稳定）的国家手中，它们用武器进行内部镇压，之后武器落入罪犯手中。武器也会丢失或下落不明，我曾在伦敦附近的森林里偶然发现了一挺机关枪。地雷是一种全球性的威胁，它的设计特点是隐蔽，从被分散着埋入土中开始就“消失”了。由于随意使用这些杀伤性武器，数万平方公里的土地无法居住，这种危险至少在今后 30 年内将继续存在。

已经埋设和丢失的地雷有 1.1 亿多枚，影响至少 70 个国家，每年还会新埋设 200 多万枚地雷。每个地雷的探测和回收成本为 700 美元，每年都有许多专家因此丧命。在过去的 25 年里，有

100万普通人受伤或死亡，主要是儿童、妇女和老人。

另外还有1亿颗地雷被整齐地摆在世界各地的军事商店里，等待发挥用场。地雷将继续被广泛使用，不仅是为了保护基地和杀死武装人员，还用来阻止耕作、旅游和贸易。

· 少数力量击败强者

美国的表现已经反复证明，庞大的军事力量在实现多种战略目标方面几乎毫无用处。

50年来，无论是在越南、伊拉克还是阿富汗，美国一直在努力赢得一场“对外”战争，甚至更多的是赢得持久的和平。这将降低美国在未来10~15年内发动另一场重大战争的意愿，除非北约对俄罗斯向欧洲的重大进攻或更多重大恐怖袭击做出回应。

调查显示，美国人对两名美国记者在中东被杀事件的关注程度超过了其他任何新闻报道。其直接结果是，75%的美国人支持空袭伊拉克“伊斯兰国”，66%的人支持对叙利亚反对派的空袭。这是一个彻底的逆转，12个月之前，在叙利亚政府使用化学武器后，只有20%的人支持对其发动导弹袭击。

对极少数美国人的死亡做出如此巨大的情感反应，证明美国非常容易受到挑衅和刺激，而以大规模军事行动作为回应。这不可避免地造成更多的人质被杀或类似的暴行。美国的敌人会问：怎样才能引诱美国卷入另一场力量悬殊的冲突来进一步削弱美国的影响力？再杀10名记者，还是20名？或者对美国本土发动更大规模的袭击？答案当然是，这将取决于许多不同的因素，但死亡人数可能比许多人想象的要少得多。

· 少数单方面决定引发的重大战争

到2030年，随着美国主导地位的下降，全球军事力量分布将更加平衡。在没有与其他国家联合行动的情况下，个别国家在远离其领土的地方采取大规模军事行动的能力或可能性将降低。大规模的多国战争（或者第三次世界大战）将变得不太可能，但在资源、边界、海床权利和其他类似问题上可能会发生小规模冲突。

· 军事演习引起的担忧

世界上每一个大国都在定期进行军事演习，五角大楼比大多数国家都更感兴趣的是，判断在遥远地方出现假想冲突时的结果。地面上动机强烈、预算很少的小团体可以很轻易地使大型军事力量在远离家园的地方，以非常高昂的代价陷入长期战斗。军事演习还显示，俄罗斯突然发起大规模攻击在任何情况下都会带来令人担忧的后果。

美国军事战略的最大弱点在于，公众通常接受不了美国军队在海外的死亡，哪怕死亡人数很少。军人们几乎不会为了某一“事业”而执行自杀式任务。因此，未来的军事战略将主要基于技术力量，以令人难以承受的代价使用远程武器，使用很少的地面人员。一个年轻的无人机操作员坐在美国的一个城市里观看直播视频，向一个他从未到过的位于世界另一端的国家的目标发射智能导弹，他认为那些敌人是可能威胁到美国的恐怖分子。

在世界的另一端，也许是一个拿着枪的年轻人，他很快就会牺牲自己的生命，成为当地的英雄，为了他自己的人民，为了他“正义的事业”。他认为自己是一名自由战士。长远来看，战争的历史表明，那些以最大的激情为他们事业的“正义性”而战的人往往会赢得最终的胜利。

以上哪一种人拥有最强烈的激情呢？是恐怖分子还是自由

战士？这场围绕信念的斗争将成为未来许多冲突的核心，就像在第二次世界大战期间的法国抵抗运动、1980 年代由美国秘密资助的尼加拉瓜反政府武装运动，以及阿富汗圣战者组织一样。

· 更多的双重和三重身份特工——结果很奇怪

自 2001 年以来，美国情报机构的实际预算（包括军事情报预算）翻了一倍多，达到每年 750 亿美元，而俄罗斯的情报支出也大幅增加。预计双重间谍、三重间谍、四重间谍将会大幅增多，为不止一个情报机构工作的人或网络，渗透进入激进分子和民兵组织，利用虚假信息和诡计使一方彻底反对另一方（比如向无人机操作员发送假报告，希望妇女和儿童“被误杀”）。

将会有许多奇怪的事件和头条新闻出现。有时，安插在一些较小的恐怖组织内部的间谍人数可能在其真正成员人数中占很大比例，北爱尔兰已经时不时发现这种情况。预计未来会有许多道德困境和合法行动，未来的间谍们需要亲自发动攻击或暴行来证明自己不是间谍。总有一天，惊人的真相会被揭露，还牵涉许多道德和法律问题。

这个奇怪的世界正处于网络监控和监管之下，未来还会有成千上万的小型低成本无人机在空中监视我们。

· 混合型战争——战争与和平界限模糊

我们的世界正在被难以识别、衡量和追踪的混合型冲突所颠覆。未来的混合冲突的重点是如何在一个高度竞争的世界中增强国家利益、促进经济增长。

各国的外交政策会组合各种策略，比如传统的军事手段，威胁和经济胁迫，人道主义援助，准军事团体，非正式民兵

（志愿者和雇佣军），官方否认的秘密武装部队，犯罪团伙，恐怖主义行为，杀害“不友好”的记者，强奸妇女和儿童，无人机暗杀，各种叛乱以及网络攻击——有时还会有大型秘密团队利用社交媒体、恐怖活动、不易察觉的传播和虚假宣传歪曲事实。

战争与和平之间的界限已经很模糊了。未来的冲突将会非常混乱、难以解释，关于谁是“敌人”或者是否真的存在冲突将出现不同的界定。

一些秘密活动包括：商业间谍活动，收买国会议员作为顾问，收购关键公司，要挟有影响力的银行家、商业领袖、媒体所有者或政府领导人，间接资助政选阵营，秘密资助持不同政见团体。那些到新兴国家访问或工作的知名企业家和政治领导人成为被敲诈、腐蚀的目标，目的是在他们回国后继续控制他们。

· 来自失败国家的挑战

在确保政权稳定更迭的过程中，即便最强大的国家也会因其中的困难而有所削弱。无论是在津巴布韦、朝鲜、苏丹还是叙利亚，通过军事介入来修复这些“支离破碎的国家”几乎是一场不可能完成的任务。

最大的挑战之一将是如何找到合适的机制来实现稳定和安全，这些机制可能包括邻国的友好支持、国际货币基金组织贷款、非政府组织活动、联合国维和行动等。

所有这些趋势的最终结果是，在未来 20 年内军事大国的军事开支将发生根本性变化。战争仍然需要地面部队的参与，成千上万的军队、大炮、坦克和其他装备在边境集结。但我们也可以预测，发达国家将投资更多的无人机、智能导弹、快速反应部队车辆和直升机，以及获取更好的情报，用于远程作战。

九　群体领导力改变企业

群体领导力将是我们未来世界中最强大的领导力。每一位伟大的政治家都知道如何吸引整个群体，每一位成功的首席执行官同样清楚这一点。

团队领导力总是受到团队规模的限制，但是群体领导力可以带领 10 万人朝着同一个方向前进。

群体领导力关注的核心是关系而不是结构，是愿景而不是目标。我们在世界各地的知名运动中看到了群体领导力的作用。任何能强化群体的事情都会加强群体的领导力。未来企业在群体建设方面将加大投资，包括团队日活动、场外活动、成员会议、庆祝活动和客户活动。

十　每个公司都是一种群体关系

每个组织都是一个群体，公司内部可能有许多群体。公司的群体意识使员工自豪于自己的团队归属感。群体意识能够以一种健康、上进的方式将团队凝聚在一起。企业群体意识提出了一个关键问题：我们能否将一种占主导地位的民族文化强加于一家跨国企业？改变一个组织最快的方法就是倡导群体文化。群体意识或企业文化是大多数并购未能很好创造价值的主要原因，只有尊重并赞扬每个群体，业务才可能实现新的增长。由朋友组成的群体所带来的产出是由熟人组成的群体的三倍，朋友群体的决策效率要高出 50%，因为朋友群体拥有更高的信任度，彼此更加诚实、更加尊重，交流更加开放。

在许多新兴国家，新财富中很大一部分将由员工不足 20 人的小公司创造，其中大多数会是家族企业。尽管面临法律上的挑战，他们仍继续雇用亲戚、朋友和朋友的朋友。政府也将会出台新举措，帮助小企业，并创造就业机会。

十一　品牌与群体

每个品牌都会创造一个群体，群体的实力越强大，品牌就会越强大。苹果（Apple）是全球最有价值的集团群体，市值约为 8130 亿美元，其后是微软（Microsoft，市值 7360 亿美元）、谷歌（Google，市值 6740 亿美元），然后是麦当劳（McDonald's）、三星（Samsung）、亚马逊（Amazon）和丰田（Toyota）等公司。每个超级品牌都将在未来 20 年花费数十亿美元来提升它们的群体认同感。

许多国家的消费者已经接触到了 3 万个品牌。群体集中消费是广告商的梦想。建立一个群体，金钱随之而来。更多国际品牌的包装将具有当地的“群体性”特征，变成更加“本土化的国际品牌”，特别是在品牌与某一国家、文化或宗教有紧密联系的地方。

· 所有成功的营销都会吸引群体注意

消费者已经走在了营销人员的前面。大型电视广告、新闻、邮件、活动、广告牌、给客户打推销电话或推特推送——所有这些营销方式在某种程度上仍然有效，但它们已经属于 20 世纪。糟糕的是，多数营销方式只会赶走消费者。

发达国家的大多数年轻人正在从传统的看电视直播转向犹如时间隧道的网络电视，他们可以跳过广告，可以上网浏览。所以我们需要新的方法来抓住这些年轻人。最明智的活动是创建新的群体，但注意不要侵犯数据隐私。

· 面向年轻的消费群体

今天，大多数发达国家的年轻人很可能穿着和他们父母同样款式的衣服，听相似的音乐，光顾相似的酒吧和俱乐部，留相似的发型，持有相似的政治或宗教观点。例外情况主要来自移民子女，他们接受了新国家的文化，拒绝接受父母的文化。

总的来说，生活在2000年之后的千禧一代成年人基本不习惯抗议。这一代人关注可持续性和环境问题，他们倾向于选择负责任的生活方式，而不是走上街头抗议。

对英国13~19岁的年轻人进行的调查显示，他们是100年来最具动力的一代，在职业生涯中取得优异成绩是他们最重要的目标之一。来自中国、印度和其他许多发达国家中产阶层家庭的青年群体也有同样渴望成功的雄心。

十二　面向老年消费群体

到2025年，将有10亿人超过65岁。这个群体占去美国50%的工资收入和75%的金融资产，英国也差不多。预计会有针对“银发市场”量身定制的各种产品，比如游轮、高尔夫球体验和健康温泉。这一代人思维更加年轻化，精神年龄60岁，身体年龄70岁，实际年龄80岁。

· 为老年顾客重新设计

我们需要重新设计包装、餐厅菜单、说明书和营销物料，因为这些材料的字体通常印刷得太小，老年人不戴眼镜就看不清。广告中的模特或是代言人将会选择30岁以上的。

在商业街、服装店、运动商店、汽车展厅、花园中心、旅行社、剧院、电影院和餐馆，“银发力量”将更加明显。

个人养老金计划和投资基金将成为增长领域，面对面的银行业务将特别面向退休人员。从住房中释放出来的资金将成为增加养老金规模的一种方法。

· 中年从业人员延迟继承遗产

仅在美国，就有超过10万亿美元的财富将在未来10年内成为遗产留给下一代人。如今，在父母双亡之前，子女可能就已经六七十岁了。到2050年，他们可能都75岁了仍在工作，同时还要照顾年迈的父母。一大批健康、活跃的75岁老人将成为数百个慈善机构的志愿者。这些组织给人一种家庭感、使命感和归属感。

· 没有退休金的人

在另一方面，我们将看到一些生活在社会底层的老年群体：他们从事兼职工作，到七八十岁（或者到2040年他们90多岁）才停止工作，无法靠微薄的国家养老金生活，他们与子女失去了联系。

未来20年，一个巨大的问题将是越来越多的人没有充分投资养老金。有的老年人因低收益或通货膨胀而使养老金变少，有的老年人因养老金公司破产而失去养老金，这将是他们可能遭遇的另一种危机。还有一些人因大肆花钱或做出愚蠢的投资决定而耗尽现金，就像英国放松养老金管制后出现的情况一样。

· 推迟退休的影响

在英国，强制退休是非法的，这被视为一种年龄歧视。许多老年人会在 55~75 岁的任何阶段兑现部分养老金，同时从事一些兼职的或低收入的全职公益事业。

到 2025 年，对届时年龄低于 40 岁的工作人员，许多发达国家会将他们领取国家养老金的年龄定为 70 岁。

然而，那些有足够个人养老金的人随时都可以退休或者半退休。在老龄化国家，一个关键的招聘策略是想办法让 70 多岁的老年人退休。由于经济危机，有的国家仍有高达 40% 的年轻人没有工作，很难想象招聘退休人员的做法是否有必要，艰难时期将会过去，工资和汇率将会调整，当然也需要年长工作人员的经验。

· 从市场营销向信息传递的转变

过度营销的品牌将很快被曝光。未来最好的产品将实现“自我营销”。一个产品被推销的次数越多，就会有越多的人认为这个产品不值得拥有。未来最有力的信息将是人们在可信任的关系中聊天时所传递的信息。与此同时，预期会开发出更多信息交流的全新方式，比如神经营销学，研究大脑对品牌、口号、形状、纹理、理念、记忆、希望和梦想的反应。

· 通过社交媒体实现群体消费

大多数人更容易相信社交媒体网站上陌生人的观点，而不是市场营销主管、董事长或 CEO 的说法。社交媒体的评论越是丰富多彩和负面，越有可能吸引更多的消费者阅读，特别是在中国，66% 的消费者在购买前依赖社交媒体的报道。

相对于评分为 4 或 4.5 的酒店或餐厅，持续获得 5 分的酒店或餐厅获得预订的可能性更小。消费者希望听到真实的、多样的、平衡的意见，而不相信那些看起来像自动生成的信息。

未来的每一条营销信息、口号和活动都有可能被网络社区评分。这对所有拥有优秀产品或服务但营销预算很少的小公司来说是个好消息。

· 社交网络上海量的假身份

与此同时，营销公司也会进行反击，每隔几周就会在社交网络上创造出数千万新的虚假用户，他们有虚假的朋友、虚假的生活事件、虚假的活动、虚假的帖子和虚假的产品偏好。他们的目的是影响搜索结果。在任何时候，超过 8000 万条 Facebook 个人资料都是完全虚假的。

仅在中国就有 1000 多家社交媒体公司专门愚弄淘宝网的算法。淘宝网是中国最大的电子商务平台之一，每个网上商店都会显示最近的销售数据——数字越大，吸引的顾客就越多。虚假顾客在网页上"逗留"，让网页在许多不同的网站上显得"热门"。这样用欺诈性数据破坏搜索结果的企图将会更多。

十三　时尚、服装和纺织业群体

时尚产业一直都与群体有关：你想成为什么样的人？你认同谁？现在，有影响力的名人拥有数百万的社交网络粉丝，他们浏览自己追捧对象的帖子，观看他们的视频。未来，十六七岁的年轻人因自己独特的"超级明星范"将更具吸引力。

· 时尚产业的未来

时装和纺织业的价值超过 1.8 万亿美元，年均增长率为 5%，雇用了 7500 万人。目前全球服装销售增长的 50% 在中国，中国已经超过美国成为最大的市场。但是 20 年来全球的实际价格已经出现了下降，而且随着规模的扩大还会继续下降。

在美国，28 万家服装和鞋店里有 400 万名员工。时尚产业每年为英国经济贡献逾 400 亿美元，雇员超过 80 万人——超过电信、汽车制造和出版业的总和。

· 走秀和时装发布的方式将发生变化

时尚表演将继续推出各种极端的走秀方式来吸引眼球，比如模特们或半裸，或全身被完全包裹，或身上被饰以彩绘图案，在或干净，或泥泞，或冰天雪地的环境中走秀。但这些仍难以创造出第三个千年时尚。

未来纽约、伦敦、巴黎和米兰的传统 T 台走秀会遭到抵制，这些地方通常会有为期四周的时装秀、数千场活动和数万套服装。一些时尚界的领军人物将探索如何彻底重塑时装发布会的方式，以更好地适应一个注意力只有几秒钟的网络世界。

· 传统风格将在工作中延续

未来 30 年，男性高管的职场服装很可能保持不变，作为一种全球认可但外观乏味的制服，男性职场服装可以追溯到 100 多年前。

在沙特阿拉伯、巴西、马来西亚或印度等国家，男性的标准套装依然执行“安全”的标准，女士们也将保持简洁的着装风格。

异国情调和非传统风格将继续遭到反对，因为它们传达了一种奇怪的、冒险的形象。当然，时尚、设计和其他创意产业，如应用程序开发和许多初创企业会是例外。

预计到 2025 年，一些设计公司将以更加狂热的方式增加销售额，女性休闲时装周期被缩短至 12 周，这需要更短的供应链和更快的生产设计速度。在这种零售业过度活跃的现象中，有一部分企业会损失惨重并倒闭，取而代之的是较为缓慢的季节性变动。

· 新型纤维和织物

预计纤维性能会有革命性的变化，特别是新的合成纤维，将为设计师创造令人兴奋的机会：可以变换颜色的衣服，新的质地，采用纳米技术处理的纺织品可以自我清洁、空气清洁或者经过多次清洗仍然保持无菌。智能服装配有显示器和传感器，随着温度的变化而改变服装的颜色或质地，或者有的服装是由那些颜色会随着温度而变化的材料制成，或者有的服装配备功能性配件，如皮带、帽子、眼镜、手表或运动鞋。但在未来 30 年，大多数衣服看起来仍比较传统。

· 棉和聚酯纤维的未来

对于许多新兴市场来说，棉纺织是一个非常重要的产业，它提供了超过 3 亿个工作岗位。在全球 2.5% 的可耕种土地上种植出 2500 万吨棉花，主要集中在大约 2 公顷的小农场，每年创造的全球贸易值达 120 亿美元。棉花最大的出口国（区域）是美国和非洲，而中国的棉花储备相当于全球 6 个月的产量。

棉花产业将随着全球人口的增加而增长，但作为纤维类型的比例将会下降。在热带国家也是如此，尽管对热带国家来说棉花在吸湿方面的表现优于聚酯纤维。在美国，棉花正以每年 7% 的速度被聚酯纤维取代。

预计在利用水资源、减少污染、每英亩产量、减少杀虫剂使用以及推广经认证的、符合道德标准、可持续发展的棉花等方面会有显著改善。相比之下，合成纤维是简单的塑料类产品，由石油制成。随着人们越来越担心数十亿的塑料微纤维随着聚酯纤维服装洗涤之后的水进入海洋，围绕聚酯纤维和棉花哪个是最可持续、最负责任的面料的讨论将会持续。

十四　体育的未来

就像时尚产业一样，体育运动将继续由集体主义主导：支持个人、地方球队或国家冠军，欣赏非凡的身体技能，体育运动中充满来自集体崇拜者的欢呼。一个体育群体的社会影响力是巨大的，比如足球队。

体育运动的改变将是非常缓慢的，大多数体育项目的规则几乎不会有重大改变，新的体育项目也很少。体育运动仍是被关注的焦点，重要的现场赛事直播将吸引大量媒体，其中一些直播将吸引超过 10 亿观众。来自转播和广告的收入对体育赛事也很重要，而大多数顶尖体育明星将从企业赞助协议中获得更多的收入，这些收入将远远超过从赛事中获得的。

然而，体育运动有时会与赌博新闻联系在一起。赌博丑闻使整个体育界声名狼藉，几乎所有重大体育赛事都会牵涉其中。一些管理机构可能会被牵连或被贿赂。预计体育赛事中会有大量赌注投入，比如中场休息前是否会有三次任意球，某个运动员是否会受伤或者进球，以及自行车比赛、一级方程式赛车中类似的情况。同时就像我们已经看到的那样，在生物技术兴奋剂存在的情况下，体育运动世界纪录的可信度将会出现很多问题。

十五　家庭和人际关系的未来

家庭是群体的最基本表现形式，未来家庭将如何变化？尽管许多社会科学家做出了一些预测，但在世界大部分地区，家庭生活仍将保持相对不变的状态。两个人确定关系，结婚生子，通常会生活在大家庭中，尤其是在新兴市场国家或移民社区。

· 家庭破裂

发达国家以及越来越多的新兴经济体正在经历一些彼此间有关联的趋势：家庭破裂、父亲缺席、儿童的情绪不安和行为问题、学校表现不佳等。教师、社会工作者、感化监督官和家庭法庭的法官每天都能接触到这些情况。

在英国，很多夫妇在过去的 10 年中决定不结婚就生孩子。然而，大多数研究表明，最幸福的夫妻以及最有可能白头偕老的夫妻，是那些步入婚姻的夫妻，特别是那些婚礼前几乎没有关系而因婚姻在一起的夫妻。

婚姻的受欢迎程度会随着收入的不同而不同。在一些国家，富裕的中产阶层夫妇更喜欢先结婚再生孩子，离婚的可能性也更小。许多最贫穷和受教育程度最低的人则可能完全反对婚姻。

· 父爱的缺失

英国是世界上“父亲缺席”比例最高的国家之一，夫妻关系破裂后，父亲很少或几乎不与孩子接触。这导致孩子缺少男性榜样，家庭抚养孩子的钱减少，住房成本增加。家庭破裂往往会导致家庭很快陷入贫困。

家庭破裂还与儿童患精神疾病（以及成年后患精神疾病的风险）、成瘾、冒险、未成年怀孕、自杀以及成年后关系破裂等风险密切相关。2050 年以后，我们将会看到过去 10 年发生的家庭事件对下一代人的影响。

很多时候，父母双方忙碌于挣钱维持生活，双方都是全职工作，可能各自从事一份以上的工作，这一事实往往使他们的孩子受到的影响更糟，因为他们会把养育孩子的任务交给保姆、朋友或亲戚。

· 钟摆有了新方向

在接下来的30年里，我们很可能会看到与之前提倡“性解放”不同的部分转变。在一些国家，初次性经历的年龄比之前延后很多。在美国，1995~2008年的短短13年间，15~19岁的人中在15岁之前有过性行为的女性从19%下降到11%，男性从21%下降到14%。在乌干达，这种趋势是由于对艾滋病恐惧的结果——大多数乌干达人在过去10年参加了至少20场艾滋病葬礼，而且通常是亲属的葬礼。在全球范围内，人们将重新思考性到底是什么。

· 有责任心、保守的青少年人数增多

在英国等国家，新一代正在成长的年轻人越来越多地拒绝酒精、毒品和过早性行为。2014年，1/6的人承认吸毒，人数是2003年水平的一半，但自那以后，这个数字一直在上升。与10年前的25%相比，现在只有10%的人每周饮酒。2003~2016年，喝过酒的人数也从61%下降到44%。吸烟率也有所下降，从41%降至24%，经常吸烟的人数从9%降至仅3%。这些都是巨大的变化，各种研究都证明了这一点，商业街零售商或供应商提供的数据也证明了这一点。

这一代人可能会思考希望自己的孩子过什么样的生活。有些人希望在孩子小的时候能更多地陪伴孩子，即便会因此减少工作时间，降低生活水平。这些未来的父母也不太可能将自己

年幼的子女安置在全天的专业托儿所。

· 老年人：家庭之锚和免费保姆

许多祖父母在帮助照顾孙辈，并在生活的许多方面成为深受爱戴的榜样，这有助于形成幸福的家庭关系。当然，祖父母也会为家庭省下花在照顾孩子上的钱。由于经济和家庭的原因，更多的家庭将出现三代人共同生活在一起的情况。一些祖父母是家庭关系紧张时候的稳定器，一些祖父母却给孩子们的婚姻带来难以承受的压力。

在比较富裕的国家，可能会更多地出现非正式寄养或收养退休人员的现象，让他们来充当祖父母或叔叔、阿姨的角色在家中陪伴孩子。在这些国家，具有血缘关系的几代人可能因为距离或是家庭关系紧张而分开。

越来越多的孩子可能会生活在同母异父的家庭，他们的父亲的形象多年来不停变换，以致他们通常会经历与继兄弟姐妹们的复杂竞争，以及与祖父母的复杂关系。

· 网络审查和儿童保护

许多孩子的父母都非常担心、焦虑如何保护孩子上网安全。他们经常彻夜难眠，担心孩子该接触什么，担心如果他们不允许孩子做这样那样的事情，自己的孩子会不会被嘲笑或欺负。他们知道，无论家庭规则是什么，他们的孩子都会通过学校里的朋友接触到各种令人不安的“成人化”信息。

家长们从调查中惊恐地得知，大多数 8~10 岁的男孩和女孩观看过非常露骨的性爱视频；30% 的青少年在智能手机上收到过色情图片或视频；大多数 14 岁的孩子认为，被迫向同学发送自己的私密照片（或色情短信）已经是很正常的事情。

在英国，20% 的 11~13 岁的女孩在上学之前就已经偷偷垫上胸罩了，因为她们觉得在这么大的年纪还胸部平坦很尴尬。这些只是青少年焦虑、自我怀疑和社会压力等更广泛问题的一个小方面，而这些都是过度灌输性文化的结果。

性诱导是另一个主要威胁，从与性侵犯者第一次网上接触到被非法侵犯的时间可能只需要 30 分钟，特别是如果施虐者冒充受害者认识的人，并说服他们发送自己的私密图片。2014~2018 年，英国网络涉童性侵案件增长了 700%[①]。

· 每个国家的青少年父母都很焦虑

在艾滋病慈善机构 ACET 工作期间，我在世界各地看到了许多同样焦虑的父母，从俄罗斯到哈萨克斯坦、泰国、印度、乌干达和爱尔兰等国家，有超过 500 万的高中生接受关于人际关系和性健康的课程，而对这些课程最关注的还是那些焦虑的父母。

中国、俄罗斯、马来西亚和泰国等国家的政府已经在全球清理网络的努力中发挥了带头作用，对可看或可读的内容采取更加强制性的措施。请记住，到 2025 年，世界上 85% 的人口将生活在这些国家。总的来说，这些国家在面对上述问题时比欧洲或美国更加传统，并且越来越不理解他们所认为的许多发达国家的“道德沦丧”。

预计到 2030 年，将有更多的政府实施网络过滤和其他措施，旨在规范“被污染”网站的访问，这将覆盖 70 多个国家

---

① 新冠肺炎疫情发生期间，全球网络性侵儿童案例激增，2019 年 6 月至 2020 年 6 月，澳大利亚联邦警察共接到超过 2.1 万起儿童性侵报案，比上一年增加 7000 多例。同时，起获的网络儿童淫秽内容数量增加了 136%。参见甄翔《新冠疫情封锁期间，全球网络性侵儿童案件激增》，《环球时报》2020 年 12 月 4 日——译者注。

和全球 75% 以上的人口，高于目前的 40%。尽管有 4 亿人在使用私人网络规避审查，但这些私人网络在许多国家都是非法的，或需要特殊的许可证。

· 对虐待儿童和年轻女性的愤怒与日俱增

英国和美国等发达国家近些年发生了针对一些名人的大规模抗议，这些名人在 20 世纪 70~80 年代滥用自己的地位，对青少年（主要是女孩和年轻女性）进行性虐待。

20 世纪 70~80 年代，许多英国女性认为，如果同事在电梯里捏自己的屁股，或者在办公室里试图把手伸进裙子里，这是正常的（但是很恶心）。今天，如果再次发生这些行为，结果可能会被监禁，即使这些行为是几十年前发生的，即使这名女性当时没有抱怨或者在接下来的 35~40 年中也没有说过什么。尽管一些国家对待性的态度过度开放，就像在广告、音乐视频、时尚、杂志和电视上看到的那样，但许多发达国家对此也变得越来越敏感和不可容忍，尤其是对儿童和年轻女性的性虐待行为。市场营销高管、设计师和电影制作人想要反映出这些深刻变化，但他们必须非常谨慎，必须意识到哪些内容不再合适，哪些可能会冒犯公众，甚至可能会触犯法律。例如，20 世纪 90 年代最具标志性的广告之一就是神奇胸罩（Wonderbra）的海报宣传活动，其口号是：你好，男孩！（Hello Boys!）。这些海报引人注目，以至于一些男性司机指责说他们因这些海报而造成了车祸。

2017 年开始的“我也是”运动（MeToo Movement）也是必然趋势。摆向性尊重和性约束的钟摆尚未开始，在某些社会某些领域还需至少 30 年。到 2060 年，随着所有社会规范，特别是关于人际关系的规范不断演变，2025 年被普遍接受的行为在世界不同地区将可能会被攻击为严重不当行为或犯罪行为。然而，在同一社区中的不同地方，由于宗教信仰和家庭教养的不同，人们的态度如何演变以及朝哪个方向发展都存在明显的差异。

所有这一切将使许多男性越来越不知该如何说话、如何行事，尤其是与不同种族或背景的男性或女性在一起的时候。赞美一位女性的容貌，为她开门，或者给她送花，会不会冒犯她？在夜总会牵一个女人的手会被误解为不受欢迎的挑逗行为吗？跳舞的时候把一只手臂搭在别人的腰上会有被逮捕的危险吗？如果一个成年人和一个稍微醉酒或者吸毒的人发生性关系，另一个人会被认为是自愿的吗？预计个人指南、网站、专栏、生活教练等将会大量涌现，帮助人们应对复杂的人际关系。

· 越来越多的职业性工作者和性奴隶

在许多国家，妓女仍呈增长态势，在这些国家，多达 10% 的男性曾为性行为付费，这扭曲了大量年轻女性正常的职业道路。仅在英国，就有 1/10 的女学生表示她们从事过卖淫、陪侍、脱衣舞女或跳大腿舞、拍摄演员或是做“糖爹”[①] 伴侣等工作，以赚取她们完成教育和个人消费的费用——这个数字是四年前的 2 倍。这种社会影响远比每周花几个小时在 Facebook 上或者玩电脑游戏要大得多。

在几乎每一个案例中，这些额外收入的来源都被当作一个“可耻的”秘密隐藏，不能让他们的父母、亲戚和最亲密的朋友知道。性产业将继续是年轻女学生的经济来源之一，有 1/5

① 给予恩惠或送贵重礼品以博取年轻女人欢心的老色迷——译者注。

的人考虑过这一选择。

在全球范围内，至少有4000万名妇女靠性交易赚钱，另有4000万~6000万名妇女为了生存，提供性伴侣服务以换取生活费用。

不幸的是，大约有1200万名妇女和200万名儿童被迫成为“奴隶”——以可怕的方式被贩卖、欺骗、陷害、勒索、袭击和虐待，这是世界上增长最为迅速的犯罪活动之一，影响着每一个国家或每一个大城市，无论是纽约、巴黎、伦敦、拉各斯、新加坡还是里约热内卢。政府必须努力应对这种可怕的局面，预计会出现许多新的规定和管制。关于如何拯救“性奴隶”的争论不绝于耳，一些政治家会争辩说，拯救性奴隶，为她们提供家庭、社会支持和其他工作，只会鼓励更多的女性接受帮派的危险性邀请，如果真的发生了不好的事情，希望她们也能得到拯救。

· 对法定年龄的再思考

在西班牙，法定年龄[①]是13岁，巴林岛是21岁，土耳其和印度是18岁，爱尔兰是17岁，英国是16岁，安哥拉是12岁。在一些国家，所有的婚外性行为都是非法的，例如在科威特，女孩的最小结婚年龄为15岁，男孩为17岁。

在芬兰、希腊、奥地利和马耳他等国家，同性婚姻的法定年龄要比异性婚姻高，这个问题可能会引发激烈的辩论。预计一些欧洲国家会协调降低同性法定结婚年龄。世界上有79个国家认为同性恋行为是非法的，此外还有一些国家正在考虑放宽法律限制。

---

① 指可以结婚或发生性行为而不触犯法律的最低年龄——译者注。

然而，未来任何关于法定年龄的辩论都将被一个论点所主导：如果我们进一步降低法定年龄，这将意味着更多的成年人逃脱法律制裁，因为他们不会因为训练或引诱年轻的女孩或男孩而违反任何法律。

· 浪漫的梦想依然强烈

对浪漫关系的憧憬非常强烈，200 多年来没有改变，未来也不会改变。原因之一是人类有形成亲密关系的遗传本能。

几乎所有的年轻人都希望有一天能找到一个满意的人，这个人能在各个方面满足自己的要求，和他在一起的每一天都是珍贵的。如果对浪漫的渴望始终不变甚至更加强烈，如果分手就是现实，那这意味着我们未来会有很多失望的人。还有很多人的自尊心会因为一段不愉快或破裂的关系而受到打击。

未来在许多国家，有关情感咨询、婚姻顾问、知心专栏、约会中介、浪漫城市之旅、情人节礼物、时尚睡衣、性治疗师以及各种其他产品和服务的市场将继续增长，以帮助夫妻更好地保持浪漫关系。

在线约会在许多国家将继续以每年 5% 或更快的速度增长，这已经是一个价值 30 亿美元的产业，主要服务于 25~34 岁的年轻人。1/5 的美国夫妇称他们是在网上认识，50% 的英国单身人士从未面对面邀请过任何人约会，46% 的人从未当面甩过任何人。

到 2030 年，超过 50% 的情侣将在网上开始他们的恋爱关系。研究表明，从网上开始的恋情持续的时间更长。这可能有很多原因，包括在关系开始阶段更好地分享兴趣等而不是直接开始一段关系。

在一些人口衰减很严重的国家，结婚或再婚行为可能会流行起来，哪怕是正赶上备孕或生产时期。

许多老年人，包括那些八九十岁的人，会以极大的精力和热情进入新的关系，尤其是在经历了重大的丧亲之痛后，在过去他们可能会单身或孤独到老。

· 网络色情增加了人们的担忧

《福布斯》杂志和英国广播公司（BBC）援引的研究显示，根据对全球百万最受欢迎网站的分析，4% 的网站和 13% 的网络搜索与色情相关。这些数字低于以往研究中经常引用的数字，如今越来越多的女性上网，而且电子商务意味着网络还有更多其他用途。

即使是最流行的色情视频网站的流量也只是 YouTube 的流量的一小部分。全球最繁忙的此类网站有 2.5% 的在线用户，每月约有 3200 万访问者。由于免费在线内容随处可见，色情产品的销售收入急剧下降。

只要有一台移动设备，人们可以每天 24 小时免费、即时地访问或观看各种与性有关的网页，这对许多青少年和成年男性来说是一种难以抵制的诱惑。目前还难以判断这将对成长中的新一代儿童产生怎样的长期影响，很多孩子在青春期之前和整个青春期都浏览过类似的网站。

研究表明，2% 的男性现在完全沉迷于网络色情，甚至到了扰乱和损害日常生活的地步，还有 30% 的人有不同程度的依赖，这可能会破坏他们的家庭关系。总的来说，这意味着 1/3 的男性会受到某种程度的影响。因此，网络色情成瘾是美国离婚文件中女性对丈夫最常见的抱怨之一，也就不足为奇了。

· 需要有更多的专业帮助

毫无疑问，广泛接触色情影片（通常是以完全不现实和有害的方式）改变了青少年和儿童以及一些男性（和女性）对性的看法，尤其是对年轻人而言，改变了他们对自己所处关系和能力的看法。

有一件事是肯定的：越来越多的男人将寻求专业的建议，因为他们对自己的性生活表现感到焦虑。与此同时，越来越多的女性也在寻求获得更大满足感或是给她们的伴侣带来快乐的途径。

大多数 50 岁以上的男性都会时不时出现一定程度的勃起功能障碍，到 2025 年，这部分男性将达到 3 亿人。还有 5% 的 40 岁男性和 20% 的 65 岁男性有严重的长期阳痿问题。

伟哥（Viagra）和西力士（Cialis）等药物的年销售额已超过 43 亿美元。预计未来将有更多的此类药物，作用更快、效果更持久、成本更低，其中许多药物可能在 10~15 年内在一些国家不需要处方就可以从药剂师那里买到。

· 忙碌的职场人士厌倦了性生活

尽管一些国家的人们沉迷于性行为，媒体也经常提及追求性享受更多的方法，但现实是，对于恋爱关系中忙碌的年轻职场人士来说，他们的爱情生活可能并不存在，这就极大地增加了他们在别处寻找刺激的诱惑。

这是一个很大的悖论，也是一个与媒体报道相去甚远的严峻现实。年轻人缺乏亲密感的一个常见原因是长期的疲劳和压力，对社交媒体的痴迷使这种情况更加严重。夫妻经常受到工作时间长、孩子年幼、夜间轮岗、经济困难、住房拥挤且缺乏隐私，以及长时间上网分心等因素的影响。

越来越多的男性和女性高管将面临一个选择：要么积极追求一份令人兴奋的事业，要么拥有一段令人满意的长期关系，有健康的孩子和幸福的爱情生活。

· 包办婚姻将会减少

有超过10亿人生活在由家庭为其选择伴侣的国家，在这些社会中，婚姻仍被视为一种高尚而独有的制度，不忠行为或婚前性行为将造成可怕的后果，尤其是对妇女而言。

在发达国家生活的传统家庭中，文化冲突将会更加频繁，孩子们会拒绝包办婚姻，或者在他们定居的国家，父母很难为子女找到合适的对象。

· 同性婚姻与家庭的多样化

在欧盟、北美大部分地区以及越来越多的其他国家，同性婚姻作为两个男人或两个女人之间长期承诺的方式将被广泛接受，这同样适用于对变性人身份和关系的态度。这些国家的居民往往会认为世界其他地方只是暂时落后，很快就会融入这种现代思想，然而有72个国家认为同性恋是一种犯罪行为，更不用说同性婚姻了，其中有些国家的法律对同性婚姻充满了敌对态度。

我们可能会看到发达国家和新兴经济体在这个问题上日益呈现两极分化，在马来西亚或尼日利亚等伊斯兰教或基督教国家对同性婚姻的反对最强烈。俄罗斯和白俄罗斯这样的国家在未来10年或20年里也将倾向于保持相当传统的观念。

许多发达国家存在同时拥有两个爸爸或两个妈妈的家庭——通过代孕或精子捐赠来生育他们的孩子。有的家庭有1个、2个、3个或4个不同血缘关系的孩子，有的孩子携带三个父母的基因，“家庭”的概念和内涵一定程度上正在被重新定义。然而，更多的研究表明，由自己的亲生父母照顾，在一个稳定和充满爱的环境中成长，孩子们才会面临最低的情感健康风险。

· 聚集在一起的大家庭

尽管有很多关于“社会原子化”（Atomisation of Society）的预言，但在法国、西班牙或英国等发达国家，大多数人仍然生活在距离父母一两个小时车程的地方，离他们出生的地方不远。

更重要的是，越来越多的年轻人在30岁之前都待在家里，或者在二十几岁的时候很长一段时间与父母中的一方或双方生活在一起。主要是经济原因，此外还有房价上涨、教育时间增加、失业率上升等原因。同样的情况也发生在祖父母身上，与10年前相比，他们更可能和自己的孩子生活在同一屋檐下，并且经常帮助照顾孙辈。如果他们自己的孩子是单亲父母，情况尤其如此。

· 为“宝贝们”提供的产品

对孩子越来越宠爱的部分原因是家庭中孩子越来越少。父母的全部希望和梦想往往集中在一个孩子的成长上。有关儿童发展的产品、服务、技术和教育工具都将快速增长。比如，如何鼓励孩子发挥天赋，如何从5岁开始培养一个音乐神童，如何帮助孩子在3岁时学会3种语言。

为了满足孕妇的希望并减轻她们的担忧，将涌现出各种新的行业，包括有助于孩子出生前发育的方法，促进胎儿大脑发育的高营养产品，对胎儿的音乐胎教等，以及给孩子一个完美的出生体验的方法。

环境因素的影响远比大多数人意识到的要大。例如，孩子所遗传的基因永久地受到母亲怀孕时的营养状况，以及孕妇自己的父母和祖父母生活环境的影响。因此，你未出生的孩子在子宫里的状态可能会以微妙的方式影响你曾孙辈的健康。但这样的观念只会增加准妈妈们的压力。

·照顾学龄儿童将变得更加复杂

当然，众多问题一起影响孩子们的心理和身体健康，在教师、州长、家长、律师和政府监督人员的参与下，学校也将越来越难以找到最合适的应对措施。

在英国的学校里，由于存在一系列极具破坏性、反社会或暴力的行为，难以融入正常课堂环境的孩子的比例不断飙升。统计数据显示，许多有类似行为的孩子在家里往往并不快乐，原因有很多，包括父母不在身边、父母生病或打架、继父母问题、与毒品或酒精有关的家庭问题、与混合家庭中其他孩子的冲突等。但有一点是明确的，至少在未来 20 年，性别认同问题将继续引发公众热议和轰动性的媒体报道，其中一些将关系到体育赛事的规则，通常情况下，男女运动员都必须遵守。

十六　吸毒和酗酒的变化

许多国家的年青一代在酒精和毒品上的花费比 10 年前要少，这些东西通常来自同一个群体中的其他人，这类消费往往被视作一种社会活动。

·酒精将成为一个日益严重的问题

酒精依赖是世界上最主要、最紧迫的挑战之一。在全球范围内，每年有 330 万人死于酒精，比艾滋病多 50%，而且酒精导致的青少年死亡人数是非法毒品的 3 倍。7.6% 的男性死亡和 4% 的女性死亡与酒精依赖有关[①]。世界上有一半的人根本不喝酒，但那些喝酒的人平均每年消耗 17 升纯酒精。欧洲的数据高于全球平均水平。

在美国，6% 的人口，也就是 1600 万人，饮酒量超过了身体的长期承受能力，10% 的健康问题都与饮酒有关。全美国大约 40% 的犯罪是在酒精的影响下发生的。在英国，900 万人是酗酒者，酗酒对英国经济造成的损失每年超过 210 亿英镑，每届政府都在为因放纵酗酒造成的健康问题买单。同时饮酒对工作效率和家庭幸福的影响也是巨大的。

因此，许多国家将会采取一系列全面的措施，包括普及健康风险的教育、严格控制向年轻人销售酒以及提高酒精税（减少饮酒的唯一且最有效的措施）。许多国家认为，酒精依赖是烟瘾之后迫切需要解决的社会弊病。

预计会有更多的投资用在研发中心和专家团队，以帮助人们戒除严重的饮酒习惯，也会有更多的药物研究，帮助人们减轻嗜酒的欲望，或者干扰酗酒者大脑里的“快乐源泉”。

· 烟草销售将转向最贫穷的国家

随着烟草公司将营销重心从发达经济体转向新兴经济体，烟草依然一个庞大的全球性产业。自 2001 年以来，尽管发达国家烟民数量大幅下降，但全球烟民人数仍略有上升。经过 50 年的健康运动、社会压力、税收、市场营销限制和公共场所禁止吸烟等措施，美国吸烟的人口比例已经从 43% 下降到 18%。但每年仍有 41.9 万美国人死于吸烟，医疗费用和生产力损失高

① 参见世界卫生组织《2014 年酒精与健康全球状况报告》——译者注。

达 1000 亿美元。

在未来 30 年里，中国政府可能也会强烈反对吸烟。中国每年的吸烟数量是 1.6 万亿支（烟民占总人口的 25%，超过 3 亿成年人），是世界上最大的香烟生产国和消费国。大多数中国烟民是男性，每年有超过 100 万男性死于吸烟相关的疾病，预计到 2030 年这一数字将上升到 200 万人[①]。另一方面，中国烟草业是国家收入的重要来源之一，总销售额超过 1000 亿美元[②]。

在未来 10 年或更长的时间里，全球电子烟和水烟的使用率将继续以每年 25% 的速度增长。截至 2016 年的 5 年间，抽水烟的人口数量从 700 万人增加到 4300 万人，市场规模达 170 亿美元，且几乎完全集中在日本、英国和美国。电子烟的吸引力在于减少危害，帮助人们减少尼古丁的摄入量，减少公众的烦恼，但长期的健康影响还不得而知[③]。

传统的吸烟常常是吸食大麻的“敲门砖”。因此，在吸烟已不流行的国家，大麻的使用正在下降也就不足为奇了。研究表明，吸食大麻不会使人上瘾，对生命的危害也比吸烟或酗酒

---

① 截至 2020 年，中国烟草保持了七个“世界第一”：烟叶种植面积第一，烟叶收购量第一，卷烟产量第一，卷烟消费量第一，吸烟人数第一，烟草利税第一，死于吸烟相关疾病人数第一。参见《2020 中国控烟观察——民间视角》——译者注。

② 2020 年，中国烟草行业实现工商税利总额 12803 亿元，同比增长 6.2%，上缴财政总额 12037 亿元，增长 2.3%，占当年中国税收收入（154310 亿元）的 8.3%。参见《2020 年烟草行业实现税利总额和财政总额创历史新高》，中国烟草官网，2021 年 2 月 1 日，http://www.tobacco.gov.cn/gjyc/hyyw/202102/d4fb7551baaf4e03976ca017e09d81cb.shtml——译者注。

③ 2019 年全球烟草市场规模达到 8654 亿美元，卷烟仍是占比最高的品类，约占 88.2%，预计到 2024 年全球烟草市场规模将增长至 1.2 万亿美元。2018 年全球电子烟市场规模为 180 亿美元。2020 年中国电子烟市场规模增至 83.3 亿元，渗透率不足 1%。参见《2020 年新型烟草行业深度研究报告》，《国海证券》2020 年 2 月 22 日——译者注。

小。然而，大麻改变了人们重要的大脑回路，大量吸食大麻往往会摧毁人们的动力、愿望和成就感，如果吸食更强烈类型的大麻，对儿童和年轻人的影响尤甚。每天吸食含有高浓度 THC 大麻制品的人患精神病的风险要高出 5 倍。在英国，一项为期 6 年的研究表明，1/4 的有幻觉、妄想、偏执或精神分裂症等精神疾病的人，主要是吸食越来越普遍的超强效果的大麻品种导致的。

· 毒品经济将如何发展

全球非法毒品贸易每年交易额约为 5000 亿美元——目前已包括在欧盟国家官方公布的国内生产总值数据中。这些毒品中有 450 吨海洛因，主要来自阿富汗，这些海洛因（在警方查获后）供应给 1700 万吸毒者。另有 1700 万人对可卡因（Cocaine）或快克（或强效可卡因，Crack）成瘾，他们中 40% 的人生活在美国，25% 的人生活在欧洲。全球毒品经济将继续保持高利润，为范围更广的犯罪和恐怖主义提供资金。非法毒品交易还会继续破坏一些国家的稳定。

· 毒品管制的失败

自 20 世纪 70 年代以来，美国在打击拉丁美洲贩毒集团上花费了 1 万亿美元。2006 年，墨西哥向贩毒集团宣战。在 8 年的时间里，10 万墨西哥人死亡，2.7 万人失踪。在哥伦比亚，长达 20 年的镇压行动造成 1.5 万人丧生。然而，没有证据表明这些努力减少了美国的毒品消费。海洛因成瘾者的数量在 6 年内翻了一番，达到 68 万人。1980~2014 年，海洛因的实际价格下降了一半。

乌拉圭和玻利维亚已经放开了与非法毒品有关的法律，其他拉丁美洲国家可能会在未来20年重新审视自己的法律。加拿大在2018年投票通过了娱乐用大麻合法化，进而开辟了庞大的新业务。

在美国，62%的选民支持大麻合法化，高于2015年的53%，有几个州已经采取了这一措施。其逻辑是，随着20世纪30年代禁酒令的失败，有关毒品的政策也注定失败，只会助长犯罪行为。美国各地对大麻的逐步合法化将得到密切关注。预计许多其他发达国家也会朝着同样的方向迈出一小步，而在一些新兴经济体，贩毒仍将被处以死刑。与此同时，荷兰则着手采取措施收紧毒品法律，在过去的一代人中，荷兰对使用毒品的态度是欧洲最为自由的。

更多保留大麻禁令的国家将开始允许零售含有CBD的产品，CBD提取自大麻，但它对心理的影响非常小，此类产品主要面向有健康问题的人，如儿童患有严重失控的癫痫、癌症疼痛或关节炎。

· 吸食毒品的人数在下降

在过去的10年里，许多国家吸食海洛因、可卡因、快克和大麻的人数有所下降，尽管阿富汗出售大量廉价的海洛因。例如，在英国，2001~2017年，吸食大麻的人数占总人口的比例从11%下降到7.2%，迷幻药也变得不那么受欢迎。截至2017年的10年间，16~59岁的人中使用过非法毒品的比例从10.1%下降到8.5%。截至2011年的6年里，海洛因和快克的使用量从33.2万人下降到29.8万人，酒精消费量也大幅下降，尤其是在年轻人中。

然而，由化学家发明的“特制药物”的消费量会大幅增长，其中摇头丸是最著名的一种。每个实验者每年都可以制造出几种新的药物，这些药物以前在国家实验室都没有见过，也没有被归类到“旧”药物法。大多数服用者也是偶尔服用，但也有许多未知的风险。各国政府正在努力应对这一趋势。

十七　未来的犯罪

在过去 40 年里，几乎所有发达国家的犯罪率都在持续下降。例如，在英国的许多地区，各类犯罪活动的犯罪率都下降了一半，只有伦敦的持刀和枪支犯罪例外，因为与黑帮有关。过去，犯罪率往往会随着失业率的变化而变化，但现在这种关系似乎被打破了。未来的犯罪会发生什么变化？女性犯罪是否会越来越多？

· 为什么许多国家的犯罪记录在下降？

总的来说，整个社会正变得更加有爱和感性，这是经过几百年发展的历史趋势，史蒂芬 · 平克（Steven Pinker）在《我们大自然的美好天使》（The Better Angels of Our Nature）一书中对此做了很好的描述。下面是一些例证。

作为男性女性化和女性文化的一部分，人们更加尊重女性；人权得到广泛支持；父亲被期望更多地参与照顾孩子；大多数城市居民在观看宰杀一只鸡时都会感到不适；对动物的残忍行为让许多人非常愤怒。

今天在发达国家，斩首、烧死人、公开酷刑和缓慢处死政敌等残忍和有辱人格的惩罚几乎不存在了。

毒品成瘾率下降意味着犯罪率的下降。一个海洛因或可卡因成瘾者每天可能需要数百美元来购买毒品，为了生存每天可能要犯好几次罪行。在一些社区，一小群瘾君子可能是大多数盗窃案的罪魁祸首。

社会更安全了。偷车在过去很常见，但现在几乎看不到了。取款机得到更好的保护，防盗警报器更可靠，可能直接连接到了警察局。门窗的锁更加坚固耐用。

犯罪正在向网络转移。电子商务和网上银行已经使超过 10 亿人成为诈骗、欺诈和其他活动的目标。每一笔生意都成了网络盗窃的目标。犯罪后被抓的风险很低，跨国起诉也非常困难。这些罪行在官方统计数字中往往没有给出真实的报告。

预计在未来 200 年里，人类社会将进一步朝着暴力和侵略性较低的方向发展，其间将不时出现令人震惊的暴行和无政府状态，主要是集中在战争、国内冲突或恐怖袭击中。

预期会有更好的方式控制网络诈骗。预计传统犯罪类型的下降将趋于稳定。到 2020 年，在网上被窃取的财富将超过所有其他类型的小规模犯罪活动。

尽管许多国家的犯罪率有所下降，但由于贫富差距的不断扩大，预计为富人提供的私人安全服务将会快速增长。在美国，私人安保开支已经是警察开支的 3 倍。像俄罗斯和南非这样的国家，私人保安的人数是公共警察的 10 倍。

*

综上所述，我们已经看到群体是如何成为地球上最强大的力量的：它是团队、品牌、客户群体、国家和家庭的基础。在关于未来的立方体的 6 个面中，与群体化保持平衡的一面是全球化，体现在制造业、零售业、旅游业和银行业。这两个面是相对的。那么，让未来更具全球化的推动力是什么呢？

第四篇　全球化（Universal）

未来立方体的第四个面是全球化，是与群体化相对的一面。全球化意味着随时可以听到有人讲英语，随处可见麦当劳。群体化和全球化相互依赖、相互作用。

尽管出现了一些民族主义言论和新的贸易壁垒，全球化仍是不可阻挡的力量，这是资本、技术、商品、服务和信息跨国界自由流动的结果，也是汽车和航空、操作系统、零售或网络服务器等许多行业需要巨大市场规模的必然结果。在许多国家，全球化可以削减成本、增加竞争力和降低利润空间，也将对当地文化产生极大的冲击和影响。

一　区域贸易集团的未来

预计全球将有更多国家加入区域贸易集团，允许商品和服务的免税流动。尽管美国对这些协定的态度越来越消极，但是，仅在过去 10 年里，区域贸易协定的数量就从 100 个增加到 250 多个[①]。预计除了欧盟之外，《北美自由贸易协定》（NAFTA）、东盟（ASEAN）、俄罗斯牵头的区域贸易集团和南部非洲贸易区也将得到加强。但与此同时，许多国家也担心因此失去对本国经济的控制，而出现越来越多的失望情绪。随着区域贸易集团的不断扩张，各国之间的利率或税收差异将

① 根据 2021 年博鳌亚洲论坛旗舰报告《亚洲经济前景与一体化进程》，截至 2021 年 2 月，全球区域贸易协定总数达到 338 个，其中亚洲经济体与区域内外经济体生效的区域贸易协定共 186 个——译者注。

变得不可持续，资本流动势不可当。各国政府将被迫在协调法律、税收和福利的道路上做出更多努力。与全球投资界认为的合理做法不一致的国家将迅速失去外国的直接投资。

· 成本将趋同，权力将集中

在一个全球化的世界里，尽管有来自美国等发达国家的阻力和它们对设置贸易壁垒的呼声，但市场力量让商品价格在世界不同地区趋同，劳动力成本也是如此。在未来 20~40 年里，中国的工资将会上涨，而欧洲的工资则相对下降。预计反对自由贸易、支持贸易壁垒的有组织的劳工运动将越来越多。

养老基金和主权财富基金等全球性投资者将越来越多地参与大型企业的决策，聘用和解雇最资深的高管，行使对企业战略的否决权。机构交易已经占华尔街交易总量和价值的 90%。金融机构已经持有了美国股市的绝大部分股票。

二　大型公司的未来

我们的世界需要更多的规模经济来实现更高的效率，预计还会有更多的公司合并以及公司犯错或重新关注关键领域导致的公司拆分。

规模效应将降低选择的机会。这似乎令人惊讶，但即便 100 亿人的市场也不足以支撑两家以上的大型航空公司制造商。手机操作系统及其应用程序开发商也是如此，全球市场能够容纳和支撑两家公司，但不能是 3 家。Android 和 iPhone 将延续到 2025 年以后，但正如我所预测的，所有其他的操作系统都已或多或少地被彻底淘汰。预计电信、国防、银行、汽车制造、制药、电影业、能源公司等行业也会出现类似的整合。

· 半垄断企业增加

非法卡特尔和半垄断企业的数量和实力都会增长。比如，航空公司操纵了200亿美元的航空货运成本，这导致的罚款和赔偿金超过40亿美元；汽车零部件制造商确定了各种零部件的价格；巴西确定了铁路和地铁的合同固定价格；欧洲和美国的伦敦银行同业拆借利率定盘；苹果、谷歌和亚马逊的半垄断地位。

· 全球公民

将会有更多具有高度流动性的“国际人”，他们没有国家忠诚度或身份认同，也没有对任何地理区域的认可，但在每个城市都有朋友。这些工业化的技术“吉卜赛人”认为自己是“全球公民”（Global Citizens），他们将难以被征税，难以在人口普查中被统计，也难以管理。

三　全球制造业的未来

所有成功的制造商都将变得更加高效，大多数商品的实际价格将在未来30年内有所下降。通过下列方法来实现这一目标：提高自动化程度、扩大工厂规模、改进设计、使用更薄更强的材料（如碳纤维和复合材料等）、增加循环利用、提高能源效率、缩短供应链、降低库存水平，以及将工厂迁往劳动力成本较低或需求增长最快的地区等。

四　贸易、物流和供应链的未来

从伯明翰到南安普顿150公里的距离，用卡车运输集装箱的费用与从南安普顿海运 1 万公里到北京的费用相同。同样地，把西瓜从伊斯坦布尔运到那不勒斯的市场，要比把西瓜从意大利山区的村庄陆运到同一个市场便宜得多。

尽管能源成本上升，但货运成本的巨大差异将成为未来全球贸易的最大驱动因素之一。这是过去 30 年里全球贸易增速为全球生产增速 2 倍的主要原因。值得关注的是拉丁美洲和非洲的贸易增长——这两个地区都有巨大的沿海制造业潜力。未来 30 年，拥有集装箱港口的主要地区，其经济增长速度将比内陆城市、地区或国家平均快 40%。

预计到 2030 年，全球每年的贸易额将从 2019 年的 18 万亿美元增加到 28 万亿美元以上。全球贸易将继续以比全球经济平均快 25% ~35%的速度增长[①]。近 20 年来，由于相关企业抓住了机会使其效率更高，船运集装箱使用量的增长速度已是国际贸易增长速度的 2 倍。但现在集装箱革命已经完成，因此增长差异也将得到缓解。

· 区域贸易将增长，全球贸易将放缓

10 年前，许多全球制造商为了节省成本，纷纷将工厂迁往中国和亚洲其他地区，而银行则将呼叫中心和 IT 技术支持转移到了印度。亚洲的成本变得越来越高，长供应链很容易被打乱。文化差异、关税壁垒和汇率变化可能会带来麻烦，而且亚洲的本地需求也正在增长。

将有更多的区域性供应商集群，零部件交付、组装和销售在同一地区完成。这就是“南南贸易”显著增长的原因（例如，

---

① 根据世界贸易组织发布的《全球贸易数据与展望》数据，2018 年全球贸易总额约为 39.342 万亿美元，其中全球商品出口总额为 19.475 万亿美元，全球商品进口总额为 19.867 万亿美元——译者注。

印度到巴西、中国到马来西亚或南非到东京）。2000~2011 年，此类贸易占全球贸易的比重从 12% 增长到 24%，到 2030 年将超过 40%。亚洲贸易总量的一半是区域内贸易。

大量的离岸外包已经被制造业的近岸外包或“回流”所取代——“工作岗位回流”，就业机会也是围绕亚洲流动。因此，英特尔（Intel）在越南新建了一家价值 10 亿美元的芯片工厂，那里的劳动力成本是中国的一半。三星几乎将所有电子产品的制造业务从韩国转移到了许多成本更低的亚洲地区。

· 如何节省物流费用

欧盟公路上 30% 的卡车都是空的，每年“空载”超过 1.5 亿公里。每年有上万公里数被浪费在从不同生产商、工厂、仓库来回运送相同的终端产品、零部件或原材料上——相当于在高速公路上彼此擦肩而过。期待将会诞生新兴的网站来清理这样的资源浪费，使企业赢利。

我们还将看到更多的努力致力于加快航运发展。自动化起重机已经可以在 24 小时内卸下一艘巨型集装箱船，并重新装船，在码头边重新分类集装箱，就像邮局分类信件和包裹一样。对于航运发展而言，每一天的时间都很重要，延迟运输一周就意味着高达 25% 的贸易损失。由于缺乏基础设施、海关手续缓慢、填写表格以及可能存在的为了保持货物流通而被施加的贿赂压力，与低收入国家进行贸易的成本通常比中等收入国家高出 20%。

在许多国家，文书工作和海关延误仍占整个运输成本的 10% 以上。世界贸易组织和各国政府将通过提供安全的电子提单和其他货运记录，在每件货物上更普遍地使用电子标签等途径来努力解决这一问题。区块链和其他安全账本的试验使得航运更加有效和安全。许多新兴经济体还将投资集合铁路、公路和港口设施为一体的枢纽中心。过去 8 年，墨西哥为建这样的超级枢纽已花费了 2200 亿美元。

· 3D 打印——过度炒作但具有革命性

定制业务将不断增长——无论是个性化服装还是利用 3D 技术打印样板。但是，3D 打印已被过度炒作。到 2040 年，发达国家也只有不到 3% 的家庭能拥有 3D 打印机，而这样的设备拥有率对原有产品的销售几乎没有影响。3D 打印机在打印材料的种类和制造尺寸上都受到限制。下一代 3D 打印机将使用可以在微波炉或家用烤箱中“烧制”的原材料。也就是说，3D 打印已经是一项非常重要的技术，可以为汽车公司制作新的工程部件样板，或者为牙医制作假牙。空客使用 3D 打印可以减少 90% 的钛使用量来制造飞机门的新支架。

· 机器人掌控世界——前路漫漫

尽管所有人都在谈论机器人将接管大多数低端或低技能的工作，并导致数千万人失业，但工厂里机器人的使用量一直是缓慢增长——由 2000 年的 9.2 万台增加到 2017 年也就 38.7 万台，其中 1/3 的增加是在 2017 年[①]。如果与智能手机的增长速度相比，机器人的发展速度则像蜗牛一样缓慢。机器人将变得更加便宜，更加智能化。但到 2020 年，体积更小的型号仍需

---

① 机器人被划分为服务机器人、工业机器人和特种机器人等，2019 年全球机器人市场规模扩张至 294.1 亿美元，中国占 86.8 亿美元（保有量 78.34 万台），成为全球最大的机器人市场。全球新安装机器人近 2/3 来自亚洲国家，日本机器人保有量达到 35.49 万台，居世界第二位。韩国机器人保有量为 31.9 万台，日韩人口老龄化很大程度上刺激了对机器人的需求。美国机器人保有量为 29.96 万台。原文主要是指工业机器人。参见张鹏《全球化时代“机器人红利”呼之欲出》,《中国证券报》2021 年 5 月 15 日——译者注。

要超过 2 万美元。机器人的销量可能每年增长 10%~15%，大多数是用在汽车行业中，美国拥有大多数的这类机器人。

预计军用机器人将迅速增长——仅五角大楼就拥有数以万计的无人机，这增加了大量小型、半自主飞行的机器人被投放到主要战区上空的可能性。大规模生产的“自杀式无人机”将在市场上公开售卖，这种“自杀式无人机”能以将近 130 公里 / 小时的速度飞行，可以在 60 多公里以外的任何目标上引爆爆炸物。恐怖组织、叛乱分子以及传统军事力量都将使用这些武器[①]。

当然，家用机器人已经出现——比如扫地机器人——除了作为智能家庭一部分的加热器或冰箱等控制设备之外，消费者很难证明家用机器人的其他合理用途。机器人最大的个人用途将出现在汽车上——自动驾驶将会普及，唯一的问题是时间问题。

· 机器人是佣人还是朋友？

最荒谬的想法是，几十年后在大多数家庭里，你会发现一个会走路、会说话的电子机器人，它会微笑、讲笑话、会做各种家务，或帮助个人护理，并成为人们的亲密朋友。事实上，这类机器人还需要几十年的时间才能变得更便宜、更好、更容易被人们接受。

在富裕的男性消费群中，真人大小的复合型机器人作为性爱机器的销售量确实在增长。但事实上，真实的、心甘情愿的真人是“免费的”，而且更令人愉快。机器人将面临许多此类

---

① 2021 年 1 月，美国五角大楼公布了应对日益复杂的小型无人机威胁的战略，重点是在各军种之间建立共同的威胁图景、架构和协议，并加强美国本土的其他联邦机构之间以及与海外盟友和伙伴之间的协调。参见《五角大楼公布美军应对无人机威胁战略》，人民网，2021 年 1 月 11 日，http://usa.people.com.cn/n1/2021/0111/c241376-31995723.html——译者注。

角色的竞争。还会涉及伦理问题：如果一个正在恋爱的人却和机器人发生性关系，他们是不是不忠呢？

但是，我们将看到在设备方面的重大进步，它们能够“凭直觉”思考，能够从事物中推断出其意义。例如，Google 在“语义搜索”方面处于领先地位，它超越了以关键字来试图理解你实际想法的能力。

要想与机器人就更多的主题进行复杂的对话，我们还有很长的路要走。在这种对话中，你不知道是人类在回答还是一台机器在回答。预计到 2025 年，会有更多的实验和更现实的对话。

五　亚洲的未来——全球经济增长引擎

当历史学家在 500 年后回顾这段历史时，他们会把这段时期记录为建立在制造业和廉价劳动力基础上的“亚洲世纪”。

到 2050 年，由于低成本劳动力和新兴的中产阶层消费者的推动，中国和印度将以 1/3 的世界人口和持续的经济增长主导全球化的世界。未来 20 年，世界上有超过 85% 的科学、技术、工程和数学（STEM）新毕业生是来自中国或印度的大学，在软件开发、医学研究、商业研究和会计领域也将是如此。

按购买力平价（Purchasing Power Parity, PPP）计算，亚洲已经占世界 GDP 的 40% 以上。作为世界工厂，亚洲拥有复杂的区域供应链，生产了全球 76% 的钢铁，也排放了全球 44% 的污染物。然而，除了像丰田和三星这样的巨头，该地区真正的全球性参与者相对较少。预计这种情况将被迅速改变，尤其是在中国的电子商务、印度的大数据公司、韩国的生物技术等领域。

预计从2025年起，中国和印度将在越来越多的问题上联合行动，共同成为全球政治中日益强大的力量。印度的经济增长将被落后的基础设施所拖累，而中国将被人口老龄化所拖累。这两个国家都将开始面临缺少训练有素的管理人员、工程师、科学家和其他专业人员的状况。

六　中国从出口转向拥有所有权

预计到2040年，中国将主宰全球各类市场。如今，中国已经拥有约42万亿美元的世界最大银行资产，按购买力平价计算，中国是世界上最大的经济体。中国是全球最大的制造商、最大的出口国、增长最快的消费市场和数字创新、高铁、绿色科技领域的全球领导者，创造了全球40%的电子商务交易，申请的专利数量超过其他任何国家。中国是一个多民族国家，拥有庞大的中产阶层，是世界上劳动力受教育程度最高的国家之一。中国正在向“发达”国家迅速发展，对于许多全球化的公司，在中国开展制造业已经过时，因为工资成本越来越高。

这都将是中国经济转型的一部分，从出口拉动型的制造业经济，转向为中国消费者服务的更为平衡的经济。其直接结果是，全球以人民币计价的贸易将会增加。

预计未来15年，中国的消费支出将继续以平均每年7%的速度增长，在调整过程中偶尔会出现下滑。到2025年，中国的消费市场将是日本的3倍。

中国国家主席习近平提出了一些颇受欢迎的议程，如根除腐败、打破垄断、加快经济改革、促进社会平等，以及把中国发展成为世界上最强大国家的目标。他将强有力、高效地管理中国，制定宏大的总体规划，对中国的未来进行大胆、富有远见投资的同时，他还非常尊重中国传统文化。

预计还会有更多影响全球市场的大胆决策出台。中国领导层将尽其所能，在未来 20 年里保持每年 5%~6% 的经济增速，以满足人民的愿望，降低内部风险。

· 中国的劳动力

未来 25 年，将有 3 亿多中国人从贫困地区迁往城市，寻求更好的生活，他们可以提供额外的劳动力来补偿老龄化造成的劳动力缺口。另外，6 亿中产阶层也盼望拥有更好的生活方式、更多的个人自由，对所在地区的社会治理、污染、腐败以及家庭规模或子女未来福祉具有越来越强烈的个人观点。例如，社交媒体上有关大米污染的报道引发了消费者的抵制，消费者大量购买欧洲奶粉和婴儿食品，这些都是未来发展中所要解决的问题。

由于独生子女政策，中国社会老龄化将持续发展。农村人口向城市的流动在一定程度上掩盖了年轻劳动力短缺的问题。中国面临的另一个挑战是，在过去的 30 年里，许多家庭选择生一个孩子，现在男女比例严重失衡——可能有 5000 万女性“缺口”。越来越多的中国男性会通过婚介机构或其他方式，寻找在国外出生的人作为终身伴侣。由于担心适龄劳动人口减少，中国将进一步放宽独生子女政策。人口出生率在几年内上升了 8%，但这还不足以满足中国所需的所有劳动力。

· 中国国内的区域化

中国不只一面，其文化、美食、时尚的地方差异巨大，大型企业在中国会实行多地分散管理，而不是只集中在一线大城市，未来会有更加本地化的产品开发和品牌营销。

· 可再生能源将改善中国环境

为了减少空气污染，抢占全球可再生能源市场，中国每年对可再生能源，特别是风能的投资是美国的 3 倍。预计中国将采取更深入的措施来减少水污染和食品污染。中国现在要求 1.5 万家企业实时公开其空气污染水平、用水量和重金属排放情况。

· 从出口导向型到国内市场主导型

随着中国制造业成本的持续上升，中国作为世界工厂的形象将会改变。中国的制造工作岗位将被转移到越南、柬埔寨和缅甸等国家，甚至是向欧洲、墨西哥和美国流动。中国未来的经济将更多地受到国内不断壮大的中产阶层的需要，以及对高铁、清洁能源和生物技术等新技术的投资的推动。随着中产阶层消费者的储蓄减少、资产缩水，未来 10 年，中国零售支出的增长可能会高于国内生产总值增速 3~5 个百分点。

· 中国将迅速买入世界资产

中国的四个主权财富基金总额超过 1 万亿美元，它们投资于其他国家的政府债务或全球公司的所有权。中国将继续在欧洲、美国、尼日利亚、刚果（金）、印度尼西亚和其他新兴市场买入资产——无论是土地、矿业权、公用事业、基础设施、工厂还是服务公司。未来 15 年，中国那些最大的企业将获得欧洲和美国主要竞争对手的多数股权。

在中国，房地产市场的繁荣和萧条都是可以预见的，由于贷款控制不力和坏账积累（尤其是国有部门的坏账），中国可能面临严重的银行业危机。这样一场危机的规模可能大到足以破坏全球市场的稳定，并拖累全球市场长达 10 年之久。

中国政府将继续采取大胆、有远见的行动，在全国范围内建立庞大的工业企业和令人惊叹的基础设施。未来 10 年，中国将继续把国内生产总值的 6%~8% 用于基础设施建设。

· 值得关注的中国企业

阿里巴巴——全球最大的电子商务平台，专注于企业对企业的销售。

联想——收购了 IBM 的计算机业务和服务器业务，现在是世界上最大的个人计算机制造商；收购了摩托罗拉的智能手机业务，也是仅次于苹果和三星的第三大智能手机制造商[①]。

华为——全球第二大电信设备公司，被禁止参与美国和澳大利亚的公共部门合同，原因是担心其设备可能被用于代表中国政府进行间谍活动。

小米——是中国的“苹果”，产品有智能手机和平板电脑，对三星构成威胁。

腾讯控股——其开发的即时通信软件拥有 6.5 亿用户，具有高度的创新性。

百度——中国的主要搜索引擎，拥有 66% 的市场份额。

2025 年，中国的经济规模将是印度的 3 倍，但从长远来看，印度将缩小这一差距。

七　印度的未来——全球服务的增长

按购买力平价计算，印度已经是位居世界第三的经济体，

---

① 根据市场研究公司 Counterpart Research 的报告，截至 2020 年底，小米公司为世界上第三大智能手机制造商，联想居世界第四位——译者注。

印度将与中国一道成为佼佼者。印度在国际贸易和服务提供方面具有关键优势，因为英语是印度的官方语言，此外还有乌尔都语和其他语言。

预计未来 10 年印度经济将平均增长 5%~7%。然而，如同中国对许多跨国公司的制造外包成本越来越高一样，印度在服务外包方面也变得越来越贵。在某些行业，高级管理人员的工资增长速度是欧美国家的 3~5 倍。和中国一样，印度的未来将取决于其国内市场的增长。印度仅一个邦就比很多国家都大，比如安得拉邦（Andhra Pradesh）人口超过 2 亿人，其中 7500 万人说泰卢固语（Telugu）。卫生部部长监管着超过 114 所医学院和药学院，而教育部长管理着 15 所大学、131 所工程学院和 600 所工业培训机构。

· 年轻、有抱负、受过良好教育的劳动力

印度 12 亿人口中有近一半不到 26 岁，这一因素在未来 30 年将推动印度的经济增长。印度超过 66% 的国家财富是由其 64.6 万个城镇创造的，未来 25 年，随着另外 3 亿农村人口的到来，这一数字将迅速增加。人口增长也是人均收入比中国低得多的原因，尽管国民经济增长了，财富增加了，却有更多的人要养活。

印度中央政府行使的国家权力远低于中国的中央政府权力，这意味着印度的能源、基础设施、工业园区等大型国家项目较少。但印度已经迅速做出了大量具有国际影响的改革决定，如实行经济非货币化以及实施生物识别技术。仅这一步就省去了 80% 的银行票据，迫使大规模普及在线支付。8.5 亿印度公民在政府记录系统上注册了生物特征数据，作为安全支付和获得全面金融服务的基础，即使那些不会读写的人也可以获得这些服务。除了中国，世界上没有哪个国家能够在如此短的时间内推动如此深刻的数字革命，这为印度 IT 行业提供了巨大的推动力。

最重要的是，印度拥有很多勤奋的、受过良好教育的、雄心勃勃的实业家，而且与国际联系紧密，有数亿散居海外的人，他们在世界各地发挥着非常有影响力的作用。尽管看起来忙碌混乱，但印度仍将是世界上商界领袖快速实现梦想的最佳地点之一。在签订合同不到 12 周的时间里，印度就能从一个没有任何设施的空壳中，交付一个配备训练有素的员工和 24 小时能与欧洲视频连通的完整的呼叫中心。

· 印度的宗教、种姓与腐败现象

印度是一个高度部落化和宗教化的社会，内部存在许多紧张关系，特别是在占人口多数的印度教、伊斯兰教和范围较小的基督教社群之间。可以预料，由于社交媒体对其他种姓、宗教或政客的指控，特别是在选举期间，会频繁爆发民族暴民动荡和处以私刑的情况。自印度独立以来，种姓歧视被认为是非法的，但许多社会的、工作场所的和宗教的障碍依然存在，3000 多年来，种姓制度一直是印度教的基本传统，姓氏通常表明了一个人属于哪个种姓。

尽管民众愤怒并呼吁改革，但腐败仍将阻碍印度的发展。这是制度性问题，而且涉及各个层面，有人估计，政客和政府官员每年可能受贿逾 30 亿美元。

· 印度的全球地位

预计印度的国家形象和军事力量将迅速增长。在世界各地工作的 2 亿多印度管理人员、行政人员、卫生专业人员、教师、讲师、律师和会计师也将加强印度的影响力和文化。在联合国安理会常任理事国、七国集团领导人峰会等会议上，印度仍然没有话语权，但这不会持续很久。到2030年，这种情况将会改变，印度将成为重组的联合国和其他机构的一部分，以符合亚洲崛起的现实。

八　未来美国实力下降

随着占全球人口85%的新兴市场的崛起，美国在全球的重要性和影响力将会下降。“让美国再次伟大起来”曾作为特朗普强有力的竞选口号，这与美国对被其他国家和其他威胁严重削弱的担心有关，也与对美国失去昔日高贵的巨人形象的担忧有关。

然而，在今后20~30年里，美国仍将是唯一的超级大国，直到2040年，许多美国跨国公司仍将主宰一些全球产业。虽然中国是全球制造业的天然基地，印度是许多全球服务业的天然基地，但在未来几十年美国仍是主要的公司“总部”所在地，全球500家最大的跨国公司中有128家的“总部”在美国，占全球贸易总额的70%。中国正在迅速赶上，目前拥有95家全球500强企业[①]。

与所有其他发达国家相比，在未来15年里，美国仍显得相当孤立且有强烈的民族主义情绪，将其公民团结在美国国旗和其他

① 2000~2020年，中国世界500强企业数量增长了11倍，并在2019年上榜企业首次超过美国。2020年世界500强企业中，中国有133家，美国有121家。中国世界500强企业分布在30个行业，且大多属于传统领域，新兴领域500强企业较少，企业营业收入8.74万亿美元，企业利润率为21%。美国世界500强企业分布在47个不同行业，尤其是在高端新兴领域均有企业上榜，美国世界500强企业营业收入和利润率分别为9.81万亿美元和42%。参见《财富》世界500强排行榜——译者注。

代表美国忠诚的象征周围。与此同时，美国是世界上全球化程度最高的国家，并将继续成为受过良好教育、具有高技能人才移民的首选目的地。中国、印度、巴西、印度尼西亚、马来西亚等国家的崛起，美国的未来将被重新定义。

随着更多的全球超级大国崛起，美国将需要超过一代人的时间来做出调整，努力成为一个更温和的世界形象。到 2025 年，大多数美国公民仍将没有护照。这意味着，大多数的新一代人不会知道其他国家人们的所思所感，由此丧失机会，变得更加孤立。

· 美国的石油与健康革命

由于页岩油开采的迅猛发展以及页岩气的繁荣，美国已经成为世界上第二大石油生产国和第一大天然气生产国[①]——这都是自“9 · 11”恐怖袭击以来国家安全目标的一部分，即在能源方面独立于伊拉克、伊朗、沙特阿拉伯或俄罗斯等国家。美国化石燃料繁荣对全球市场的影响将持续数十年，由于碳价格的下降，绿色科技的发展也已被损害。

尽管美国对免费医疗的概念非常不满，但它的医疗服务将逐步过渡到主要由国家资助。美国的人均健康支出比其他任何发达国家都多 30%——约为 7500 亿美元，其中高达 10% 是由于欺骗行为而损失的。

与欧洲相比，美国仍是一个崇尚枪支和暴力的社会。美国的每百万人谋杀率位居世界第三，仅次于洪都拉斯和委内瑞

---

① 2019 年，全球十大石油生产国为沙特阿拉伯、美国、俄罗斯、加拿大、中国、伊朗、伊拉克、阿联酋、巴西、科威特；全球十大天然气生产国为美国、俄罗斯、伊朗、卡塔尔、加拿大、中国、挪威、荷兰、沙特阿拉伯、阿尔及利亚。参见美国《石油情报周刊》——译者注。

拉。每年约1万人死于枪杀，使用枪支自杀的人数几乎是这个数字的2倍，而且大规模枪击事件频繁发生。美国的普通公民拥有超过3亿支非军用手枪、步枪、猎枪和机关枪，这比其全部成年人口数量还要多。

·种族和宗教对美国未来的影响

美国将继续受到种族平等和歧视等问题的深刻挑战，美国有4500万选民将西班牙语作为第一语言。

美国有超过1100万人是非法居民，他们在美国平均居住了13年。美国每年在拘留非法移民上的花费有20亿美元，超过了监狱部门的开支，而且美国在移民控制上的花费比所有联邦执法部门的花费都要多。预计美国最终将采取措施，正式承认移民中大部分人是美国社会的成员，同时加强美墨边境的管控。

尽管去教堂做礼拜的人越来越少，但美国仍深受宗教的影响。60%的美国人相信上帝会回应祈祷者来治愈他们，40%的人相信上帝在一万年前创造了人类，60%的人反对各种形式的堕胎。美国的教会规模要么扩大要么缩小，中等规模的教会将会减少，在政治上仍将以右翼和保守派为主。

九　零售业和电子商务的全球化

各个国家和地区的零售商正受到全球消费新趋势的冲击，每一种趋势都可能彻底改变他们目前的状况。事实上，本书中提到的每一种趋势都会在一定程度上影响零售业。电子商务就是其中之一，仅亚马逊一家就占了美国零售总额的5%。年销售额达5000亿美元的沃尔玛开始反击，其在线销售额一年内增长了 40%，有 1000 个提货点，所有 35 美元以上的订单都免费送货。

· 大型连锁店将主导零售增长

在许多欧盟国家，超过 70% 的零售被 4~5 家零售连锁店所垄断，而整个欧盟，50% 的食品销售是在 10 家连锁店完成的。在德国，37% 的食品零售业务是在 Lidl① 或 ALDI② 这样的廉价商店完成的。除非各国政府通过法律手段制止这些半垄断行为，否则在很多国家仍将看到这种由全球或地区零售商推动的不可阻挡的趋势。

调整的结果可能是全国食品和饮料市场将由为数不多的主要买家所主导，并由此决定牛奶、瓶装水或其他基本生活用品的全国价格。对当地农民来说，这将是一个非常艰难的时期。

全国性的价格战将变成区域性的价格战。大型区域连锁店将会把一些全国性食品行业逼到绝境，因为它们能够从其他国家进口大量成本更低（可能质量也更低）的替代品。

欧盟的连锁店销售额增长迅速——在过去的 14 年里增长了 25%，但是店面面积的增长速度往往是这个速度的 2 倍，所以经营效率下降了。在过去 10 年左右的时间里，欧盟食品销售总额出现了下降。当然，其中一个原因是越来越多的人更加频繁地外出就餐，而且这一趋势还将持续下去。

---

① Lidl 成立于 1930 年，被称为“穷人的超市”，近年来发展非常迅猛，与 ALDI 联合迫使世界零售巨头沃尔玛退出了德国市场——译者注。

② ALDI（阿尔迪）是德国一家以经营食品为主的连锁超市，前身是 1948 年阿尔布莱希特兄弟接管其母亲在德国埃森市郊矿区开办的食品零售店。1962 年进行了改组，第一家以阿尔迪命名的食品超市在多特蒙德诞生。阿尔迪取自 Albrecht 和 Discount 的前两个字母，意为由阿尔布莱希特家族经营的廉价折扣商店——译者注。

·零售向线上和社区延伸

在每种类型的零售领域，都可以看到更多的购物中心和其他新的销售点。商业零售空间将面临租金的压力，导致大量小型商店和一些大型卖场的消亡，这还没有考虑网上销售的增长。因此，在2019年，超过200家英国购物中心面临破产就不足为奇了，这样的趋势正在大部分发达国家中蔓延。

未来10年，西欧各地位于郊区的许多大型日用品店将面临关闭，因为中产阶层消费者不会每周去大型超市进行大采购，而是每周分几次在当地24小时营业的隶属于大型连锁店的商店购买食品。

·“及时”购买食物

在英国，大约四成的成年人在下午4点之前不知道他们晚上要吃什么。心血来潮、随便选一个，也是日常休闲活动的一部分。

每个社区都是不同的，最成功的连锁店会使用大数据来预测每个当地商店不同的产品组合，并据此进货，以获得最大的销售额。超过60%的交易通常来自居住在700米以内的人群。

·价格、质量还是品牌?

单靠价格竞争只是一场把赢利能力降到底的残酷战争。只有大型的、高效的零售商才能在这样的竞争中生存下来，许多零售商将在这场竞争中遭受巨额利润损失。除了规模，零售商在价格上唯一可靠的竞争方式是开个小店，这样管理费用低，比如当地市场的摊位，或街头摆摊，或使用类似eBay的虚拟货摊进行交易。

· 超市和食品零售的未来

大卖场、超市、便利店、街头商店、小众商店，在销售食品方面，都将面临相似的挑战。这里有七个关键要素，但想要在所有方面都获得高分，同时还能赢利几乎是不可能的。

√ 价格—速度—选择—质量—体验—灵感—信任

便利店会注重速度和体验，大卖场会提供更低的价格和更好的选择，高端的小众商店会追求质量、体验和灵感。销售日用品的中型店铺将进一步受到折扣店和高档商店的挤压。但必须重视诚信，没有诚信，食品店将什么都卖不出去，这就是为什么信誉在这个行业至关重要的原因。

√ 触觉—嗅觉—感觉

人们进行实体购物而不是网上购物的一个最重要原因是他们想要检查所买的东西。但许多超市仍将大部分水果和蔬菜用严密的塑料包装起来。预计会有更多的商店让自家烘焙店的香气从烘焙屋飘散到商店入口，或者与当地的奶酪制造商或葡萄酒专家一起举办品尝活动。

√ 改变顾客在商店中的行走路线

许多超市的布局设计是专门用来迷惑顾客的，顾客要花更长的时间走很长的路，而途中不断看到特别优惠的信息。也就是说，这种设计是为了鼓励冲动消费，但也让一些人感到沮丧而停下了脚步。客户会变得非常没有耐心，因为每一秒钟都很重要。超市可能认为它们获得了额外的销售额，但在未来，它们将发现这样的做法更有可能惹恼和疏远顾客，更多的人因此转向小商店。

√　智能购物，价格更有竞争力

大型商店将利用大数据，根据顾客喜好，创建一系列特价、优惠券、折扣信息，通过电子邮件或短信发送给顾客。欧洲和其他国家将有更多的零售连锁店在每张收据上打印价格比较，显示每位顾客在其他 3~4 个主要竞争对手那里的总账单金额。如果顾客花的钱比在其他地方花的钱多，商店就会打印一张与差额相等的代金券。

√　特色食品零售点

小型特色食品店回归（至少在高收入地区是这样），它们要满足的是那些希望从真正了解自己产品的零售商那里找到专业建议和灵感的顾客——比如优质咖啡、茶、葡萄酒和奶酪。许多各式各样的小众商店将会非常成功（不仅仅是在食品零售领域），它们以高价向极其挑剔的消费者群体提供特色产品。最好的商店是由一个与顾客拥有相似品味、兴趣和风格的零售商来经营。

√　街头市场

街头市场将继续受欢迎，可以提供热闹的、有活力的、有

“街头气氛”的本地特色产品，且品类繁多。大型连锁店将在其部分零售区开设市场摊位让顾客体验摊位购物的气氛，以应对传统零售日用品店面临的最大挑战——乏味。同样的产品，同样的外观和感觉，同样的体验。客户想要一致性，但他们也需要探索和趣味。

· 到 2025 年，全球电子商务规模将超过 5 万亿美元

与大型连锁店或廉价仓储相比，在线销售对传统零售业的威胁更大。到 2025 年，全球在线销售额将从 2018 年的逾 2.6 万亿美元飙升至逾 5 万亿美元，多数交易将在移动设备上进行。

除日用百货外，英国超过 30% 的购物是在网上完成，并以每年 10% 的速度增长，他们主要通过手机购买，这是美国人均销售额的 2 倍多。亚洲的电子商务正以每年 30% 的速度增长。这将是零售业几十年来最大的变化，也将给欧盟等成熟市场的实体店带来巨大压力。随着实体零售额的下降，商业税率的税收也将减少。

忘掉购物是线上还是线下模式吧——两者已经融合为了一体。在大多数国家，网上购物随时随地都可完成：在火车上、在公园里、看电影时，甚至在无聊的会议中都可以下单。

传统商店已经成为顾客进行网上购物前最常去的地方，也许是为了对比价格、多比较同类商品、听听客户评论，也可能从这个商店自己的网站下单。预计将出现新一轮“去中介化”浪潮，让人们能够通过直接交易的技术抹去所有中间层的业务。房地产中介或旅行社就是例子，那些能快速连通买家和卖家的网站已远远将传统模式抛在后面，最好的网站将会生存下来，但一定是那些通过提供专业知识和卓越产品的网站。

假冒和盗版商品已经构成一个价值 1.2 万亿美元的产业，

而且还会继续增长，因为电子商务持续快速增长，消费者在购买之前难以分辨真伪，也无法准确评估卖家的诚信，更不容易被警方追踪和起诉，尤其是跨境交易。

· 全球高端零售

未来 20 年，将有超过 5 亿的新兴中产阶层消费者，无论是奢侈品手袋、时尚配饰、香水、小玩意、珠宝、内衣、手表、跑车还是游艇，都将迎来一个高端商品零售业的繁荣。

未来 10 年，新兴市场的大多数中产阶层消费者将继续追捧欧美的顶级消费品牌。虽然印度、中国和拉丁美洲将会涌现出几个新的全球超级品牌，但在 2030 年之前多数品牌还难以吸引发达国家的顶级消费者。一些消费者会逐渐反感一些高端购物中心和机场零售区，因为这些地方充斥着千篇一律的国际品牌门店，消费者将转而青睐那些小众的高档品牌。

· 来自自家在线商店的威胁

大多数商店都普遍倾向于保证线上和线下价格相同，这将危及未来的增长。一些零售商将尝试建立一个全新的在线渠道，独立于自有品牌进行降价销售。其他商家则将直面风险，投入巨资支持网上打折。

谷歌、亚马逊和 eBay 等大型商家将通过显示实时的“最大”优惠，以便与客户最近浏览的网页保持一致，进而掀起销售热潮。许多购物者永远不会略过谷歌搜索的第一行显示。同样的情况也发生在旅游行业。

· 亚马逊、阿里巴巴等零售商的未来

继沃尔玛、家乐福和乐购之后，亚马逊已经成为全球第三

大零售商，年销售额达 2329 亿美元[①]。亚马逊的全球超级品牌声誉就是其核心资产，拥有一个简洁的网站，高效的仓储和配送，每年运送 10 亿件商品。

亚马逊最大的隐性资产是其能够为任何小型企业提供自己的电子商务页面，这些页面在几分钟内就能创建，提供即时支付、廉价仓储和快速配送业务。仅在美国，亚马逊就列出了超过 2.3 亿件商品，是沃尔玛的 30 倍。

目前已有 400 万家企业在亚马逊上销售产品。到 2022 年，这一数字可能会翻倍。大多数商家将通过亚马逊独家销售，尤其是在能让企业获得更多利润的平台上销售。现收现付的云存储也将提升亚马逊的营收，这部分的年销售额已经达到 250 亿美元。像 eBay 这样的网站将迎来新一代的年轻创业者，他们从初中开始就在网上买卖东西——无论是旧玩具、自行车和汽车，还是旧瓷器、露营设备或备用的太阳能电池板。

预计微型制造业也将迎来繁荣，数以万计的家庭创业者正在制造、营销和运输他们自己的产品，其中一些人使用最昂贵的 3D 打印机来完成订单。

· 为什么送货上门不适合未来

在英国，每年有超过 20 亿件的网上商品被送到各家各户，这非常耗时，因为当送货车到达时，很多顾客都不在家中。我们将在很多发达国家看到“点击——收货”式零售的繁荣。在

---

① 2020 年 3 月，德勤（Deloitte）根据 2018 财年（截至 2019 年 6 月 30 日的财政年度）全球各大零售商公布的数据，发布了《2020 全球零售力量》（Global Powers of Retailing 2020），显示全球零售 250 强 2018 财年共计创收 4.74 万亿美元，前 10 大零售商营收之和为 1.53 万亿美元，占全球总营收的 32.2%。250 家零售企业中，美国有 77 家，日本 29 家，德国 19 家，中国 14 家，英国 14 家，法国 12 家。参见《全球零售力量》——译者注。

网上订购并决定在哪里取货：譬如当地的汽修店或咖啡店。

"即时送达"正成为许多城市人的新常态，但是价格更高。这是一个比线上大型仓库更可持续的选择。顾客下了订单，然后被发送到最近的当地商店。工作人员立即叫了一辆出租车，把包裹准备好。无论顾客是在家里，还是在工作场所，还是在当地的健身房，出租车使用类似 Uber 这样的应用程序来引导工作人员找到客户。对于距离较远的农村地区购买的价值较高的产品，商用无人机将提供送货服务。

预计在线公司将对送货上门服务进行大规模整合，旨在提高最后一公里的效率，因为这方面的成本占很大一部分。产品退货也将变得更加便捷，很多顾客在线购买的衣服或鞋子的退货比例约为 50%。

十 新兴经济体的零售业

从乌干达到刚果，从印度到越南，我们将继续看到几乎相同的零售体验。尽管有上述所有趋势，但全球几乎所有商店的规模仍将维持在一个集装箱的大小，不会再大了。零售选址中最重要的规则是合作。无论是在大城市的贫民窟，还是在巴黎或纽约的街道上，都是如此。珠宝商扎堆开店，鱼贩扎堆售卖。这种同行扎堆、集中现象在未来 100 年依然主导着全球的实体零售。

· 购物中心将在所有新兴市场腾飞

尽管存在电子商务，但新兴市场仍将出现自上而下的大规模零售增长。大公司将进入一个全新的领域，在这个领域，从前的商店规模只是它的几分之一。第一家购物中心通常不那么正规，没有空调，入驻店铺很小。之后会出现高端购物中心，与欧洲、新加坡、北京和北美的购物中心一样。

·非正规零售商的繁荣

除了集装箱大小的商店、购物中心和开放市场之外，预计还会有很多非正规零售商兜售当地商品，比如水、肥皂、大米、面粉等，他们通常集中在市中心红绿灯处或人行道上，或推着自行车或小货车售卖货物。对于大城市里的每一家低成本产品制造商来说，这些非正规的零售对他们才至关重要。

制造商将把产品分装在小包装或小瓶子里，供那些低收入人群使用。到 2025 年，大街上将有数以百万计的儿童售卖货品——街头销售往往是他们唯一的生存手段。这将在来自千里之外富裕国家的游客中引起道德上的愤怒，他们认为所有的童工都应该被禁止。

·拉丁美洲在线零售将迅速发展

拉丁美洲正在经历一场网络革命，销售额超过 800 亿美元，其中墨西哥 260 亿美元，每年增长 40%，巴西 230 亿美元。在墨西哥，58% 的成年人可以上网，巴西为 46%，阿根廷为 67%，智利为 59%，秘鲁为 34%。该地区的大多数消费者不愿在网上购物，因为他们不信任支付系统，但这种情况将很快改变。大多数在线销售仍是在传统零售商的网站上进行的，但来自纯在线零售商的巨大威胁也将显现。

在拉丁美洲很少有人拥有信用卡或储蓄卡，因此新的支付方式将会兴起。例如，在墨西哥，PayPal 已经被用于大多数在线交易。在拉丁美洲，有 1 亿人将从未曾拥有银行账户或银行卡而直接进入用 PayPal 或移动支付的世界。

十一　金融服务、银行和保险的未来

全球金融危机后，许多人预测银行业将会沉寂，但我们的世界需要银行，正如需要医院和学校一样。银行是每个文明社会的基础。

· 信任是银行的根本

没有信任就没有银行。可以说，信任是银行真正需要出售的东西。许多银行面临的根本问题是，在接连不断的丑闻之后，如何重建信任。这将需要一场文化和日常行为的革命，我们将在第 6 篇更详细地讨论这一点。

银行及其股东受到了社会的惩罚、嘲笑和指责，银行所有者损失了大量资金。但银行股票的主要份额是养老基金，因此最终的影响将会波及每个人。预计更多的全球监管将迫使银行持有更多资本，同时降低风险水平。但如果监管过于严厉，投资回报过低，就没有人会向银行投资，银行将会缺乏优秀的管理者，银行工作的吸引力也会降低，同时银行陈旧的系统往往很容易遭到黑客攻击，提供的服务等级也很落后。

· 第三代千年银行业的崛起

投资银行的风险已经从零售银行和企业银行中分离出来，也将会有更多的法规出台。但到 2025 年，有望看到一些监管逐步放松。新型的银行服务也将不断发展，通过提供巧妙的解决方案，以更好的风险管理实现更大的投资回报。

许多人预测，伦敦金融城作为全球主要金融中心之一的地位将逐渐衰落，但这有些言过其实。事实上，无论 2025 年后英国与欧盟之间的贸易关系最终如何，伦敦金融城仍将是世界上最重要的金融社区之一，这里聚集着来自100多个国家最聪明、最有经验的金融专家。伦敦金融城仍将是英国国内生产总值的最大创造者之一。

零售银行业务将变得更具流动性，自动化程度更高，而且竞争性更强。银行将提供电信业务，电信公司也将搭载银行业务，银行还要面对一些已经在欧洲和其他地方申请了银行牌照的新的非银行竞争对手。

· 同业拆借革命

预计P2P借贷、社交借贷或众筹网站将快速发展。成本较低是因为贷款者和借款者之间的在线联系更加直接，没有中间环节收取高额费用，也没有银行参与其中。一个巨大的优势是，众多小型借贷机构可以联合起来，在单笔贷款交易中分担风险。

2015~2018年，中国小型贷款机构经历了一次大规模繁荣，发放了高达2170亿美元的贷款，但一些投资者损失惨重，300家公司在新规出台后倒闭。巴西、印度、印度尼西亚和以色列通过了新的法律，以促进安全扩张。仅在英国，每年就有大约40亿美元的贷款通过此类平台发放，平均比银行利率至少节省1%。贷款对象主要是18~34岁的年轻人。P2P借贷只是快速增长的“影子银行”行业的一小部分，监管机构正在慢慢赶上。过去，这类贷款是个人对个人的，但现在对冲基金和其他金融机构正在涌入并提供贷款资金。

与这一趋势相联系的是众筹投资，未来将蓬勃发展，大量小投资者聚集在一起，支持一位创业者。自2009年以来，仅众筹平台Kickstarter就为产品创造者筹集了超过40亿美元的资金。

· 小额贷款和储蓄机构的繁荣

银行业最根本、最激动人心的创新之一是小额贷款。在印度和乌干达的不同地区，小额贷款对穷人的影响巨大。目前，全世界有超过 1 万个微型金融机构，每年增长 15%~20%，估计为 2 亿人服务，其中 2500 万人在印度，贷款或储蓄总额超过 500 亿美元。仅在印度，就有超过 1.9 亿人无法获得银行服务。而从全球来看，这一数字超过了 17 亿人。一般来说，超过 97% 的小额贷款加上利息都能被按时偿还。这些贷款大多用来开办小企业。

小额贷款计划通常是有利可图的，受到许多政府的欢迎，它是进入传统银行业和小额保险产品的门户。数以百万计的储户已经经历了 2~3 个贷款周期，向传统银行证明了他们的信誉。这也是许多投资者进入这个市场的原因。

· 企业银行业务和私人银行业务的未来

高端企业银行业务仍将以人才为基础，包括财务管理、全球资金流动、并购咨询、多种货币和跨国交易。低端企业银行业务与零售业模式类似，借助广泛的基于网络的投资组合管理工具向移动业务转移。

私人银行业务过去主要是为年龄较大的客户（通常是女性客户）提供理财服务（因为女性寿命更长），私人银行家通常与这些客户有着长期的咨询关系。新的私人银行客户通常是更年轻、联系更紧密的全球公民，需要事无巨细地管理他们的事务，而且他们有复杂多变的业务需求，要求私人银行家能更快速地实现即时响应。

私人银行业务的一个快速增长领域将是慈善咨询。私人银行为他们的客户创造财富的速度比大多数人花钱的速度都要快，这就产生了一个问题，因为大多数客户担心会宠坏他们的子孙，而且他们自己也找不出足够多的新方法来使用这些钱。

未来 20 年，影响力投资和社会企业将是私人银行[①]新投资中增长最快的领域。对于一个已经拥有 10 亿美元或更多资产的人，将资金投资于那些不可持续的商业项目，将被后代认为是一种不负责任的行为。

· 现金无可替代

尽管银行家和“数字大师”都曾预言无现金社会的到来，但现金在世界许多地方仍大受欢迎。许多人喜欢现金，因为其不具名、方便、快捷，而且它是税务机关看不见的。尽管零售商和银行的处理成本巨大，但在 2025 年前，欧盟的现金使用将继续增长。

根据不同国家的情况，欧盟所有收入中有 10%~20% 是未被计税的。在所谓的“影子经济”中，与来自非法毒品和卖淫的收入会被计入年度收入一样，这种非正式的现金交易现在也反映在对每个国家经济规模的官方估计中。仅就英国经济而言，非法毒品和卖淫收入的价值每年至少为 45 亿英镑，而“影子经济”的总价值超过 1500 亿英镑。欧盟“影子经济”规模最大的国家包括比利时、西班牙、意大利和希腊。雇主和工人的税负越高，避税行为就越普遍。如果算上 85% 的免税工人，印度的未计税收入比例至少是 20%。中国的这一比例可能在

---

① 2007 年，由洛克菲勒基金会最早提出，倡导资本通过有经济效益的投资来做公益，强调义利并举、公益与商业相融合的投资，在追求一定经济回报的同时，将社会和环境影响力纳入量化指标、参见《影响力投资：增势能否增容》，《公益时报》2019 年 2 月 19 日——译者注。

10% 左右。

预计虚拟现金将快速增长。比特币等虚拟货币具有不可追踪、匿名等特点，价值能量大，可通过互联网进行交易。多数政府不喜欢虚拟现金，因为它支撑着黑暗的网络，被用来交易毒品、购买武器、支付赎金、雇用刺客或资助恐怖分子。中国和韩国已经禁止或严格监管比特币，预计其他国家也会效仿，但其他国家可能寻求监管或对其征税，这将很困难。然而，每个政府都将不得不接受加密货币、区块链及其相关技术。

瑞典在无现金支付方面领先于世界，但中国的无现金支付增长最快。印度在一天内废除了 80% 的纸币。随着基于生物识别身份服务的大规模发展，一个真正无现金的社会将会到来。印度已经拥有世界上最大的生物特征数据库，但最大的问题是如何利用这个数据库给普通人的生活带来积极的改变。

· 加密货币的兴衰——比特币和区块链的现实检验

当一项新技术出现时，它往往会吸引两类人的投资：一类是与创新者关系密切的技术人员，他们真正了解这项技术的用途、运作方式和全球潜力；另一类是被炒作所吸引的公众人士。经验表明，后者通常是最严重的受害者。

比特币的关键在于，每个比特币都是以完全安全和匿名的方式在网上注册给其所有者。所有权可以在线转移给任何其他匿名所有者，而且每次转移都以（可能）不可能篡改的方式加以记录。因此，比特币交易是传统货币的一种激进替代品：无法追踪、无法控制、无法征税——因此对罪犯或逃税者具有巨大吸引力。

比特币价格在一年内从 800 美元左右上涨至 1.5 万美元，在接下来的一年又从 1.5 万美元左右下跌至 2700 美元。地球上真正了解比特币技术的人寥寥无几，能够从欺诈者和傻瓜那里真正获得比特币的人更是寥寥无几。很多人只是自己投资购买比特币，以数字轮盘赌的形式赢得或是输掉巨额资金。一笔比特币交易的用电量相当于一个家庭一周的用电量。

以下是一些有关比特币的事实，它们将限制比特币的未来发展。

√ 比特币没有实际价值——人们愿意支付的价格是基于人们认为其未来可能的价值

√ 比特币是通过解决一个复杂的数字难题而被制造出来的，创建比特币需要庞大的计算量

√ 生产一个比特币需要9400千瓦时的能源

√ 上一年用在比特币“挖矿”的电量比20亿最贫困人口使用的电量还多，其中有10亿人没有接通国家电网

√ 电力消耗已经相当于英国全部能源输出的25%

√ 相当于全美430万户家庭的总用电量

√ 相当于2400万吨二氧化碳或120万架次跨大西洋航班

√ 一笔比特币交易所消耗的能量相当于一个家庭一周的用电量——不能把比特币作为全球日常货币使用

√ 数百万台电脑被比特币矿工劫持，以免费创造更多的比特币，这降低了处理器的运行速度，增加了额外的电费

√ 比特币的数量是固定的，当每一个剩余的比特币被发现时，谜题的复杂性就会增大

√ 比特币数量有限，未来可能有无限的使用方式，这将导致狂热的投机投资，进而导致灾难性的损失

√ 从理论上讲，比特币交易会永远记录在区块链寄存

器上，但比特币交易所已经遭到黑客攻击，造成数亿美元的损失

令人惊讶的是，世界上如此之多的能源被浪费在制造数字代币的实验上，而世界上没有人知道它的真正价值。更重要的是，这种代币如今主要被犯罪分子用来支付毒品、武器、暗杀，或者被普通人用来支付绑架或勒索时的赎金。考虑到我们所面临的全球性挑战及其紧迫性，考虑到有10亿人还在挨饿或缺乏干净的饮用水，即使人们能够负担得起开采比特币的费用，但也不能成为其产生二氧化碳的合法理由。

因此，既然世界上有很多支付方式，而比特币几乎是最昂贵、最浪费、最低效的，而且它还没有真正的资产，价格波动非常之大，我们为什么要试图在它的基础上建立一个全球支付系统呢？

那么区块链呢？它被广泛赞誉为可以解决各种安全记录系统问题——无论是大型银行支付、物流和供应链，还是记录房地产交易等。区块链只是一个超级账本，最初设计是用于支持比特币和其他货币。如果你不能安全地记录哪些硬币已经转移了所有权，那么安全货币的意义何在？问题是，区块链也有类似的巨大能源消耗问题，而且在未来几年里，情况很可能依然如此。

· 中国和印度将主导电子支付

与比特币相比，传统的电子支付几乎是免费的，可以迅速完成，容易建立、追踪和审计，征税也相对容易。全球电子商务交易额将以每年13%~20%的速度增长，到2023年将超过6万亿美元。在阿里巴巴、京东、支付宝和微信支付的

推动下，中国的电子商务市场规模已经超过 1 万亿美元，是第二大市场——北美市场的 2 倍多[①]。

如今，1/3 的电子商务支付都是通过智能手机进行的，到 2025 年，这一比例将至少提高到 70%。在英国和越南等许多国家，大多数电子商务交易都已经在移动设备上进行。

目前，多数移动设备上的小额零售支付都不是在欧洲或美国，而是在非洲。几年来，非洲的大部分移动支付都在肯尼亚，肯尼亚每年仅用 M-Pesa[②] 完成的交易就占其国内生产总值的 1/3 以上。非洲大约 25% 的人口已经拥有某种移动货币账户，而拉丁美洲只有 2%。非洲已经重新定义了零售支付，亚洲将是下一个。以新加坡电信有限公司（SingTel）为例，该公司及其合作商共拥有约 4.3 亿张注册的 SIM 卡，其中可能有 1.5 亿人没有银行账户，无法获得金融服务。在未来 5 年内，这些人中有一半会完成他们的第一次手机银行交易。

· 银行提供免费智能手机

正如我们在第 1 篇看到的，提供免费智能手机、平板电脑、网络数据、视频通话等服务的成本正在迅速下降，甚至接近于零。生物识别技术的成本也在下降，很快就不可能买到没有指纹识别的智能手机了。

---

① 根据中国互联网信息中心《第 47 次中国互联网发展统计报告》数据，到 2020 年，中国网民规模已达到 9.89 亿人，占全球网民的 1/5，互联网普及率达到 70.4%，预计到 2022 年中国电子商务市场规模将达到 1.8 万亿美元。参见《中国互联网络发展状况统计报告》，互联网信息中心，2021 年 2 月 3 日，http://www.gov.cn/xinwen/2021-02/03/content_5584518.htm——译者注。

② M-Pesa 是非洲最成功的移动货币服务。它为数百万拥有手机但没有或只能有限使用银行账户的人提供金融服务。M-Pesa 为人们提供了一种安全、可靠和负担得起的方式来发送和接收资金、充值播出时间、支付账单、领取工资、获得短期贷款等——译者注。

与此同时，通过移动支付产生的收入也在快速增长。因此，许多支付公司将提供免费的智能手机、视频通话、语音通话、移动电脑、宽带，甚至可能是免费的电影，条件是客户只能用他们的智能手机支付。这意味着传统电话合同的终结，以及传统零售银行业务的终结。对于每一家大型银行或电信公司来说，最重要和紧迫的问题是：谁将“拥有”这些客户关系？

关于移动客户最需了解的就是他们的位置，但银行不能获得客户位置。信用卡和活期账户数据只能反映客户过去的情况。电话公司可以预测未来：它们处理每一个网页、每一个搜索词、每一条短信，知道哪些应用程序被下载，给谁打电话，什么时候打。这就是为什么银行将被迫与电信公司合作，在 GDPR[①] 等隐私规定的限制下提供下一代金融服务的原因。

· 新全球标准争夺战

在一个全球化的世界里，规模就是一切，所以在全球支付中很少会有赢家。美国高通公司多年来一直主导着 2G、3G 和 4G 手机技术，其高达 70% 的成本都是为了捍卫自己的专利。同样地，有两到三个真正全球化的移动支付系统就足够了。预计银行、电信公司和 IT 公司之间将产生激烈的竞争，无论总部位于中国、印度、欧洲还是美国，其好处是每家金融机构、零售商和电信公司在 20 年内支付的至少数百亿美元的特许权使用费。然而，一个关键的复杂因素在于，如果一家电信公司想开展银行的业务，那么它将在欧洲和美洲等地受到资本使用数量、储备金政策等各种限制。这意味着，移动支付领域最激进的创新很可能出现在新兴国家。

---

① 《通用数据保护条例》（General Data Protection Regulation，GDPR）为欧洲联盟的条例，前身是欧盟在 1995 年制定的《计算机数据保护法》——译者注。

· 为什么多数银行的规模太小

可以说银行在很大程度上就是IT公司，它们交易支付数据，拥有金融专家和顾问。银行易于出现IT故障或易被攻击而导致声誉和信任的损失：丢失机密数据，银行账户被入侵，包括“无服务”攻击在内的系统全面故障。IT的复杂性和脆弱性已经远远超出了IT预算。在许多银行中，IT部门大多数时间都在努力联通“旧版”系统。每一家合并后的银行都有自己的IT历史记录，都有来自其他遗留系统尚未解决的混乱情况。

· 没人能理解所有银行代码

在拥有超过20年历史的大型银行中，如今还没人能完全掌握所有IT系统以及它们之间的相互关系。在现在几乎没有人使用的语言中，可能在没有人知道的领域中存在着没人能理解的bug。系统之间的相互依赖性经常被忽略。通常需要长达7年的时间来清理银行合并带来的混乱，试图让两个旧系统协同工作，可能会导致系统瘫痪而不是更快地工作，而客户在持续快速变化中，把银行远远甩在了后面。

· 安全成本和合规成本正在飙升

更糟糕的是，网络安全成本飙升，银行有许多新的合规要求。大型银行受到攻击的次数是5年前的10倍。它们还要应对大量被网络钓鱼攻击或欺骗的客户，这些客户被钓鱼银行网页所欺骗。

随后出现了类似Salesforce[①]这样高度创新、以客户为中

① Salesforce是创建于1999年3月的一家客户关系管理（CRM）软件服务提供商，总部设于美国旧金山，可提供随需应用的客户关系管理平台。在2019年《财富》500强榜单中总排名240，在软件行业中位列第三，仅次于微软及甲骨文——译者注。

心的软件公司。该公司每年的开发预算为 83 亿美元，主要用于建立云呼叫中心，只需几天即可建成起来，通过使用它们的系统，银行可以在一夜之间改变客户体验。

因此，我们可以得出这样的结论：一家 IT 业务预算总额仅为每年 9 亿美元（其中 8.2 亿美元用于遗留系统和安全）的银行不太可能在下一代移动银行中生存下来。它们的 IT 创新预算太小，跟不上客户的期望。

· 零散银行业务需要合作来加速发展

但是，银行如何发展壮大？如何在 IT 创新中实现适当的规模经济，而不被更多遗留问题所淹没呢？许多银行将与金融科技公司或非竞争地区的其他银行结成伙伴关系，比如欧洲和亚洲的银行之间将会出现各种各样的联盟。

一些银行正在将其现有的 IT 系统转向零散业务，将客户转移到新的平台。在这些平台上，添加新产品就像安装一个应用程序那么简单，减少了复杂性，也减少了黑客可以利用的未知威胁。

· 影子银行的未来

世界需要高效的银行业，让资金在贷款人和借款人之间方便地流动。当监管收紧时，监管相对宽松的银行业务就会很快发展起来。影子银行的发展正是如此。

影子银行（指以新颖的方式向其他公司和非常富有的个人提供金融服务的松散的公司集合）引发了上一次金融危机，而且很可能还会引发另一场金融危机。影子银行业务包括在私人业务、对冲基金、私人股本基金、政府贷款经纪人、虚拟交易（人们在不拥有任何资产的情况下押注股票或货币的涨跌）中转售一揽子贷款或非常规类型的资产。

因为这些群体很难被追踪、识别和定义，所以很难对它们进行监管。新类型的金融产品可能在几天或几周内就会出现在网上，其产品内容非常复杂，几乎没有人能理解。与传统银行业相比，各国政府对监管影子银行的担忧较小，因为蒙受重大损失的更可能是几家大型投资者，而不是百万计的零散业务客户。

· 未来的养老金和基金管理

养老基金持有全球大部分股票和股份，持有超过 47 万亿美元的资产，其中大部分由基金经理通过全球股票交易所投资。未来 10 年内，基金管理可能会在某个时候引发一场新的不当销售危机，巨额罚金和诉讼可能会让一些全球最大的投资银行破产。预计全球基金管理和养老金行业将进行改革。

这是一个具有强大全球影响力的行业。仅黑岩集团[①]直接控制的资产就有 6.3 万亿美元，同时通过其阿拉丁人工智能交易平台监管着 20 万亿美元的资产，每天进行 25 万笔交易。全球超过 1.7 万名投资经理和交易员受到黑岩分析模型的影响，以指导他们的决策。此外，SimCorp 的 Dimension 平台运营着 20 万亿美元的资产。因此，这两个平台处理了全球总股本的 40% 左右。这些机器人系统中任何一个技术上的错误都可能引发市场其他大部分机构的大规模自动响应。

在一项对美国的由 1825 名基金经理监督的 2846 家共同基金进行的长达 12 年的调查显示，即使是那些长期留在这个行业（大概是业绩最好的）的经理，也没有能力在风险调整的基

① 贝莱德集团（BlackRock, Inc.）又称黑岩集团，是美国规模最大的上市投资管理集团。集团总部位于美国纽约，通过其遍布美国、欧洲与亚洲的办事处为客户提供服务——译者注。

础上战胜市场。所有这些基金经理在大多数情况下使用相同的信息来源，并且倾向于关注最大的股票，因此他们很难超越彼此（除非他们违反法律进行内幕交易）。

· 基金经理讨厌投资自己管理的活跃基金

在基金经理中，只有少数人会把自己管理的活跃基金推荐给朋友和家人，因为他们非常清楚，与高效、低成本的电脑追踪器相比，这些基金通常会毁掉财富。这是一个重大的道德问题，很可能会使整个行业的诚信受到质疑。如果一个基金经理意识到他们自己的活跃基金可能比同等追踪基金的平均收益要低，那么将其卖给投资者将被视为不道德行为。

尽管考虑到所有这些，令人震惊的是全球基金价值的 89% 仍然由基金经理控制：太多的基金，太多的基金经理，重复的研究和决策。未来 10 年，我们看到许多国家将出台更多立法，要求所有收费透明，设定基金管理费上限，并增加合规成本，提高行业门槛和标准。

基金经理的总数将迅速减少，但他们各自管理的基金价值将会增长。只有表现最好的基金才能生存下来，而大多数规模较小的基金将被迫合并。

· 新的投资模式

我们将看到更多的精品服务，允许小型散户投资者通过实时投资报告数据，以节税的方式在线管理自己的投资组合，实现全额养老金计划。这些服务的收费将会很低。

年轻的高净值客户对大型机构基金的投资将减少，将更多地使用自己的家庭理财办公室来管理他们的财富，但由自己做各种决定，尤其是在投资新技术、初创企业或社会型企业时。家庭理财办公室（由顾问和员工组成的小团队，为非常富有的个人的商业利益提供支持）现在控制着 4 万亿美元的资产，超过对冲基金，相当于全球股市的 6%。

养老基金可能会再次加大对对冲基金的投资，其复杂性也将带来新的风险。养老基金将聚焦更容易理解的对冲基金。如果我们在未来几年看到更多的对冲基金失败，那么可以预见公众将强烈反对对冲基金。

· 国家证券交易所的消亡

会有更多跨国界和跨地区的证券交易所合并，以降低技术成本、共享市场营销和增加流动性，还有更多的平台每天 24 小时交易。令人好奇的是，各大股市仍有固定的开盘、收盘时间，但上市公司在不同时区，完全是全球化的，而且交易员希望交易不受限制。

有时，华尔街高达 85% 的个人交易根本不是“真正的”交易决定，而是由机器人或人工智能交易机做出的，在 2 万家交易公司中仅有 2% 的公司拥有这类机器人、人工智能交易机。它们对各种数据自动做出反应，有时会得出奇怪的结果。在过去的几年中，有时高达 70%的美国交易都是由机器人进行的非常频繁的买卖行为，有时只持有股票几秒钟。美国股市中只有 30% 的资产被积极地管理着，而跟踪基金①和其他自动化平台的数量将急剧增长。

高频交易也推动了高达 30% 的欧盟贸易。新的交易之王是对这种算法进行微调的数学家。

---

① 追踪基金（Tracker Fund）一般指基金通过价值分析手段，科学地管理利率和信用风险，主动管理债券组合，追踪标的指数或复制某一基金的取得较为丰厚的收益——译者注。

速度就是一切（Speed will be Everything）。机器人将继续与机器人战斗，使交易比对方提前不到一毫秒执行，这将需要交易公司不断升级超高速电缆，以及许多其他技术。比如，一些公司使用微波传输订单的速度比其他仍在使用旧光纤电缆的交易商要快。

一些细微的攻击将更为常见。比如，根据虚假数据对某家公司进行批评的报告在社交媒体上被广泛传播，而传播者刚刚用巨额短期押注该公司股价会下跌。这种行为只不过是投资者的骗局，意在从真正的投资者处获利。发布者无须在Facebook、Twitter、LinkedIn或在线投资者论坛上说服任何人，他们所要做的就是引发机器人的过度反应。

预计一些国家的各种规定会降低高频交易的利润，也会降低其执行的难度。但这不会阻止活跃基金管理向被动基金管理的过渡，活跃基金管理的决策团队费用昂贵，而被动基金是自发调整以应对股票市场的波动。

· 指数博彩的增长

我们还将看到24小时指数博彩网站的迅速发展，在这些网站上，个人或公司不持有任何股票，他们只押注股价的变动。仅在英国就有100万人拥有指数博彩账户，这些账户通常用智能手机进行投注，所有“奖金”都可以得到全额税收减免。

数十亿美元的赌注已经押在股票、大宗商品、基金或货币的未来价格上。许多人将在这个全球赌场中赢得或失去巨额资金，因为收益和损失都是高度杠杆化的。如果不封顶，单笔10英镑的赌注就可能赢或输1000英镑。所有这些“衍生品”都会引起奇怪的价格波动，经常是剧烈的、令人迷惑且不稳定的波动。预计许多国家将对这一行业进行监管，制定新的规则来限制损失。

· 保险业的未来——大幅增长

保险与银行、医院和学校一样，都是社会稳定繁荣的基础。然而，有超过 30 亿人从未听说过保险，不知道它是如何运作的，也不知道如何买保险。

因此，预计新兴市场的基础保险业务将迅速增长，主要目标人群是新兴的中产阶层。在法律强制要求人们购买的保险类型（如汽车保险）之外，健康保险将成为领头羊。在退税的鼓励下，人寿保险或保健产品的销售将得到提升，尤其是带有储蓄功能的产品。许多没有银行账户的人将通过智能手机或小额贷款组织和储蓄协会购买首份保险。

· 欧盟零售保险以家庭和汽车为主

在欧盟，大部分保险销售仍以家庭或汽车为主，旅游和人寿保险紧随其后。预计来自所谓的信息集成网站的激烈竞争将会到来，这些网站显示多达 300 家不同公司针对相同风险的竞争报价。

在英国，85% 的网民都在使用各种价格比较网站，这些网站已经在英国等国家占据了超过 40% 的普通保险市场。即使不给客户提供最低价格，保险人员也能赢得保险销售，因为他们可以说服客户要相信“受欢迎”品牌的价值，那就是一旦客户陷入麻烦，保险公司将快速且小心地处理索赔，完成赔付。

· 价格比较意味着为忠诚度付出巨额罚款

信息集成网站将为营销人员提供一个非常精确的数学工具

来衡量品牌价值。如果一个不知名公司的最低报价是150美元，但是客户选择了公司列表中的第3个，一个报价为230美元的知名品牌，那么我们可以知道这个品牌对这个客户的“附加值”正好是80美元。

欧洲保险公司经常向新客户提供低价的保险，后续通过提高最忠诚客户的保险价格来赚取利润。可以预见，每年会有越来越多的客户因此而更换保险公司，来回应那些愿意以这种不可持续的低定价浪费钱的保险公司的行为，直到这种有缺陷的定价和承保模式被抛弃。

· 为什么许多保险公司会脱离银行

许多银行在10年前就开始尝试建立自己的保险公司，希望向现有客户“交叉销售”保险产品，但多数情况下结果令人失望。大多数保险公司仍会独立于银行，它们可以与银行合作或联合，但保持一定的距离。这种情况在未来更有可能发生，因为它们各自的监管要求不同且复杂。

由瑞士再保险（Swiss Re）和慕尼黑再保险（Munich Re）等大型公司提供支持的再保险将是所有大型保险公司未来的重要组成部分。这些公司存在不同趋势和诸多未知因素，比如它们如何相互影响，未来10年某一行业的业务中断怎么办，新奥尔良如果遭受一场飓风袭击该怎么办，俄罗斯入侵拉脱维亚怎么办。

十二　旅游和酒店业的未来

与制造业、零售业和银行业一样，旅游业将成为未来全球化的基本发展引擎。人类的基因决定了旅行的天性，并且有一种无法抗拒的探索欲望。因此，无论全球经济如何变化，或者这个世界发生了什么大事，我们都可以预见，随着财富的增加和交通成本的继续下降，每天出行的人数将显著增加。

旅游业最大的增长将来自亚洲内部，以及亚洲人到其他地区的旅游。我们将看到地区机场、高铁网络和新道路的数量和规模迅速增加。

· 铁路的未来——速度快、距离远、超级高铁

已有 24 个国家或地区建立了高速铁路，高速铁路的长度每 10 年翻一番。目前，所有速度超过 195 公里 / 小时的列车中有 98%在西欧或东亚（中国、法国、日本、德国、意大利、英国和西班牙合计占 90%），但高铁将更加普及。在不到 15 年的时间里，中国建成了逾 2.5 万公里的高速铁路，成为世界领先的国家，中国每年新建铁路 7000 公里，一半将是高速铁路[①]。其中大部分是进口技术，比如从西门子（Siemens）等公司进口的列车。然而下一波扩张几乎完全来自中国，中国的铁路专业技术将出口到全球。非洲的动荡、俄罗斯的经济、英国的计划限制、高铁网络在中国的逐步完成、拉丁美洲的经济不确定性以及美国偏爱飞机和汽车的文化，都将减缓高铁的投资。

随着自动化的“轻轨”、有轨电车或特殊混凝土轨道上公共汽车的出现，预计低技术含量、快速的城市交通将迎来繁荣，并将以相对低的成本迅速建成，沿着轨道在城市中蜿蜒而行。

---

① 根据《中国交通的可持续发展》白皮书，到 2020 年底，中国高铁营业里程达到 3.8 万公里。参见《加快向交通强国迈进——解读〈中国交通的可持续性发展〉白皮书》，国务院新闻办公室，2020 年 12 月 22 日，http://www.gov.cn/xinwen/2020-12/22/content_5572348.htm——译者注。

在大多数国家，铁路旅客数量的增长将远远快于运输能力的增长，因此火车将变得更长或者是双层、更拥挤，车次也更多。

预计将进行更多有关超级高铁旅行的试验——车厢在磁力作用下悬浮，沿着隧道或管道行驶，通过从隧道或管道中抽取空气以减少摩擦力。然而，这些项目大多不会赚钱，只有在超级富豪的巨额投资支持下才能取得进展。事实上，乘飞机旅行方便、快捷、成本低。超级高铁的优势是能够以飞机的速度将乘客直接送到城市中心，但挖隧道的成本非常高，而且在地面加装密封管道以防止超级高铁被攻击或损坏，其成本也非常高。更不用说车厢磁悬浮的成本。

· 航空和飞机旅行的未来

预计航空业将迎来繁荣时期——经济衰退、地区冲突、病毒威胁、燃料成本上升或其他不利事件将导致短期波动。在过去的 40 年里，每年的旅行次数增长了 10 倍以上，达到 46 亿次以上。预计这一数字将在未来 10 年以年均 5% 的速度增长，到 2038 年将翻一番，超过 90 亿次，超过全球总人口数。仅仅 5 年时间，仅中国航空公司的运载人数就从一年 4.4 亿人次增加到 2018 年的 6 亿人次。到 2022 年，坐飞机的中国人将超过美国人，这就是为什么中国到 2025 年将新建 136 个机场的原因。

航空业的发展主要集中在亚洲，欧洲或北美洲增长最少。来自亚洲（特别是中国和印度）的长途游客数量将大幅增加。约有 2 亿中国游客将乘飞机前往其他国家旅游，他们的度假支出将增加 2 倍，尤其是在购买奢侈品方面。

尽管 737MAX 存在严重的安全问题，但波音公司仍有价值

4000 亿美元的 5000 架飞机的积压订单，而空客的订单为 7577 架，价值更高。如今，超过 70% 的发动机是由通用电气或国际发动机公司（CFM）制造的，CFM 是通用电气与法国赛峰集团的合资企业，这是全球化世界中超大规模企业的另一例证。

英国是仅次于美国的第二大航空制造商，拥有 17% 的全球市场，是 30% 的欧洲航空公司的所在地——世界上一半的新型宽体喷气机使用劳斯莱斯发动机，英国宇航局（BAE）制造战斗机，阿古斯塔 · 韦斯特兰公司（Agusta Westland）[①] 制造直升机。

尽管虚拟办公、视频电话和其他技术将继续发展，但仍不能阻止商务旅行业务的增长。然而，商务预算将被限制或削减，这迫使商务旅行者寻找廉价航班，除非长途飞行，否则一般都选择经济舱。

· 实际价格更便宜的航班

实际上，现在的飞行价格比 1995 年便宜了 60%。新的廉价航空公司彻底改变了售票、加油和清机的流程，使航空业发生了深刻的变化。预计到 2025 年，所有大型廉价航空公司都将效仿传统航空公司，提供优质服务，比如分配座位、免费饮料和免费行李限额，这将吸引越来越多的商务旅行者。

到 2030 年，欧洲廉价航空公司将承载超过 50% 的航空乘客。传统航空公司将被迫从根本上改变其运行方式。国有航

---

① 阿古斯塔 · 韦斯特兰公司（Agusta Westland）是世界著名的直升机研制生产厂商，总部位于意大利北部萨马拉特，其中阿古斯塔（Agusta）于 1923 年由乔瓦尼 · 阿古斯塔创建。2000 年 7 月，阿古斯塔与英国韦斯特兰直升机公司合并，成为跨国直升机设计和制造公司，即阿古斯塔 · 韦斯特兰公司。它是意大利最大的工程及航空航天与防御集团芬梅卡尼卡集团（Finmeccanica）的全资子公司，目前为全球第二大直升机制造商，是全世界直升机工业中最具实力的公司——译者注。

空公司的合并，乃至新的全球合并，都将促使航空业的成本降低。

·用更少的燃料飞行

新飞机将越来越注重效率，降低飞行时的空座率。每位乘客的燃油消耗将会减少，原因有：空中交通管制更加智能（“免费航线”允许飞行员直接从A地飞到B地，可以平均每次飞行节省10分钟；使用卫星持续跟踪世界各地的所有飞机）；更多的直飞航班使用中型飞机，而不是用大型喷气式飞机将乘客送到大型机场枢纽；缩短在繁忙机场的盘旋时间；更好地利用空气动力学；减轻飞机重量；使用更强劲的喷气式发动机；空气稀薄时进入高空飞行。

预计越来越多的国家将对航空燃油征收碳排放税，目前航空燃油的碳排放量占全球的2%。在全球低碳发展的背景下，当公路车辆燃油税达到70%或更高时，飞行成本就远低于应有的水平。由72个国家签署的2020年联合国碳排放上限覆盖75%的航空排放，这将产生更多的碳交易，通过在世界其他地方削减碳排放来抵消它们不断增加的排放。在未来的25年里，电动飞机仍将局限于垂直起飞，无人机式的空中出租车航程依然有限。

受物理定律、有效的气流、乘客舒适度和货物装卸等因素的限制，在未来35年的时间里，飞机的外观变化不大。事实上，自从1969年协和式飞机[①]问世以来，飞行在某些方面出现了倒退。1974~2003年，搭载乘客的超音速飞机时速高达2140

---

① 协和式飞机（Concorde）是由法国宇航局和英国飞机公司联合研制的中程超音速客机，和苏联图波列夫设计局的图-144飞机同为世界上少数曾投入商业使用的超音速客机——译者注。

公里 / 小时，最高飞行高度为 6 万英尺（18300 米）。今天的大多数飞机比 20 世纪 60 年代稍慢一些。

但飞行员自己的体验非常不同，因为他们的大部分工作都是全自动的，包括起飞和降落。总的来说，自动化可以提高航空安全，但一些最严重的坠机事故也是因为机器人的重大失误造成的，它们会与绝望的人类机组人员争夺飞机控制权。

在未来的 30 年里，除了更好的移动通信、票务和虚拟护照之外，航空乘客的体验几乎不会有其他任何改变。

过去 40 年制造的大多数飞机的预期寿命都在 30 年以上，或飞行次数为 3 万 ~4 万次。到 2030 年，大多数乘客乘坐的是 2015 年就已经在使用的飞机，也可能是几十年前设计的。例如，大型喷气式飞机首次制造于 1969 年，已制造的 1435 架喷气式飞机中，有一些到 2025 年仍将继续飞行。但由于超重乘客人数的增加，座位的宽度也会调整。

预计到 2028 年，新一代碳纤维超音速客机将会出现，这种飞机产生的音爆影响较小，但所有这些都需要说服监管机构允许它们以高于音速的速度飞越人口密集地区。

在所有发达国家，乘客的平均年龄将会上升，行动不便的人数也会上升。这将促使对免税区进行重新设计，而不是迫使乘客走比实际距离多 3 倍的路才能登机。

· 汽车的未来：更便宜、更快速、更清洁、更智能

今天有超过 10 亿辆汽车在路上行驶。但全球汽车拥有量只有达到 40 亿辆才能让全世界的汽车拥有率达到美国的水平。到那时，几乎所有汽车都将是电力驱动的，而且大部分将完全由机器人驱动或辅助。不可避免的是，道路将会非常拥挤，尤其是在城市中心，2030 年之前，市中心将在大部分时间段或所

有时间段禁止私人车辆通行。

未来50年，大多数新车车主将来自新兴市场。中国的汽车保有量达到2.81亿辆，比其他任何国家都多，其中8%为4万家汽车租赁公司所有。2002~2019年，中国的私家车拥有率从1%上升到21%，目前每年的新车销售量超过2400万辆。在菲律宾和印度尼西亚，大约有一半的人口还没有汽车，而在马来西亚只有3%的人没有汽车，53%的家庭拥有一辆以上的汽车。在泰国和印度尼西亚，80%的消费者希望在未来两年内购买汽车，而且在大多数情况下，这将是他们拥有的第一辆车。

另一方面，在许多发达国家，汽车保有量将会下降，因为年青一代不愿效仿他们的父母那种“不可持续”的所有权模式，他们更喜欢随走随租。无人驾驶汽车将加速这一趋势，无人驾驶汽车的购买成本高，直接拥有并不划算。在许多国家，我们已经看到共享经济对选择不购买第二辆汽车的家庭数量的影响。

移动应用程序将使人们更容易在很短的时间内租用和停用长途或短途车辆，而且更容易租到配司机的车（尽管Uber等出租车应用程序面临法律挑战）。将会有更多的税收减免、更多车道或其他措施鼓励通勤者共享汽车或租赁汽车。通过对所有运动部件使用纳米技术涂层，加上许多工程技术方面的进步和车身重量变得更轻，所有化石燃油发动机的燃油效率将得到改善。这些变化将放缓（但不会停止）纯电动汽车的销售。

由于电池价格昂贵，电动汽车的发展速度比许多制造商和政府所希望的要慢。新型电池将更轻捷、更便宜、更高效、充电更快、使用寿命更长。特斯拉汽车的续航里程已经达到700多公里，到2025年，续航超过1000公里也很正常。这与规模和创新有关，特斯拉新电池工厂的产量将超过当今全世界的电池产量。

未来 10 年，电动汽车的销量多数将是为城市使用而设计的小型车型，这得益于对车主的税收优惠和对制造商的补贴。但是电动汽车最大的推动力将来自几个欧洲国家的政府，它们准备在未来 15~20 年内禁止所有的碳燃料汽车的销售。由于这种转变，加上来自消费者的巨大压力，全球的汽车制造商都已将大部分创新预算转向电动汽车。

然而，许多大城市的交通拥堵是一场持续的噩梦，尤其是在汽车保有量增长远远快于道路建设的新兴国家。司机和乘客每年花在交通堵塞上的时间达 900 亿小时。在一些城市，1/3 的燃料消耗用于寻找停车位。

· 自诊断和自修复的汽车

在许多国家或地区，人们已经不可能购买一辆不能连接互联网的汽车，一旦发生事故或故障，该汽车能够自动召唤救援人员、警察或救护车。巴西将要求每辆新车都安装内置的追踪装置，以防止盗窃。美国的高速公路机构正在呼吁所有新车都能够实现车车互联（Vehicle to Vehicle, V2V）。从 2021 年起，所有大型汽车制造商都将采用这项技术，比法律强制要求的时间更早。到 2025 年，来自在线汽车服务、设备和基础设施的收入可能超过 2000 亿美元。

所有的新车都将在问题发生前进行自我诊断，所有车载传感器都可以监测轮胎压力、刹车片、活塞压缩、电池状况、气体排放和电力使用情况。在司机水平视线的正前方将有隐形的数据显示，比如车速、油量、导航信息、手机信息等。汽车还将监视驾驶员的行为，这样保险公司就可以根据某一驾驶员上一次的驾驶模式来计算每天的保费定价。这将帮助人们以更低的成本更好的习惯来开车，因为保险公司鼓励良好的驾驶行为。警方也将要求能够访问相同的数据。

·谁拥有驾驶员？

驾驶员期望汽车在不加价的情况下能增加新的功能，这样制造商将不得不承担更高的成本。与银行业一样，关键问题是：谁拥有客户？谁拥有这辆车？制造商试图制订“一站式”解决方案。例如，他们会将车辆损坏、故障或事故的细节直接发送给自己的经销商，而不是当地的汽车修理厂。

随着驾驶员从传统的“购买并拥有”的模式开始转变，汽车制造商已经开始提供更大的所有权。电信公司、网络设备制造商、应用程序和V2V服务制造商将建立自己的技术群。

·半自动汽车将很快普及

苹果和谷歌都想控制汽车信息。其愿景是，汽车将在不打扰司机的情况下不断交换有用的信息；实时的交通信息，常见的机械问题，最好的燃料价格，地图的实时更新。V2V通信意味着一些城市将不再需要交通信号灯，因为每辆车都会完美地计算其到达每个路口的时间。

·自动驾驶汽车——存在法律问题

一些公司将销售100%自动驾驶的汽车，但由于安全方面的担忧，这些汽车在2030年之前不会在欧洲城市、美国和亚洲以外的地区广泛投入使用。可以预计，机器人农用拖拉机和工业车辆（如露天采矿领域）将迅速增多。但在城市里，只要发生一些备受关注的涉及儿童的交通事故，就可能放慢自动驾驶汽车的步伐。

问题是：如果一个机器人的操作导致行人或另一辆车上的乘客死亡，这是谁的错？谁进监狱？车主、制造商、还是软件公司？每年有 130 多万人死于道路交通事故（超过死于疟疾或结核病的人数），5000 万人受伤。但还有一个关键的观点是：机器人司机（Robot Drivers）犯的错误更少，所以即使有人被自动驾驶汽车撞死，死亡人数也会比人类驾驶情况下要少。

一旦保险公司意识到自动驾驶汽车的事故会更少，预计在“自动驾驶”模式下每行驶一公里会有保险折扣，而在“手动”模式下行驶会有额外的费用，而“辅助”模式下则是正常的费率。到 2035 年，坚持自己开车将被一些人认为是自私、反社会和危险的。与此同时，自动驾驶汽车需要提高效率——由于涉及计算和传感器，自动驾驶汽车要多消耗 20% 的能源。

· 汽车列车和飞行汽车

在无人驾驶汽车的世界里，当你走出家门，就会发现一辆车开了过来。你不拥有它，但感觉它是属于你的。还有一种是“汽车列车”（Car Trains），即许多汽车在高速公路上排成一队，彼此相隔几米，这样可以节省 20% 的能源。

到 2030 年，所谓的“飞行汽车”（Flying Cars）仍将是罕见且昂贵的，只有超级富豪才能拥有，或者由高级出租车或航空公司提供租赁，但在多数国家只有在大城市外才被允许使用，部分原因是噪声污染。飞行汽车上用到最常见的技术将是类似无人机那样的旋翼，它可以为 1~2 名乘客提供由稳定的电脑驱动和电池蓄力的短途飞行。

· 太空旅行或在其他星球开辟殖民地

太空旅行（Space Tourism）将会增长，到 2035 年至少有

3家公司每年将运送多达1000名乘客到太空进行短途飞行，也可能会发生一些悲惨的事故。这个世界就是如此怪异，寻求冒险的超级富豪们在太空游玩，同时地球上有10亿人缺乏清洁的水或食物。

我们将看到一场新的太空竞赛（Space Race），都想殖民月球，然后是火星（一开始是单程票）。2030~2035年，预计月球上会有一些适合人类居住的地方，但没有任何经济用途。美国的太空预算将集中在国防上。一个重要的原因是来自彗星的威胁，太空中发现越来越多的彗星，每一颗彗星都可能毁灭地球。

到2040年，用于太空探索的大部分支出将用在改进地理定位和带宽的卫星上。太空将成为一个潜在的战场，有数百架太空无人机。这些无人机将被用于修复、捕获、干扰、攻击或摧毁卫星——以及摧毁来自其他国家的无人机。其中大部分将归美国、俄罗斯和中国所有。美国在10年时间里花费了980亿美元来研究摧毁洲际弹道导弹的方法，但收效甚微——想让任何一颗卫星都可以伪装成无人机，或者任何一颗低轨道卫星都可能装有一枚核导弹，这样的研究就更难了。

一个主要的空间危害将是来自太空事故和军事测试所产生的极速运行的数千万片空间碎片。对卫星的一次攻击就可能产生更多不断翻滚的碎片，这足以在10年或更长时间里对其他航天器造成破坏。

· 未来的酒店和度假

一年休假一次以上的人数将在未来20年翻一番，享受城市假期的人数也将激增。一半的英国人一年至少有3次离家度假。预计会有更多的文化型度假、探索型度假、学习型度假和活动型度假。预期更受欢迎的度假项目包括冒险、刺激、耐力测试和独特体验，可能从阿拉伯联合酋长国到格陵兰岛、北极或冰岛等地，以生态或可持续旅游为重点的度假活动将越来越受欢迎。我们知道医疗旅游也将是一个蓬勃发展的行业。

· 老年旅行者寻找新的体验

中老年旅行者将寻找不寻常的体验——深海探险、南极旅行、学习驾驶游艇、驾驶滑翔机、攀登高山。到 2025 年，每年都会有很多人试图攀登珠穆朗玛峰，因此人数将受到严格限制。游轮的数量和大小都将不断增长，到 2028 年，游轮每年的载客量将超过 4500 万人次，而目前的载客量为 2600 万人次，游轮市场的价值已经达到 460 亿美元。这些游轮主要集中在加勒比海和地中海周边，亚洲的游轮业务将会增多，也有类似去南极这样的小众游轮项目。很多游轮本身就是一个目的地，它们搭载有 6000 多名乘客和 2500 名员工。大型船只只能停泊在特定港口，未来能容纳大型游轮的码头将迎来繁荣的市场。

未来 10 年，随着越来越多的家庭尝试游轮体验，游客的平均年龄可能会下降 5 岁，而在接下来的 10 年里，更多具有较强消费能力的老年人会抵消这一影响。服务于那些想要学习文化、历史和专业知识，或是想学习绘画等新技能的退休人士的小型、专业、主题性的游轮旅游将会增长。

· 网络对酒店、旅行社和航空公司的影响

像 Airbnb 这样的网站将继续在全球范围内改变着酒店业，为那些想出租一个房间或整屋的人提供更广阔的市场空间，也将更好地满足那些想要低成本、个性化的酒店替代品的人群的需求。这将削弱经济型酒店的增长，但经济型酒店仍将大范围发展，随着全球范围内外出度假总天数的继续飙升，酒店业的发展依然看好。

传统的旅行社正处于“自由落体”状态，到2030年，除了小众的专业旅行社外，世界上许多地方的旅行社几乎都将消失。几乎所有服务都能够以相同或更低的价格在网上找到，传统旅行社将无法赚取同样多的佣金。

许多打包产品型度假公司将面临崩溃，因为在线工具以无可匹敌的价格将酒店、航班和租车组合在了一起。

然而，旅游公司依然可以做得很好，关键在于它们能够提供对小众目的地的专业意见、专业导游。可以精心打造旅程和非凡的体验。

十三　教育的未来——新的学习方法

未来30年，许多国家的教育开始年龄将比现在更小。2007~2016年，经合组织国家3~5岁儿童的校外教育增长了10%~85%。这是由双职工家庭的现实情况决定的，而且研究显示早期教育对日后成功很重要。

中学和大学都是为新一代的未来打基础的。在许多情况下，我们将为那些尚未发明出来的工作而接受教育，但大多数教学工作还是针对过去，为已经不存在的领域或工作培训人才。

剑桥大学考虑允许学生在笔记本电脑上写考卷，部分原因是考官看不清他们糟糕的书写。许多大学开始允许学生在有写作困难或无法写作的情况下（如残疾人），可以在计算机上进行考试。然而，到2030年，在世界各地，笔试仍将是证明学生知识水平的主要手段。但工作时要使用键盘，而不是钢笔和墨水。

教育的基础将受到质疑。例如，现在你能记住的东西不像以前那么重要了。真正重要的是掌握如何使数据流有意义、发现规律、理解上下文以及知道应该信任哪些来源。真正重要的技能有：搜索、整理、解释、分析、概括、推断和决定。当然，我们也需要记忆，我们所有的经验都建立在记忆之上，但不是为了重复事实。

· 必须彻底改变教学方式

除了引进数字白板、数字图像投影以及在课堂上使用个人设备外，课堂教学在 50 年里几乎没有改变。年轻人的大脑正在被数字技术深刻地改变着，这包括专注学习的能力和反思的能力。

在美国 18~34 岁的年轻人中，约有 60%的人认为四年制大学教育价值感不足，大学的入学人数连年下降。在有 70 名或更多学生的讲座中，51% 的学生抱怨他们听不到老师所说的话，41% 的学生觉得很难阅读屏幕上的内容，34% 的学生被外面的噪音分散了注意力，50% 的学生被他们的数字设备分散了注意力，45% 的学生被邻座的数字设备分散了注意力。新的教育工具将迅速普及，包括为适应课程而设计的简短、交互式视频。但沟通的基础也需要修正。

在教育领域，最严重的错误之一就是抄袭：学生从另一个来源复制文本。但在商界，如果一位高管必须非常迅速地形成一份报告，涉及他所知甚少的一个领域，那么问题不在于整个报告是否原创，而在于该报告是否准确和有用。未来的教学技能和方式必须适应这一现实。

· 更严格的教学规定

在许多地区，男女同校致使上万名男孩辍学，预计将会有单一性别学校的回归。一些有说服力的观点认为，对男女实行单性别教育意味着他们更能集中注意力、更少分心或更少炫耀，尤其是一些女孩的青春期提前至8岁或更小的年龄。

在认识到“不接触”政策在许多国家不起作用的情况下，预计人们将会对惩罚和纪律进行反思，在许多学校，操场文化包含着威胁、欺凌和暴力行为，不仅是对学生，也有对教职工的。在英国，公立学校中有很高比例的教师受到校园暴力或袭击的威胁，而在市中心，学生在校外被刺伤和发生枪击事件也更为常见，这些事件往往与地盘争夺、毒品和帮派有关。希望教师能够不在遭受学生或家长攻击的恐惧中教学。

预计学校会有更大的权力开除那些有反社会或暴力行为的学生，或是让他们休学，针对有暴力倾向学生的特殊学校教育的开支将会增加。尽管人们试图让表现最差的学生和表现最好的学生融合在一起，但大多数学校将不再接收那些具有很强破坏力的学生，因为学校越来越强调如何取得好成绩。人们会在一个“好地段”选择一所公立学校，然后决定在附近买套房子。

· 大学的未来——向亚洲的大转移

在全球范围内，大学教育将由印度和中国主导，这两个国家在许多学科培养的高质量毕业生数量已经超过了世界其他国家的总和。尽管如此，许多最优秀的亚洲学生还是会前往欧洲或美国的顶尖大学，以拓宽视野，建立人脉。

· 免费视频授课——在推销什么？

所有大学都将面临一个巨大的困境——每一所商学院也是如此。学校会录制教授和其他老师的上课视频吗？如果是的话，学校是将这些课程放在封闭的大学内局域网供学生在线学习，还是向社会公开这些课程？如果学校真的这样做了，还有人愿意去教室上课吗？

像麻省理工学院（MIT）这样的大学已经录制了15年的上课视频，并在网上免费发布，其他大学也将效仿。一些商学院教授担心他们的资料会被“窃取”，但经验表明，提供免费的在线访问在商业上是有意义的，而且是正确的做法。我们将看到免费教育在质量上的提升和范围上的拓展，在每个国家都可以通过网络获得免费教育。当然，这将给那些从不修改教材的教师带来压力。

所有这些对于付费远程学习的课程来说都是一个巨大的挑战，因为付费远程课程是提供密码来观看视频和课程材料、视频辅导，并需要提供论文，也许还有一两周的在校学习要求。

小组学习的经历能够深刻地改变人们的思想和行为，人们希望和小组中的其他人在一起并向他们学习，特别是一个小组在一起学习1年或1年以上的时间。因此，现场的辅导课、研讨会和讲座将继续发挥重要作用。

视频对获得信息很有用，但对交换信息无益。在线视频无法替代课堂上的共享学习体验。为了生存，大学和商学院将越来越注重个人转型、互动学习和建立教育性团体。

· 教育时间越来越长

尽管非正规在线教育在增长，但到2030年，大多数人将花更多的时间接受正规教育。我们已经看到，父母在孩子很小的时候就开始追逐“学区房”，而就业市场竞争如此激烈，以至于学生们被迫读第二或第三个学位，在很多情况下是因为第一个学位对工作毫无用处。然而，大多数第一、第二或第三学位（包括MBA）都不能很好地替代能有两年的业务经验。随着学位成本的飙升，而政府补贴越来越少，发达国家会有更多的人质疑学位的价值。在美国，四年制大学的学费可能高达16万美元（包括食宿），如果加上四年不工作的损失，实际成本增加了1倍以上。

在英国，几乎没有政府补助，而学生债务不断上升，有10%的女学生为了生存而出卖自己的身体，进行性交易、跳钢管舞、做伴游工作或在网络摄像头前脱衣。这很难说是一个文明社会的标志，政府必须进行政策反思。韩国和马来西亚等国将迅速扩大工程和生物技术课程，这反映了政府在这些领域发展的决心。在英国，攻读音乐或人类学等课程的学生数量将迅速下降，因为数据显示这些专业的研究生就业记录很糟糕。

十四　咨询公司、会计师事务所和律师事务所

全球性的咨询公司和会计师事务所寥寥无几，这已经给监管机构带来了大问题，当同一个公司被同一家会计师事务所审计多年时，监管机构都会感到不满。如果审计师与咨询师是来自同一机构，当大型企业在复杂交易中发现自己团队的成员同时为双方服务时，他们会感到担忧。难怪众多跨国公司的审计结果对投资者产生了如此大的误导。

由于安然事件①，安达信几乎在一夜之间销声匿迹，只要发

① 安然事件（Enron Incident），是指2001年发生在美国的安然（Enron）公司破产案。安然公司曾经是世界上最大的能源、商品和服务公司之一，名列《财富》杂志“美国500强”的第7名。然而，2001年12月2日，安然公司突然向纽约破产法院申请破产保护，该案成为美国历史上第二大企业破产案——译者注。

生一次这样的事件就会造成一场危机，因为只能有 3 家全球性公司。预计会有进一步的规定出台，要求公司每隔几年就更换审计师，对利益冲突也会有更多限制。

· 审计人员将接受严格审核

当银行、保险公司或其他公司在一次干净的审计之后不久突然倒闭，则审计机构将承担法律责任。但令人气愤的是，审计机构完成对这些大公司的会计违规和风险审查，收到数十万美元的费用后依然能够安然离开而不受惩罚。

如果审计人员基于以往狭隘的业务视角给出了错误而危险的保证，他们必须对所出现的失误负责，他们无法继续隐藏在所谓的“合规标准”背后，必须调查真相，提出问题，这将与他们的职业声誉密切关联。

十五　法律服务转向大众的平价零散业务

全球律师事务所有大量的法律专家，他们对高度复杂的问题，尤其是跨地区的问题具有独到见解。很少有全球公司的架构能够恰当地满足其未来需求，它们通常由资深合伙人领导，这些人在某一领域是专业人士，但可能无法胜任全球首席执行官的角色。

小规模法律服务的提供方式将发生快速变化，未来的趋势是“零散法律”团队，它们在呼叫中心、购物中心外开展业务，或者是在线使用简单的问卷，以极低的成本在几秒钟内生成大量复杂的、标准化的法律文件。

许多标准的法律惯例将实现自动化——比如劳动法、咨询合同、买卖财产、订立遗嘱、离婚程序、人身伤害索赔等。一次性的法律咨询将越来越多地通过网络完成，或者通过聊天、电子邮件、视频电话来完成。我们还将看到，发达国家的大型法律事务所将更多地把基础性的法律服务外包给印度等国家的团队。

更多国家将效仿澳大利亚和英国放松管制，允许非法律公司提供法律服务，并允许法律专家团队在市场上融资。许多新公司以高效、快速和友好的方式为客户提供专家法律咨询，打破我们之前所熟悉的做事方式。

未来 20 年，受全球趋势的影响，法律本身也将发生深刻的变化。例如，错误记忆综合征（False Memory Syndrome）仍会出现在其指控或供词未经证实的法律行动中，特别是在与性行为有关的案件中——错误记忆很容易在对话中被不经意地渗透。

十六　多样性和创新的未来——全球视野

要在一个全球化的世界中管理公司，我们需要一个有全球化视野的团队，但企业往往是群体化的。多数大公司都是单一文化：由来自一个国家的同胞主导工作。虽然这具有优势——忠诚、团队精神、易于沟通和决策高效——但也带来了巨大的风险，这些公司更有可能错过在新地区的投资或合作，更有可能犯下重大错误。更重要的是，单一文化的团队对其他国家的人来说非常没有吸引力。

· 创新的关键是更加多元化的团队

在大公司的首席执行官中，有 85% 的人认为多元化是创新的关键。多元化或全球化的团队会找到更多解决问题的方法和更好的选择。多元化的团队能够更好地联通不同的市场和社区，出现更少的盲点，机会更多，拥有更广泛的技能和经验，也更有可能吸引优秀人才。多元化的团队更有可能理解多元化的客户。

·更多女性、少数民族和外籍人士担任高层职位

在许多发达国家中，女性无论是在中学还是大学表现都优于男性。现在许多国家的大多数新医生是女性。在许多商学院，大多数优秀的 MBA 是女性。然而，董事会中很少有女性成员，每年离开公司的女性人数也很多。可以预见，将会有一系列措施来改变这一状况，其中一些带有监管强制性，比如董事会的性别配额，就像德国企业中实施的那样。

但关注的焦点需要超越性别。以英国为例，尽管亚洲人、非洲人、非裔加勒比人或其他非白人族裔在人口中所占比例不断上升，但英国的高管几乎全是白人。

多项调查已经证明了少数民族在工作中面临很多障碍。这往往是由潜意识中强烈的种族主义态度引起的，且通常发生在“体面”“宽容”的人身上，但他们往往又害怕自己被外界认为有种族偏见。

大多数白人对他们自己的工作场所、社区或国家中存在的这些障碍知之甚少。孩子们从出生起就经常接触负面信息，这些信息可能来自邻居、操场上的奚落、有意无意的面部表情，也可能来自在商店、火车站、机场候机室或法庭上有所暗示的评论。如果同时存在种族歧视、性别歧视和年龄歧视，那影响是巨大的。

这个问题在未来将得到重视，它不仅是关爱和公正的问题，而且对客户远见和市场营销具有关键影响。如何为一个你不了解的客户群体提供世界级的支持？如何能准确地为你从来不属于的一个社会群体计算风险？因此，增加多样性、多元化将是领导者发展公司、刺激创新、降低风险和提高客户忠诚度的最重要途径之一。

*

我们已经看到了一个快速的、城市化、群体化和全球化的世界。对许多人来说，这幅图景似乎还算完整，但未来还有另外两个方面。一个被激进的议程和意识形态所驱动的世界，每个决定都会受到对伦理、价值观、个人动机和精神的影响。

第五篇　激进变革（Radical）

激进的变革力量正在席卷世界的某些地区，以一种陌生而令人不安的方式将新型的领导人推向权力中心。

· 全球宽容时代的网络错觉

在互联网繁荣的鼎盛时期，许多技术专家做出了错误而天真的预测，认为互联网的全球接入将使我们的世界更加宽容，将促进社会民主化与全球和谐。但他们忘记了与情感有关的群体意识的黑暗力量；网络非常容易放大最激进、最极端的声音；社交网络可以极快地制造新的运动。

· 激进主义和极端意识形态的兴起

激进分子容易受到以下情感的驱使：极端宗教意识形态，对一个民族或一个国家的仇恨，仅对某一问题敏感，如气候变化、移民、堕胎、动物权利、宗教、种族或民族主义。

一　激进意识将助长恐怖主义

恐怖主义一直是政治激进主义的极端边缘。大多数恐怖组织将继续保持相对较小的、非正式的、分散的、流动的和短命的状态。大多数恐怖组织仍是地方性的，不会全球化，它们将自己视为道德自由斗士，为了所谓的事业或目的而不择手段地进行恐吓、破坏和攻击。

恐怖主义运动招募的人员，大部分是被一种关于穷人对抗富人、摆脱压迫的说法所吸引的，这种说法通常具有反西方的性质，所有这一切都被社交媒体以及财富和机会不平等进一步加剧而放大。

恐怖组织往往处于社会边缘，视自己为激进变革的代表——它们通常缺乏资源。因此，恐怖分子往往是想通过恐怖行动制造最大影响，最大限度地吸引社交媒体关注。

所以就会有校园枪击、购物中心炸弹、随意刺伤、开车撞行人、用无人机袭击儿童或政客，以及其他一系列暴行。每个家庭都有菜刀，每个持有执照的人都可以租车——这样的行为既不需要团体支持，也不需要大笔资金，更不需要太多的计划。

从这个意义上说，令人感到些许奇怪的是，此类由个人发起的暴力袭击实际上是很少的，因为大多数袭击都很容易实施、成本很低，而且难以预防。之所以少见是因为要实施这些行动需要克服人类保护他人免受伤害的强大本能。因此，在接下来的 10 年里，许多犯下骇人听闻罪行的人，很可能会走向心理变态的极端。

将会有更多针对事而不是人的经济恐怖主义和反企业恐怖主义，因为这些事更容易让“普通”人从心理上为自己开脱：在商店里抢购食品，切断光纤电缆，破坏卫星接收天线，扩散计算机病毒。随着常规战争变得更加困难和昂贵，将会有更多由国家支持的恐怖主义。未来更大的恐怖组织还会试图购买或偷窃像细菌武器这样的东西，这些东西可以被隐藏在一个公文包里，却能威胁一座城市。

· 每 35 万人中就有 1 人死于恐怖主义

在恐怖袭击中受伤或死亡的实际数字与所有其他死亡原因

相比几乎微不足道。在世界大部分地区，亲眼目睹一次恐怖主义行为的可能性实际上极低。因此，恐怖主义的真正脆弱性不是来自实际的威胁，而是来自对非理性的恐惧。

全球每年死于恐怖袭击的人数不到 2 万人，主要发生在伊拉克、阿富汗、巴基斯坦、索马里、也门、叙利亚、黎巴嫩、利比亚和尼日利亚。在全球范围内，每年因恐怖袭击死亡的平均风险为 1/35000，与一个人生命中某个时刻被闪电击中的风险相同。但如果是生活在这些国家最动荡的地区以外，或者生活在世界其他地方，这种风险就会降至 1/350000。

未来最大的挑战将是政府和社区领导人如何帮助人们恢复正常生活，让人们能够基于常识而不是社交媒体的歇斯底里和胡言乱语，在没有被夸大的恐惧下正常生活。

· 确保恐怖分子无法获胜的唯一途径

媒体描绘的公众对恐怖行为的歇斯底里可能会减弱，演变成一种更加理性和务实的反应，因为他们意识到反应越强烈，恐怖分子的胜利就越大。

各种各样的媒体以零成本报道抗议团体和群体事件，使这些人认为他们可以操纵别人的日程，也让他们认为可以用一个微小的行动就能扰乱数千万人的福祉。报纸头版或电视新闻头条经常发布有关恐怖主义行为的报道，结果往往适得其反，因为这恰恰是恐怖分子想要的结果，甚至刺激了更多类似的行为。

历史表明，所有遭受恐怖主义严重打击的社区都会逐渐形成心理复原能力，每一次新的恐怖主义行动造成的影响都会更小，也不再被认为具有特别的新闻价值。正如我们在伊拉克所看到的，最糟糕的时候，在每天都能看到汽车炸弹爆炸的城市里，大多数人决定生活必须继续下去，要开车去上班、去市场购物。

在其他国家，也是同样的情况。第二次世界大战结束时，伦敦 25% 的房屋遭到破坏或摧毁，其中大部分是被从天而降的炸弹炸毁的——但生活还在继续。同样的情况也发生在多次遭到英国皇家空军轰炸的德国城市。在爱尔兰共和军恐怖袭击最严重的时候，生活不会停止。一枚炸弹在离我们家很近的地方爆炸，有一次还差点杀死我们的大女儿。但是我们没有人改变日常生活习惯——这是一个绝对的原则。为什么要让恐怖分子得逞呢？

二　为什么民主深陷困境

世界上只有 40% 的人口生活在选举自由和公平的国家，许多民主国家在过去 10 年里已经走向专制。俄罗斯、阿根廷、委内瑞拉、乌克兰、土耳其和白俄罗斯都定期举行选举，但对媒体和反对者有着强有力的控制。南非的非洲人国民大会（ANC）越来越难挑战。在孟加拉国、泰国和柬埔寨，反对党都拒绝接受选举结果，或抵制选举进程。

· 很少有国家有悠久的民主传统

令人惊讶的是，很少有发达国家拥有悠久的民主传统。民主在西班牙开始于 1978 年，在葡萄牙开始于 1975 年，在意大利开始于 1946 年，在德国开始于 1946 年（第三帝国统治时期被中断），伴随着雅典人的发明，希腊的民主开始于 1956 年，但很快就被军队接管了。

新的民主消失的原因有很多。一个原因是，第一次自由选举会产生一个政府，而这个政府会阻碍此类选举的进一步进行。例如，选举一个伊斯兰政党，这个政党承诺其第一次民主行动是建立神权政治，由神职人员“永远”掌权。另一个原因是，在新的民主国家，当选的政党往往没有意识到，它不能践踏那些没有投票给它的人的意愿。

在美国，一个强大的监督和制衡系统经常导致僵局，导致年度预算危机。在西方国家，人们对民主的信心已经被削弱，这些因素包括政府丑闻、领导层明目张胆的谎言、缺乏真实性、政府瘫痪、政治内斗和追逐私利、膨胀的政府开支和债务，以及不得人心的军事冒险。

在许多国家，人们对民选政治家的信任度从未如此之低。庞大的游说预算和竞选支出将继续加剧人们的担忧：整个民主体系是否正被商业所腐化，所有的赞成票是否为了牟取利益。在美国，每名国会议员就有 20 名游说者，美国总统竞选的支出超过了 24 亿美元，总统和国会选举的支出加起来为 65 亿美元。

2011 年，在欧盟内部，意大利和希腊被迫将本国民主选举产生的领导人替换为更服从布鲁塞尔统治的技术专家官员。

三　影响国家领导力的因素

在世界范围内，民主选举产生的总统和总理们发现，他们实现“宏大目标”的力量正在消失。许多国家的议会将被削弱，对民主本身的信心也将被削弱。

私有化。过去，政府拥有和控制电力、天然气和自来水公司以及国家航空公司、邮局、铁路部门、医疗卫生服务机构、电信公司等。在世界各地，许多国有企业已经被出售。过去，政客们可以做出大胆的承诺；如今，在许多领域，他们不得不遵从企业的力量和市场实际情况。

区域化。区域贸易集团从成员国那里获得自由，同意接受协议的约束。尤其是欧盟，它将从成员国政府手中获得更多权力，并将在未来几十年实施数千项新规定。

权力分化。目前，已经有 160 个国家的政府建立了独立于政府的中央银行，而 1980 年时只有 20 个。所有这些政府相当于放弃了对利率和其他货币政策的控制。此外，世界各地的民选政府也赋予了地方政府和市长更多的权力。分裂主义团体、移民社区、独立运动和宗教活跃分子（其中一些人想要实施自己的法律，比如基于《古兰经》的伊斯兰教法）将加速分权进程。

未经选举的公务员。导致政府惰性和瘫痪的最大原因之一是公务员制度。政府部门的高层负责人来来去去，但几乎所有拿国家工资的雇员都留下了。他们通常会本能地抵制政策变来变去，有时甚至充满敌意，他们忠诚于自己的原则。更糟糕的是，许多国家的公务员岗位不再像过去那样能够吸引一流的毕业生，这一趋势将继续下去。许多政府领导人将通过控制更多的高层任命来改组公务人员，就像美国政府那样。然而，这意味着高级公务员的晋升将越来越受阻，终身公务员职业将更加缺乏吸引力。

全球化——大公司获得权力。在一个全球化的世界里，政府在提高税率或实施严格的劳动法或实行严格的环境控制时，无法避免全球企业转移到其他地方的风险。而网络公司发现将利润转移到低税收国家特别容易。例如，谷歌通过将收益转移至爱尔兰、百慕大和荷兰，从而减少了 20 亿美元的纳税款。许多超级公司的经济分量比整个国家的还要大。它们可以向政府发号施令，制定商务进程，形成全球垄断，控制当地市场。这就是为什么印度、中国和美国等国不愿让外国跨国公司持有国家关键企业多数股权的主要原因。

缺乏有能力有经验的领导。当工业化国家的企业首席执行官的薪酬远高于首相或总统时，许多政党发现自己将因缺乏智囊和人才而陷入困境。许多国家领导人一旦当选，就会发现自己周围都是素质低下的政治活动家，这些人从未领导过大型组织，对更广阔的未来和政府运作一无所知，也无法掌握复杂的简报、领导大型团队、达成共识、交流愿景或改革他们的部门。

调查显示，在最聪明、最有才华的领导人中，很少有人会梦想把自己的生命浪费在“民主政治”上。为什么要进入一个（几乎）被普遍鄙视、没有实权、没有工作保障、与其他行业相比收入微薄的行业呢？

他们究竟为什么想当美国总统、法国总统或英国首相？尤其是他们的私人生活每天被媒体大肆报道。公职人员面临着前所未有的巨大压力，他们和家人面临着终生的安全风险、不切实际的公众期望、24 小时的社交媒体批评、不实指控带来的声誉风险，这比领导一个国家更复杂。因此，最优秀的领导人几乎都选择管理公司或非营利组织，而不会去“装模作样”地领导一个国家。所以，许多民主政府将继续由迟钝、无知或无能的团队领导。政客缺乏才能是当今健康民主的最大威胁，这将进一步增加公众对整个制度的蔑视。

激进主义和社交媒体。非政府组织数量更多，资金更充足，更善于利用社交媒体开展竞选活动。社交媒体游说，加上街头示威，可以迅速推翻政策公告，扰乱立法，推翻预算决策，甚至使政府瘫痪。预计会有更多像 change.org 这样的竞选网站，允许人们创建即时请愿——其中一些在几周内就能吸引数十万的支持者。

对政客的信任危机。如果你不能相信一份宣言，投票还有什么意义呢？在英国，62% 的选民说政客们一直在说谎，整个欧盟也持有同样的观点。“他们都是一样的，也许他没那么坏。”“谁会在乎‘大社会’‘公共服务’这样的老生常谈呢？”只有 1.6% 的英国人仍然属于某一政党（主要是工党），而在 1950 年，这一数字是 20%。在全世界 49 个民主国家中，选举的投票率在过去 25 年里下降了 10%。

尽管新闻中不断出现政治斗争，但事实是，很多政客在多数事情上都能达成共识，无论是私下里还是卸任后。这就是为什么新政府很少能推翻他们在执政前强烈反对的立法。大多数政治的媒体辩论都严重缺乏诚信。

少量多数派或不稳定的联盟。许多民主国家都存在不稳定和软弱的特点，没有一个政党拥有足够的多数票来强有力地领导国家，或者总统被反对党组成的议会或国会的多数票所阻挠。更糟糕的是，有时候，只有将两个或更多有着截然不同议程的政治团体拼凑在一起，才有可能实现政府治理。

由少数选民选出独立参选人。当有许多不同的候选人时，一个国会议员可以因为少数选民的支持而当选，这意味着他们缺乏采取强有力行动的道德支持。然而，这个人最终可能会决定一个联合政府是继续执政还是垮台。

这 10 个因素也引起了人们对政府职能的严重质疑。在接下来的几十年里，会有许多国家展开激烈的辩论：大政府、小政府、实际上没有政府、中央集权政府或分权政府等。

当对意识形态和政党的信仰消失时，剩下的就只是对个人的信任。

未来30年，更重要的是领导人而不是政策。迎合大众的煽情演讲将会战胜有关政策的逻辑辩论，从而赢得选举。在那些不信任新闻的群体中尤其如此，人们不再相信带有严重偏见的调查报道，而是选择相信社交媒体上的朋友或陌生人。

未来还会发生更多的政治变局，与过去相比，选民们将更有可能选出有魅力的人物，具有自发性、坚定而真实的人——用演讲稿将职业政客们一扫而光。但由于上述原因，这些奇怪或极端的领导人在当选后也将面临重大挫折，甚至是选民的失望。

四　中东的激进势力

激进的意识形态和民族主义将在很长时期内对中东地区产生关键影响，更多地区始终存在民族冲突的风险。其中一个原因是国家间边界划定的随意性，几十年前西方列强在沙地上划出的几条线就成为游牧阿拉伯民族的国界线。阿拉伯之春是民众对腐败的独裁统治和财富不平等的反应，但也导致了更大的分裂和风险。伊拉克总统萨达姆·侯赛因和叙利亚总统阿萨德等人通过强硬手段压制了部落间的紧张局势，但也加剧了进一步的冲突，其影响可能将持续几代人。

· 统治家族的压力

未来40~50年，地区性冲突和不稳定将持续存在。由超级富有的王室统治的阿拉伯国家可能会变得非常脆弱。新一代的暴力活动团体将寻求建立相互联系的神权政治，并成为整个阿拉伯伊斯兰地区的一部分。逊尼派穆斯林（Sunni Muslims）和什叶派穆斯林（Shiite Muslims）的冲突将持续到2050年以后，其影响会波及整个世界，暴行和地区利益将进一步加剧冲突。

叙利亚内战可能会进一步破坏整个地区的稳定，需要几代人的力量才能得以恢复。在签署和平协议之后至少需要 15 年才能重建国家，重新安置 400 多万难民，再过 15 年痛苦的记忆才会开始消退。

· 这些地区的百年愿景

下个世纪的一个潜在导火索将是沙特阿拉伯。沙特阿拉伯是伊斯兰教两个最神圣的地方[①]的保护国，拥有巨大的石油财富和庞大的年轻人口规模。未来的 20~30 年里，沙特阿拉伯仍将是伊斯兰革命力量的主要目标，王室可能会通过进一步打击腐败以及其他措施更公平地分配石油财富，以便维持整个社会和国家的稳定，同时还将投资教育、创造就业和保障性住房。与此同时，社会某些方面的自由化将面临压力。

· 沙特阿拉伯的石油收入将会下降

无法确定的是，随着石油储量的减少以及全球向碳中和的迈进，沙特阿拉伯的石油收入何时会开始下降。在未来 40 年的某个时候，石油收入将无法支撑这个国家的经济。这一问题将对中东大部分地区产生非常重大的影响，同时也会推动对太阳能、生物技术、纳米技术、信息技术、医学技术和制药等新兴领域的快速投资。

· 主要的社会变化

像伊朗这样的国家正在经历相当自由的“暗流涌动”的社会革命，这与它的国际形象和官方政策形成了鲜明对比。例

---

① 第一大圣城麦加，伊斯兰教创始人穆罕默德的诞生地，拥有世界上最大的清真寺禁寺；第二大圣城麦地那，穆罕默德的埋葬地——译者注。

如，一项政府调查显示，80%的伊朗未婚女性都有男朋友。在接受调查的14.2万名学生中，有17%的人表示自己是同性恋[①]。

由于与伊拉克和叙利亚接壤的边境不稳定，土耳其将面临要制定更严格的伊斯兰法律的巨大压力，同时，许多中产阶层将目光投向西方而非东方，将其拉向相反的方向。土耳其仍将面对被边境事件困扰的巨大风险，仅仅3年就有160万难民从叙利亚涌入土耳其。土耳其还要面对与东部库尔德人的紧张关系。预计土耳其将继续由强权领导，媒体管控比欧盟更严格，所有这些都将降低未来20年土耳其加入欧盟的可能性。

· 巴勒斯坦和以色列的未来

另一个危险点当然是以色列和巴勒斯坦。以色列是一个小国，挤在一条长约460公里、最宽处只有114公里的狭长地带，人口只有800万人。如果有3.66亿人口的阿拉伯世界开始关注以色列而不是阿拉伯内部的冲突，以色列整个国家都可能被占领，除非以色列诉诸重大威胁性武器，如使用核武器。但以色列首先要对付哪个国家？如果来自40多个国家的非正式志愿民兵大规模聚集在边境上，以或分散或混合的方式向以色列边境发起猛烈进攻，那么以色列该如何应对？如果一个拥有核武器的阿拉伯国家威胁说要报复，以色列又该如何？

· 巴勒斯坦自治的压力可能会增大

以色列将继续努力抵制外部力量让440万巴勒斯坦人民在

---

① 据英国《经济学人》杂志报道，伊朗议会研究部门2014年8月发布了82页的性话题调查报告，数据显示这个保守的伊斯兰国家的年轻人在性方面表现活跃，80%未婚女性有男友，包括不少中学生，接受调查的14.2万名学生中有17%称自己是同性恋者——译者注。

以色列长久定居的建议，这些巴勒斯坦人生活在拥挤的被指定地区，自由也受到限制。新一代的自由战士、激进分子很可能是在这些社区中长大，他们对以色列怀有深深的敌意，认为加入中东更大的运动是他们共同的使命。

在未来 10 年的某个时候，在以色列和被占领地区的阿拉伯人的数量可能会超过犹太人的总数。以色列不可能什么好处都占了：拥有多数实力强大的犹太人，所有的土地和充分的民主。以色列或者不得不牺牲土地来组成两个国家，或者牺牲占多数的犹太人组成一个“双民族”国家，或者失去作为一个真正民主国家的全球认可。

巴勒斯坦人民的未来福祉对大多数阿拉伯人民以及世界各地的非阿拉伯人来说，仍然是一个基本的正义问题。现在共有 140 多个国家正式承认巴勒斯坦为一个国家。

如果美国在未来某个时刻选择全面保卫以色列的边界，美国军队很可能会被拖入一场远距离的、激烈的、代价高昂的且旷日持久的陆地战争。如果这样的行动激起了整个阿拉伯世界对美国和以色列世世代代的愤怒，那么这种行动最终也无法取得胜利。

尽管存在这些威胁，以色列似乎有可能采取与过去类似的战略，在未来 15 年里，当遭到攻击时，以色列会进行激烈的反击，保持高度的军事戒备，并以压迫行动打压巴勒斯坦人民，包括在以前巴勒斯坦人居住的土地上建立新的以色列定居点。

以色列必须及早调整其战略，以适应这个不对等的民族冲突的新世界。像美国一样，以色列没有足够的装备来应对混合战争——多层面的、非正式的、城市的战斗，同时席卷以色列多处边界，这是一种集体自杀性行动，而不是传统的军事行动。

五　可持续性仍是未来的主题

未来30年，人们会更加关注可持续性发展：地球在未来100年里将保持什么样的状态？人们会担忧水、食物和其他资源的短缺以及对其他生命类型造成的威胁。

如果不采取积极行动，到2035年，4000种已知哺乳动物中可能有1/4将灭绝。每8种植物中就有1种受到威胁。在过去的几十年里，海洋中大型鱼类的数量减少了90%。自工业革命以来，海水的酸度上升了25%，原因是溶解的二氧化碳水平上升改变了数万亿海洋生物的化学性质。

作为全球生态的关键指标，昆虫的数量在35年里下降了45%，是因为农业中使用了杀虫剂和其他化学物质，此处还有土地使用的变化。农业对整个生态系统具有显著影响，德国自然保护区的昆虫数量减少了75%，波多黎各热带雨林的昆虫数量也大幅减少。保护生物多样性将成为每个国家必须优先考虑的问题。

· 对全球变暖的担忧将会加剧

全球变暖的科学研究只是对2100年生活的“最好猜测”，是关于碳排放对现在的影响。如果所有气候专家的共识都是正确的，等我们证明了全球变暖这一科学的正确性再做出回应就为时已晚了。与此同时，在预测全球变暖趋势对企业和政府的近期影响时，对气候变化数据做出的情绪反应将是最重要的。

世界上大多数人越来越意识到气候变化带来的风险，也越来越关注人类活动对气候变化可能造成的影响。担忧还会加深，除非一些国家暂时被其他危机分散了注意力，这意味着我们需要更多的法律、国际协议、碳税等。

长远的未来会怎样呢？到 2060 年，由于二氧化碳的排放，世界气温将至少升高 2.5℃，这是极大的风险，即便发生这种风险的概率只有 5%。换言之，可能到 2100 年也不太可能发生，但潜在的后果非常严重，到人类能够确定这种风险概率的时候，破坏已经形成了。仅凭这一点就能促使人类采取有力的行动，在未来 40 年里，这种紧迫感将日益增强。

尽管绿色科技在发展，但我们仍将为未来 10 年稳定二氧化碳的排放量而努力，这取决于全球经济的增长速度。此后，预计二氧化碳排放量将出现同比下降。

有关海平面上升的辩论将持续下去。20 世纪，海平面上升了 17 厘米，1993~2010 年平均每年上升 3.2 毫米，是 1901~1990 年的 2 倍。在这个基础上，预计到 2100 年会上升 24~30 厘米。但这并没有考虑过去 15 年里更高的二氧化碳排放量，也没有考虑极地的高反射冰层的大规模融化，使陆地和海洋暴露在更快的气候变暖中。

海平面上升 0.5 米将对世界许多大城市产生重大影响，这些城市在海边。超过 30 亿人生活在离海 160 公里的范围内，其中很大一部分人将在某种程度上受到海平面上升的影响，包括为保护海岸线而支付更高的税。

一些地区的农业和渔业因为气候变得更加干旱而发生了显著变化，而另一些地区则将频繁遭受洪水灾害。更温暖的空气意味着更大的海洋蒸发量和更多的降雨量，同时降雨地区也将产生重大变化。

那么，世界各国将如何回应呢？答案是，一旦各国政府和人民确信全球变暖已临近紧急状态，这个问题最终会引发极大的关注。

在战争时期，国民经济的很大一部分用于军事开支。不难想象，全球 GDP 的 1%~2% 被用在去碳化、捕获和储存二氧化碳的行动中，这相当于每年增加 1 万亿美元的政府预算，当然这种支出也将刺激经济。2014~2018 年，全球在可再生能源上的支出为 3 万亿美元，与此相比，未来在去碳等方面的投资将进一步加快。

· 不稳定的油价将给能源公司带来混乱

我们已经看到长达 40 年的能源政策是如何被 40 秒的事件所颠覆的，我们也知道能源市场经常波动的原因。由于生产过剩、投资停摆、经济周期、能源生产去碳化、碳税和地区冲突，油价会出现一系列的高峰和低谷。

未来 30 年，油价可能会在不同时间跌破每桶 40 美元或高于每桶 180 美元。在 2008 年的几周内，油价就从每桶 140 美元以上跌至每桶 40 美元以下。这种极端情况将继续给石油和天然气公司以及绿色科技带来混乱和痛苦。

然而，在未来 30 多年的时间里，平均油价可能会保持在每桶 75 美元以上，这将有助于推动全球向无碳未来过渡。事实上，平均油价高于 75 美元，许多富油国家才能平衡预算。而且，如果没有这个平均价格，就很难看到我们如何能够根据需要尽快向低碳生活过渡。

当油价跌破每桶 75 美元时，绿色科技投资就会受到巨大损害，基金经理很容易失去信心，企业和个人也将推迟节能举措。而且，如果绿色科技公司不能以足够高的价格出售能源，它们很快就会耗尽资金。

未来的石油价格（除了其他因素外）将取决于低成本产油国是否会抑制生产，因为像美国或沙特这样的国家可以在数年内轻松地向世界供应大量石油，而且仍能以每桶不到 45 美元的价格获利。

在新兴国家，从输油管道盗油仍将是一个问题，长线的输油管道无法得到有效的保护，每年的损失可能达到约 70 亿美元。在偏远农村地区或贫民窟的低收入者，为了收入会冒着爆炸和火灾的危险从输油管道盗取石油，可能伴随更大的悲剧发生。

· 石油峰值的真相——全球供应

过去 30 年，有许多关于石油和天然气将很快耗尽的预言。然而，仅在 2008~2013 年，按照目前的消耗比率估算，能源行业对全球天然气储量的估计就从目前的 60 年增加到了 200 年，这仅仅是由于页岩气的创新开发。已探明的石油储量每年都在持续增加，尽管迄今为止，只有 1/3 的可能含有石油的地质构造被勘探过。

每一次能源价格上涨，就会有更多的碳被提取出来。过去，由于开采难度太大，油井中大约 65% 的石油不得不留在地下。在 2014~2015 年油价暴跌之前，由于技术得到了改进，石油公司通常会在海床下 10 公里左右的深度钻探石油，它们预计未来的油价会让石油公司的努力变得更加值得。

· 冰冻甲烷和其他未开发的碳储备

我们还没有开始探索提取冰冻的甲烷，这是世界上最大的碳储存之一。冰盖或海洋下的能源储量可能与今天所有已探明的石油、天然气和煤炭储量一样大。最令人担忧的风险之一是，随着冰盖融化，冰冻的甲烷开始以一种不受控制的方式释放，导致全球变暖失控。地球上没有哪位专家能确定这一现象的影响，但这一现象已经出现了。在夏季北极圈的许多地方，用一根棍子撞击地面就可以点燃一团冒出的甲烷气体。

预计北极将成为开采化石燃料、铁矿石、铀和其他资源最重要的新地区之一。北极可能蕴藏着世界上 30% 的未探明的天然气和 15% 的石油。到 2025 年，对北极的投资将达到 600 亿美元。

冰层下区域的所有权问题会加剧地缘局势紧张。随着加拿大宣称对北极拥有主权，俄罗斯将增加其在该地区的军事布置。类似的争议还存在于对东南亚微型岛屿和周围海床所有权及其开采权的争夺，地区冲突的风险也越来越大，还有很多国家可能涉入其中，包括以各种军事联盟形式出现的美国和英国。

· 碳储备永远不会耗尽——碳消耗将从 2025 年开始下降

事实上，碳储量永远不会枯竭，因为如果价格继续上涨，总有更多的碳可以开采，也因为可利用的碳总比燃烧的碳要多，而且在许多国家，超过限额的开采最终将成为非法行为。

可再生能源增长如此之快，到 2025 年，全球电力消费的所有增长都将由可再生能源提供，这意味着化石燃料的消费可能会从那一年的峰值水平之后逐年下降。

事实上，我们可以采取措施禁止使用超过目前已发现储量的 40% 的化石燃料，除非能够找到更好的方法从火电站捕获二氧化碳排放，并将它们储存回地下。

当然，人类已经能够将不同形式的含碳能源或多或少地转化为其他形式的能源，包括将天然气转化为类似煤的物质、菜籽油转化为汽油、煤炭转化为天然气、木材转化为石油、二氧化碳废气转化为汽油等。我们还可以利用风能制造甲烷或氢气，作为储存能量的方式。

· 减少排放的捷径

对任何国家来说，在短期内减少碳排放最快、最便宜的方法就是从煤炭转向天然气。用天然气取代 5 座燃煤发电站相当于安装 9000 兆瓦的风力发电站。在美国，2007~2013 年，碳排放下降了 12%，主要是因为页岩气的繁荣使 50 多家燃煤发电站倒闭。

天然气快速而灵活地平衡了核能、风能或太阳能资源，到 2060 年，天然气仍将在发电站被广泛使用，并将成为国家电力管理的核心元素。这并不是因为到那时我们的世界将需要如此多的天然气发电站，而是因为大型公共事业公司遗留下很多在几十年前为了取代煤炭而修建的天然气发电站。

水力压裂法将被更广泛地接受，部分原因是欧盟担心俄罗斯的天然气供应不可靠。水力压裂技术彻底改变了美国的能源市场，美国在 2018 年取代沙特阿拉伯成为最大的石油生产国。但水力压裂法也带来了隐性的环境成本，特别是在这一过程中每口井需要耗费高达数百万加仑的水，这些水会被危险的化学物质污染，还可能导致地下蓄水层受到污染。

随着水力压裂技术的普及，俄罗斯和沙特阿拉伯等国家将受到负面影响。可以预期，一些国家将试图减缓水力压裂行业的发展，包括资助相关组织以及向市场供应大量廉价石油。

我们还将看到对全球液化天然气运输设施投资的增加，部分是为了应对美国页岩气的过剩问题，同时也是为了减少欧洲对俄罗斯天然气的依赖。预计在港口、船舶、管道、天然气储存和基础设施方面将有巨额投资。

· 万事紧密相关

页岩气的繁荣意味着美国的天然气价格将大幅下跌，许多规模较小的天然气公司将破产。与此同时，燃煤电厂失去了竞争力，仅一年就有超过50家倒闭，因此全球煤炭价格下跌。结果越南人开始建造大型的燃煤发电站。

六　50万亿美元的绿色科技投资

未来30年，绿色科技投资将超过50万亿美元。目前，对可再生能源的投资超过了对煤炭、天然气、石油和核能的投资总和。全球约25%的发电来自可再生能源，预计到2040年将超过40%，这主要得益于政府主导的能源战略决策。我们将需要一场类似的革命来减少建筑和交通对天然气和石油的消耗。

当油价超过每桶85美元时，即便是最坚定的气候怀疑论者也会转向节能。另一个驱动因素是政府担心在能源上依赖某一固定国家。因此，节约成本、维护国家安全、保护环境——无论最初的动机是什么，结果都将是一场疯狂的绿色科技创新，即使这一进程可能会因传统能源价格的短期下跌而受到抑制。

即使在未来50年看不到任何绿色技术创新，我们也已经以可负担的成本拥有了所需要的各类技术，只需要扩大现有技术的使用范围即可。

· 以低成本应对气候变化

做这些事没什么成本，比如更换旧冰箱、汽车或燃气锅炉。实际上，购买新型产品的开支会比之前少，而且这些产品更加节能。更换新的更节能、更环保的汽车，能源消耗将在10~20年内迅速下降，降幅可能会超过30%。

还有许多其他节约能源的方法，可以实现在5年或更短的时间内抵消成本。例如，一些公司为有15年历史的办公室和酒店提供免费的供暖和空调升级服务，条件是业主在一定期限内向公司支付与过去相同的能源费用。绿色科技公司贷款支付其所有的设计和安装费用，并支付前四年的所有能源账单。与此同时，每个月业主都要向公司支付以往支付给公用事业公司的天然气或电力费用。但是，一旦安装了新系统，能源消耗将会大大减少，节省下来的成本可以偿还贷款，可以提供足够的资金支持所有的安装费用，而且还会有利润盈余。

在许多国家，街道照明的能源消耗占全部能源消耗的 5%，如果更换电灯可以将能源消耗减少一半以上，4 年后就能收回成本，最多可以节省全国能源消耗的 3%。

节约建筑物中能源的一个好方法是让建筑的使用寿命更长。建筑物在整个生命周期中大约 30% 的能源消耗产生于建造阶段，10% 的能源消耗是在拆除过程中。过去 10 年里建造的大多数办公室只能维持 30 年，或者最多 40 年，这是一件令人尴尬的事情。在发达国家，大多数私人住宅的建造寿命为 100 年或更长。各类技术节能数据见表 5-1。

表5–1　各类技术节能数据

——如何以“零成本”减少30%~40%的全球二氧化碳排放

技术	节约能源	减少全球能源消耗	投资回收期	引进速度
低能耗路灯	60%	3%	4年	1~10年
高效飞行	35%	1.5%	3~10年	1~15年
低碳交通	35%~70%	10%~20%	5年	1~15年
建筑控制	35%~70%	4%~5.5%	4年	1~15年
绝缘房屋	5%~50%	6%~8%	3~15年	1~15年
热水泵	25%~50%	6%~8%	10~15年	1~25年

有 11 个国家的企业和政府每年已经在节能方面投入了大约 3000 亿美元，而这只是开始。仅为汽车发动机的每个运动部件涂上纳米涂层就能节省至少 5% 的燃料成本。冷凝燃气锅炉可节省 30% 的燃料。这个清单没有尽头，每天都有数百项与能源相关的新专利申请。

· 太阳能电池板的成本将下降到零

太阳能电池板的成本将继续以每年 12% 的速度快速下降。目前只能将 18% 的太阳光转化为电能，但预计在未来 15~20 年，转化率将会提高一倍以上。家用太阳能板每瓦特的成本已经降到了 3 美元。但美国的超大型项目每千瓦时发电成本为 6 美分，没有任何补贴，低于煤或天然气发电的成本。

最新的硅基太阳能板已经非常便宜，房主可以用银行贷款购买，而且从第一天就可以在没有政府补贴的情况下赚钱。澳大利亚、德国、意大利和荷兰的情况就是如此。由于政府的大量补贴，德国在太阳能电池板使用方面已经领先于欧洲，但未来还不止如此。下一代太阳能电池板的效率将是现在的 2 倍。

世界各地已经安装了超过 6 亿千瓦的太阳能电池板，而且从 2025 年开始，每 3 年至少还要安装同等数量的太阳能电池板，相当于英国整个能源消耗的 5 倍。意大利大约 8% 的电力来自太阳光。预计到 2025 年，太阳能将得到大规模的发展，到 2060 年，太阳能很可能成为世界上最主要的电力来源。

大多数太阳能电池板将安装在没有连接到国家电网的地方——为目前没有电网的 10 亿人口提供服务。太阳能发电装置造价昂贵，但没有运行成本，而且可以使用很多年。

想象一下，如果把能源生产包括在内，世界上最便宜的屋顶材料是太阳能电池板。随着太阳能电池覆盖汽车、工厂、墙壁、屋顶、机场、田野、湖泊和沙漠，太阳能将迎来繁荣时期。一些国家的湖泊所有者开始用漂浮的太阳能电池板覆盖湖泊的部分表面，这样就不会过多地干扰野生动物。欧洲各地的农民正在用太阳能电池板覆盖土地。研究表明，有太阳能面板覆盖的土地生物多样性往往高于被开垦的土地。

· 沙漠可以为整个美洲和欧洲提供能源

我们将看到沙漠中规模宏大的太阳能面板阵列，这些镜面将光线反射到装有气体的管道上，以驱动蒸汽涡轮机。太阳能电池板已经在西班牙和阿联酋建造，但随着成本的下降，它们将被硅基太阳能面板取代。在内华达州的沙漠中，一个长 50 公里、宽 80 公里的太阳能发电厂理论上可以为美国大部分地区提供足够的能源，前提是要有智能电网，以及白天存储供夜间使用的大规模电池存储（时间差将有助于分散负载）。印度已经建成了一个 20 亿瓦的装机容量，并计划再建一个 50 亿瓦的装机容量。最大的挑战之一就是灰尘：在西班牙，大面积的太阳能板一年只需要清洁一次，而在阿联酋，则需要每周清洁一次。

· 风、浪和潮汐

2020~2050 年，风力发电将实现巨大增长，尤其是西欧浅水海域的近海岸地区，以及整个中国。风力发电的叶片平均长度将继续增加，效率已经提高，但几乎没有可以移动的部件和更好的叶片设计方案了。将很快实现叶片尺寸和其他部件的优化，2030 年后风能的革新将慢于太阳能。

预计到 2025 年，仅欧盟的风电装机容量就将达到 2500 亿瓦[1]。中国将主导这一全球产业，它已经拥有比任何国家都多的涡轮机。但在许多地方，人们会反对建造更多的风力发电场，认为这是对景观的“视觉污染”。

未来有更多来自海浪和潮汐的能源，其中大部分来自潮汐坝，其储量相当于 2050 年美国能源的 15%。然而，这类项目需要巨额投资，而且与太阳能、风能和其他能源相比，未来其吸引力可能会有所下降。我们将在苏格兰和布列塔尼等潮汐流很强的地方看到更多的潮汐涡轮机。但与太阳能或风能相比，海浪发电机将被证明是非常昂贵且令人失望的。

· 智能电网

地球上风最大、阳光最充足的地方往往远离城市，因此我们需要新的途径来传输风能和太阳能，以致不会造成高功率损耗。我们还需要连接数以亿计的家庭发电机，使这些家庭太阳能电池板和风力涡轮机成为国家电网的一部分。

超级电网将把电力输送到数千公里之外，横跨整个大陆，几乎没有电力损耗。超级电网使用的是高压直流电而不是交流电，所以电力总是向同一个方向流动，这意味着只有很少的电力以电磁辐射的形式流失到大气中。预计全球将花费超过 100 亿美元建设超级电网。

作为 1000 亿欧元欧洲投资的一部分，仅德国就计划建设 6400 公里的超级电网，但成本和对景观的影响将是一个大问题，而且可能会放慢建设速度。无论发生什么，未来欧洲在能

---

① 2020 年 11 月，欧盟委员会宣布到 2050 年将欧盟海上风能提高 25 倍的计划，预计将投资 7890 亿欧元。欧盟计划将海上风电装机容量（不包括英国）从 2020 年的 120 亿瓦增加到 2030 年的 600 亿瓦，到 2050 年达到 3000 亿瓦。参见《欧盟希望在未来 10 年内将海上风能发电量提高 5 倍》，参考消息网，2020 年 11 月 20 日，https://www.cankaoxiaoxi.com/science/20201120/2425146.shtml——译者注。

源方面的合作将会更加紧密。

· 通过能源储备管理调节能源价格

未来有对低成本能源存储的巨额投资，利用现有技术和未来的创新，让低成本能源存储不再被视为主要问题。到目前为止，夜间储存多余能量的最常见方法是将水从一个大坝用水泵抽到高位大坝，被更广泛使用的方法是盐穴——一种地下天然空间，透气性不强，需要用额外的能量把空气压缩到盐穴中。当需要动力时，压缩空气与天然气结合燃气轮机形成涡轮增压。

我们将数十万辆电动汽车的电池作为额外的电源储存站，因为它们大部分时间被接入了国家电网。汽车电池将在用电高峰时充当电力捐助者，这得到了车主们的同意，参与者将获得报酬。我们还将看到许多巨型电池库，比如特斯拉建设的为整个城市或地区服务的电池库。特斯拉在澳大利亚的 100 兆瓦电池每年的收益为其成本的 33%，取代了以前只在一年中的几天高峰时使用的非常昂贵的发电站。

如果我们考虑了上述所有因素，其综合效应将更加明显。2013 年的 6 月，德国阳光充足、风力充沛，国家电网却面临崩溃的威胁。能源公司被迫联系一些用电大户，说服企业想办法消耗更多电网中的电力。企业每消耗一个单位的电，能获得 4 倍于正常电费的报酬，电力价格实际是负数。预计绿色科技能源市场将出现更多激烈的动荡。

· 核泄漏危险也挡不住的核繁荣

尽管日本发生了福岛核灾难，但我们仍将看到全球新建核电站的热潮——除了日本和德国。仅在核反应堆压力容器方面，全球每年的支出就在 160 亿美元左右，其中亚太地区正在新建 48 座核电站，其他地区还有 22 座。

唯一能放缓核电建设的是再发生一场重大核事故，比如在法国，核事故的放射性尘埃会扩散到整个西欧。到 2060~2070 年（或更早），我们可能会看到基于核聚变的新一代核电站。核聚变是一种完全不同于原子裂变的技术，它将两个不同的原子融合在一起释放能量，产生的放射性废物要少得多。欧盟、美国、日本、中国、印度、俄罗斯和韩国将在法国联合建造一座 2.3 万吨、500 兆瓦的实验性核聚变反应堆，预计将耗资 300 多亿美元，并计划在 2025 年进行第一次等离子体实验。

与此同时，全球航空航天公司洛克希德 · 马丁公司声称已经建造了一个小型的采用“微型核聚变”技术的产品样品，并希望在 2025 年之前制造出商用的设备。这种设备可以装在一辆卡车上，每年可以用 20 公斤的燃料为 8 万户家庭提供电力。

中国正在探索使用钍作为新燃料，中国并不缺铀，铀的成本约占新反应堆成本的 3%。当铀的价格上涨 3 倍的时候，尽管这个价格还能接受，但是我们依然可以开始从海水中开采铀。即使使用目前日本的能源技术，以现在的能源水平估算，仅从海水中就可以生产出供全世界使用 1 万多年的铀用量。

那些担心核废料产生的长期后果以及辐射泄漏或爆炸风险的人，会因为安全和成本的原因而支持太阳能和风能。但一些国家的政府认为，这类能源需要以稳定可靠的非碳能源作为补充。

· 德国将走上反核道路

德国正在加快淘汰核能，将其作为向可再生能源转型政策的一部分，淘汰速度很快，以至于即使太阳能和风能迅速发展，也难以弥补损失。德国通过提供非常慷慨的政府补贴，实现了绿色科技的繁荣。用于这些补贴的资金将从所有能源客户那里以一种特殊的绿色能源关税收回，该关税将被添加到正常的能源价格中。所以绿色科技繁荣的结果是能源成本的猛增。

到2020年，德国工业支付的能源价格上升到每兆瓦时150美元左右，几乎是美国的3倍。这是75%的中小型工业企业面临的主要风险。像巴斯夫（BASF）、西格里碳素（SGL Carbon）和Basi Schoberl等能源需求大的公司可能会被迫将生产从德国转移到美国，因为美国的页岩气价格很低。

德国每年花费200亿美元用于绿色补贴，相当于减少1吨二氧化碳排放需要投入200美元。与此同时，各公司之间的碳信用交易价格为每吨二氧化碳仅20美元，因此市场出现了一些奇怪的运作力量。碳交易市场将进行重组，至少需要5~10年的时间，碳定价才能稳定到一个更可持续的水平。

碳排放交易在未来将非常重要。全球约15%的排放已经受到限制，相当于约70亿吨二氧化碳。因此，需求超过上限的企业或国家需要从已经减排的企业那里购买碳排放许可，从而有效地为脱碳提供资金。碳排放市场最初充斥着过于慷慨的碳排放额度，这种情况将会发生改变。

· 氢和燃料电池——一些虚假的承诺

氢不太可能成为全球汽车、卡车或飞机的主要燃料，原因有几个。第一，它是一种在罐内运输的低效燃料，每升产生的能量比碳基气体要少。第二，氢气体分子非常小，所以很难防止泄漏。第三，电池技术正在迅速提高，汽油和柴油发动机的效率也在提高。比方说，在美国建设一个全国性的氢气电网是不可能的，因为成本太高，根本不会考虑。但我们将看到氢动力汽车在城市中的增加，例如公共汽车。

可以预见，直接利用碳燃料发电的燃料电池将得到进一步的改进。然而，与氢电池一样，这种燃料电池在未来 20 年将面临下一代电池的激烈竞争。

· 生物燃料——期待彻底的反思

如果把粮食作为汽车燃料来燃烧或者把农场收获的谷类转化为另一种形式的碳，而不是用它们来解决世界人口的吃饭问题，未来的几代人会认为这都是一种犯罪。2015 年美国种植的 40% 的玉米已经被转化为生物燃料。在欧洲，所有的司机都被法律强制要求他们的汽油车、柴油车或卡车用粮食作为燃料——欧盟销售的 5% 的汽油或柴油来自粮食作物，到 2020 年上升到 10%。

美国政府鼓励使用生物燃料来帮助美国实现能源独立，但即使把每吨粮食都转化成汽油或柴油，也不足以维持 25% 以上的汽车行业的运转，所以这对能源政策的影响是微不足道的。

更糟糕的是，由于制作肥料使用了能源，把生物燃料运输到工厂排放了二氧化碳，制造生物燃料使用了能源，用卡车把燃料从农村运到城市使用了能源，所以导致损失了理论上可以节省的高达 92% 的二氧化碳排放量。生物燃料通常是在砍伐了森林的土地上生成的，尤其是在巴西这样的国家，这进一步破坏了生物燃料的环境效益。

就补贴而言，生物燃料也很昂贵。例如，欧盟为生物燃料节省的每吨二氧化碳需支付 1200 欧元，这是德国为减少二氧化碳排放而对各种绿色技术平均支付的补贴的 6 倍。

· 生物燃料对农业的影响

生物燃料生产正在许多国家的农村普及。在欧盟内部，一块面积相当于比利时大小的农田被用来种植供欧盟使用的生物燃料。欧盟的生物燃料农场使用的水比整个塞纳河和易北河的流量加起来还要多。阿根廷则利用广袤的农田生产低成本的生物燃料，并大量销往欧盟市场，导致许多欧盟生物燃料生产商破产。

在 8.4 亿人面临饥饿的时代，仅欧盟每年用于汽车的生物燃料就足以养活 1 亿人口。进口粮食作为燃料更不可取，它仍然影响着全球粮食供应和肥沃土地的使用。

过去 10 年，全球一些食品价格曾两次上涨超过 50%。而联合国每一次都表示，高达 70% 的上涨可能是燃烧谷物获得汽车使用的生物燃料导致的。因此，生物燃料政策的直接后果可能是世界上有超过 3000 万人在挨饿。真正的问题是世界各地的人们如何看待这一切。

· 粮食价格和石油价格将被捆绑在一起

当粮食和能源被关联在一起的时候，就形成了一个单一的粮食——燃料市场，就此全球石油价格和粮食价格被紧紧地捆绑在一起，这是一个危险的局面。这意味着土地价格、农田价格和林地价格（因为林地可以用来种植谷物）也已经与能源价格挂钩了。

因此，中东石油恐慌导致粮食价格飙升。如果石油价格在未来 10 年翻一番，一些粮食的价格也将翻一番。一些人反驳说，虽然这可能适用于从粮食中提取的生物燃料，但在转化“生物质”（Biomass）（非食用作物）时情况就不同了。但生物质同样来自土地，因此，我们看到农民用大量的土地来种植被当作生物质的作物，这样就减少了用于种植粮食的土地面积。

生物质已成为能源领域一个非常时髦的概念。英国最大的燃煤发电站德拉克斯已经转型为生物质发电站。唯一的麻烦是，仅从英国是不够喂养这只怪物的，所以生物废弃物被装在集装箱里从巴西转运到德拉克斯——全球疯狂的又一迹象。

一些人声称，生物燃料是碳捕获的一种自然形式——利用阳光从空气中获取碳来制造燃料——但是捕获的时间只持续几个星期，总体上对碳的影响是零。种植粮食也是同理。

一些作为生物燃料的作物生长非常快，比种植粮食能捕捉更多的碳，可以在不适合传统农业的地区生长，但这些作物将会争夺自然荒野、湿地和森林地区，以及农田。

· 碳捕获技术最终将得到广泛应用

减少二氧化碳排放的一个显而易见的方法是，从天然气或煤电厂捕获烟囱气体，然后把它们埋在地下的旧气田里，当然，这些气田已经被证明永远都不会泄漏。这一过程仍处于试验阶段，但预计会迅速发展。

碳的捕获、利用和储存已经是一个年度价值 30 亿美元的产业，且每年的增长超过 20%。

减少碳排放一个简单的方法是利用发电站的电能从大气中提取氧气，再将氧气泵入发电站来燃烧天然气或煤炭。然后，烟囱里排出的气体就只有水蒸气（冷凝后成为水）、少量的二氧化硫和纯一氧化碳，再将这些气体泵入地下气田中。

2014 年，世界上第一家大规模捕获和储存工厂在加拿大启用。超过 100 万吨的二氧化碳被泵入一座油田，这将有助于进一步的石油开采。预计在美国、加拿大、沙特阿拉伯和澳大利亚将看到更多此类项目。类似项目在美国的增长会加速，因为每吨埋在地下的二氧化碳将获得 50 美元的税收抵免，每吨以其他方式使用的二氧化碳将获得 35 美元的税收抵免，但这还不足以覆盖所有的成本。

· 拥有一个能源免费的世界

展望 2100 年后，免费电力将成为数亿人正常生活的一部分。事实上，对于那些拥有太阳能电池板或风力涡轮机已经有一段时间的人来说，这种情况早已存在，它们的成本已通过之前节省的燃料费支付了。他们将继续享受免费电力，直到这些设备坏掉。同样的道理也适用于那些在当地溪流或河流上用小型水轮机发电的农民。

因此，未来的电力发展是资本投资的问题，而不是燃料消耗的问题。

七 可持续城市、绿色制造业和 IT 行业

每一位建筑师、建筑商和城市规划师都将关注未来的可持续性，这将是智慧城市的一个关键目标，利用下一代互联技术来减少能源使用和提高效率。许多欧洲国家将要求一定比例的新住宅达到完全碳中和，这样所有的碳排放就可以被卖给其他消费者的绿色能源所抵消。这不仅是一个碳排放的问题，也是一个空气质量的问题，尤其是在像德里这样的大城市，研究表明，由于污染，那里的平均预期寿命现在减少了 10 年[①]。

---

① 根据印度热带气象学研究所的研究，由于越来越严重的空气污染，德里市的预期寿命下降了 6.4 岁。根据 IQAir Air Visual 编制的《2019 年世界空气质量报告》，全球 30 个污染最严重城市中有 21 个城市在印度。参见《2019 年世界空气质量报告》，《IQAir AirVisual》，2020 年——译者注。

在未来 20 年里，许多制造商将把单位生产能耗降低至少 50%，就像欧洲石化工业在过去 20 年所发生的那样。到 2040 年，许多工厂将用绿色能源生产大部分或全部的电力。

· 网络占全球电力消耗的 5%

IT 行业将面临提高能源效率、节约成本和保护环境的巨大压力。全球至少 5% 的能源消耗在网络上，包括在本地设备上浏览。这还不包括用于挖掘比特币和其他加密货币或使用这些货币进行交易的全球能源的 1%。

而数以万计的网络服务器已经浪费了足够为小镇供电的能源，这就是为什么未来会有更多的服务器被安置在世界上非常寒冷的地区以降低其冷却成本。在某些情况下，服务器所产生的热量已经被用于寒冷地区的家庭供暖，但在大多数情况下，100% 的热量被浪费了。

· 5000 亿美元回收行业的进一步增长

节约能源、森林和原材料最简单的方法之一就是循环利用。一个价值 5000 亿美元的产业得到了政府补贴和公众支持，并将在未来 30 年迅速增长，尤其是在新兴市场。工厂使用的所有铜中，大约 34% 来自回收资源；美国每年回收 5 亿吨钢铁；所有钢铁产品的 20% 被回收利用，这一过程为该行业节省了 75% 的能源。

仅在美国，回收企业废弃物的业务价值每年就超过 80 亿美元，每年增长 1%，并创造了 45 万个就业岗位。但超过 2000 个垃圾填埋场仍在处理垃圾，只有 10% 的固体垃圾得到回收。每个美国人每天产生 2 公斤垃圾，一生中平均产生 64 吨垃圾。美国每小时被扔掉 250 万个塑料瓶。中国政府已经禁止大部分塑料和纸张垃圾的进口，这意味着40%以上的美国和欧洲的生活垃圾将在本地处理。

海洋中已经有大约4亿吨的塑料垃圾，按照目前的趋势，到2050年，海洋塑料的重量将超过海洋中所有的鱼类。几乎每一种海洋生物，以及数百万人体内都发现了微小塑料颗粒。预计未来10年，全球将出台数千项新法规，迫使人们迅速采取行动应对这一问题。其中一部分将涉及对聚酯服装和洗衣机设计的深刻反思——一次洗衣就能释放出70万微塑料纤维。

回收一个塑料瓶所节省的能量足以让一个100瓦的灯泡工作4个小时。从碳排放的角度来看，塑料是一个非常长期的碳捕获方法：它们是惰性的，几乎所有塑料里的碳分子在数千年内不会转化为二氧化碳，除非是由可生物降解的聚合物制成的，这是一个相对较新的市场，将在2023年达到60亿美元的规模。

人们将看到在收集和分类生活垃圾方面的许多创新。欧盟的拆车厂已经实现100%的回收，整辆汽车被切割成18种不同材料的小部件，并在一个连续的过程中进行自动分离。在劳动力成本高的国家，同样的技术已经被用于处理家庭和商业废物，每年对数千万吨废弃物进行自动分类。但新兴国家仍几乎完全依靠手工分类。

· 闭环回收是未来的趋势

大多数回收实际上是降级循环，即高质量的产品最终变成了低质量的原材料。例如，塑料瓶被用作新房子的绝缘材料，面巾纸被用作新闻纸。

真正的可持续性意味着闭环回收。例如，水瓶被收集、熔化，再重新制成新的水瓶，如此反复。其他任何方式都是具有破坏性的。可持续发展应当建立在这一技术基础之上，预计对闭环技术的投资将是巨大的。政府将迅速引入这项技术，而且这项技术已经得到验证，成本也在下降。

在德国，塑料容器被回收并重新制成新的塑料容器的比例在 5 年内从不到 50% 跃升到 90% 以上，这只是由一家制造商 Tomra 制造的机器收集的 350 亿个塑料容器中的一部分。但是每年仍有 1.4 万亿个塑料容器被扔掉，所以我们还有很长的路要走。

随着原材料价格的上涨，预计许多旧垃圾场将由回收机器开采。

八　保障供水将是关键挑战

水是人类的基本生存需求之一，全球面临着严重的供水短缺问题，尤其是在特大城市。目前，全球有 1/3 的人口生活在水资源短缺的地区，到 2025 年，这一比例将增加到 2/3。虽然像巴西这样的国家拥有丰富的清洁河水，但大多数国家已经面临水资源短缺的问题。

在全球范围内，我们现在使用了 35% 的可用水供应。尽管世界上只有 1% 的土地得到了灌溉，但农业用水占了全球抽水总量的 60%。另外 19% 用于稀释污染、维持渔业和运输货物。因此，人类已经消耗了地球上大约一半的水资源。自 1950 年以来，随着全球人口的增加和日益富裕，以及更加密集的饥荒和气候变化，水资源使用量已经是原来的 4 倍。到 2040 年，许多新兴国家的用水需求将至少增长 40%。在热带国家，由于受欢迎的度假胜地对水的需求不断飙升，压力将会更大。

更糟糕的是，温暖的海洋和陆地温度意味着一些地方雨水更多，而另一些地方雨水更少。在全球许多最重要的农作物种植区，地下水位正在下降，包括美国西部、印度大部分地区和中国北方地区，这些地区的地下水位每年下降1米。在美国的一些地区，由于采用水力压裂法开采石油和天然气，水位已经大幅下降。为了平衡水供应和人口的增加，将有更多跨越国家和大陆的更长的管道，这将为贸易、政治需求以及恐怖分子或敌对政府的破坏活动创造新的机会。

水和电力行业在未来将会更加紧密地联系在一起，因为水资源管理需要使用大量的电力。此外，正如我们将看到的，可以用电把海水制成淡水。

· 亚洲的许多河流处于半死亡状态

过度灌溉意味着亚洲的许多河流在一年中总有干枯的时间，它们包括印度的大部分河流，南亚的主要水源神圣的恒河以及中国的黄河。

到2025年，全球城市居民人数将达到50亿人，许多国家正在采取措施将水从农田转到城市。目前，中国有300个城市正面临水资源短缺的问题。

到2025年，几乎所有工业化城市的家庭都将受到影响，包括普遍使用的水表、“灰水”系统（例如，把洗澡水储存起来用于浇灌花园），以及将所有水视为有限的自然资源的文化转变。对节约用水的规定将会和节能领域一样多。

· 2030年，一个干渴的世界

到2030年，世界上几乎所有具有经济开发价值的河流都将用于满足农业、工业和家庭的需要，同时还要维持湖泊和河流的水位。但这只是基于目前的趋势，并没有考虑到气候变化。

咸海的消失被乌兹别克斯坦的政府描述为人类历史上最严

重的生态灾难之一，发生在仅仅一代人的时间内。咸海最初是世界上最大的湖泊之一，现在的海岸已经远离了原来的位置，而且矿物质含量也急剧上升。

与此相伴的是沿海污染。虽然世界上有一半的人口仍然缺乏基本的卫生设施，但当地 80% 的海水污染是由淡水携带的污染物造成的。

· 确保未来水供应

人类将找到许多更有效地管理水资源的方法。以下是解决水供应短缺问题的一些方法——仅前两种就会使大多数发达国家和许多新兴国家的城市产生巨大的变化。

√　每个用户安装水表，提高每升用水的费用

√　停止泄漏——伦敦 25% 的水因老旧的管道而造成流失

√　滴灌和种植抗旱作物

√　将耗水农业转移到世界上更湿润的地区

√　通过修建小型水坝，改善农业区域水资源管理

√　修建用于发电的大型水坝

√　收集雨水，如屋顶蓄水箱

√　减少洗衣机、洗碗机和卫生间的用水

√　将废水或“灰水”回收用于饮用、洗涤或食品制备以外的用途

√　增加使用纳米技术涂层表面，这样无须大量用水就可以完成消毒或清洁，例如在小便器中

· 海水淡化成本将会下降，并得到广泛应用

未来 20 年，来自海洋的淡水产量每年将以至少 8% 的速度

增长，目前世界海洋淡水产量约占全球淡水产量的 1% 左右。随着新型膜的效率不断提高，以及因绿色技术的广泛应用而不断下降的能源成本，海水淡化技术将迎来巨大的革新。以色列已经有大约 50% 的水是通过这种方式生产的，每立方米（吨）只需 58 美分。中东和非洲每年在海水淡化上已经投入 80 亿美元。

全球拥有无限的海水和大量尚未被利用的太阳能，可以利用太阳能进行海水淡化，尤其是靠近海洋的非常炎热的沙漠地区。含盐量较低的水源将被海水淡化厂使用，比如在伦敦东部的海水淡化厂利用的就是泰晤士河的潮汐水。

· 水资源战争的风险

水资源将成为一个国家安全问题。叙利亚和伊拉克已经出现了这种情况。河流、运河、水坝、水处理厂和管道都成为军事目标。

我们可以看到国与国之间的水资源战争。比如，一条长河有多少水流入了一个国家，或者一个国家可以在多大程度上污染另一个国家的供水。2006 年，东非发生了一场干旱，导致维多利亚湖水位下降。乌干达政府决定减少维多利亚湖通过水电站大坝流入尼罗河源头的水量。这违反了 1929 年签订的一项条约，该条约规定埃及拥有尼罗河 80% 的水资源的专有权。乌干达的行动也威胁到了苏丹，这个国家同样依赖于尼罗河。

黑海周边国家通过欧盟起诉德国和奥地利污染多瑙河。黑海的藻类大量繁殖杀死了数以百万计的鱼类，并使 40 种鱼类彻底灭绝。在河流的上游和下游之间，无论是农民、村庄、城镇、城市、国家还是地区，都将出现更多的纠纷。

· 大坝将会更大，也将更具争议

全球每年新建的 300 座大坝将迫使多达 400 万人离开世代居住的家园。理论上来说，修建大坝是一个很好的主意，可以提供免费电力、灌溉、防洪、旅游景点、水上运动、养鱼和抗旱，能够创造就业机会，体现了国家实力，也有助于防止全球变暖。例如，刚果河下游的因加（Inga）水利枢纽是全球最大的水利工程之一，可以满足整个非洲一半的能源需求，而非洲仅有 10% 的潜在水力发电能力得到了利用。

但是水坝也会改变环境。持续的灌溉将盐带到地表，使得农田越来越贫瘠。过去被洪水冲走的淤泥将淤塞水库，鱼类无法逆流而上。

· 人均日用水量（欧盟）

根据水足迹网络（Water Footprint Network）的数据，欧洲人每天消耗 4.6 吨水。但其中大约有 3 吨是虚拟水（Virtual Water）。例如，吃一个番茄，你就间接消耗了 13 升水，因为种植一个番茄要消耗 13 升水（见表 5-2）。棉花种植是用水大户。许多不同的组织已经计算过，1 千克棉花纤维在种植过程中需要 1 万升水。

表5-2　不同农作物或工业产品对应的人均水消耗量

农作物或工业产品	水消耗量（升）
棉花球	4.5
番茄	13
一张纸	13.6
一片面包	50
一个橘子	58

续表

农作物或工业产品	水消耗量（升）
一个鸡蛋	146
一品脱啤酒	170
一个汉堡	2400
一件棉T恤	4000
一双皮鞋	9600
一条牛仔裤	11000

· 8000 亿立方米虚拟水

各国将通过虚拟交易来节约用水。例如，种植 1 公斤大米需要 1 吨水，种植 40 公斤的大米需要 40 吨水，一辆满载 40 吨大米的卡车相当于向一个缺水的国家运送 1000 辆卡车的水，而每辆卡车装载 40 吨水——相当于一艘小船，所以在沙漠中种植大米是疯狂的。像埃及这样缺水的国家将能够通过多生产商品和少种粮食来节省大量的水资源[①]。

我们的世界每年已经交易了 8000 亿吨虚拟水，相当于尼罗河水流量的 10 倍。如果所有运往美国、欧洲和世界其他地区的食品关税壁垒都被消除，虚拟水的交易量将在短时间内翻一番。

九　如何拯救世界森林

森林砍伐是温室气体排放的最大原因，相当于全球温室气

① 2019 年 3 月，中国工程院院士袁隆平带领的青岛海水稻研发中心团队对迪拜热带沙漠实验种植的水稻进行测产，最高亩产超过 500 公斤，这是全球首次在热带沙漠实验种植水稻取得成功。参见新华社《沙漠种植水稻初获成功，粮食安全再添“中国贡献”》，中国政府网，2018 年 5 月 30 日，http://www.gov.cn./xinwen/2018-05/30/content_5294853.htm——译者注。

体排放总量的23%，比所有汽车、卡车、火车、飞机和轮船的总和还要多。每年有1300万公顷的森林被砍伐，相当于13万平方公里，是比利时国土面积的4倍多，接近希腊的国土面积。在巴西等一些国家，仍存在大规模的非法伐木，这一产业每年的产值为1000亿美元。

森林能够产生氧气，储存碳，增加降雨，防止洪水。因此，我们将看到为保护森林、扩大森林面积做出的各种努力。世界森林的碳储量相当于全球每年碳排放量的40多倍。保护森林也能促进生物多样性。世界上几乎一半的陆地物种生活在巴西和印度尼西亚。期待有更多的努力来保护这些国家的动物栖息地。

与此同时，植树活动正以惊人的规模进行。过去15年，整个欧洲的森林面积增长了15%，相当于希腊的面积。欧洲每年新增的森林面积相当于150万个足球场的面积[①]。

全球范围内，仅在过去的5年里就种植了120亿棵树，其中2009年在联合国倡议下全球种植了25亿棵树——比计划多10亿棵[②]。美国在一项活动中就种植了3000万棵树。在两年的时间里，西班牙种了7000多万棵树，罗马尼亚种了1100万棵，法国种了500万棵。预计会有更多的森林交易计划来保护或管理脆弱的森林，以换取碳排放额度。

但在未来50~60年，种树对全球变暖的影响将是有限的。最重要的是不要乱砍滥伐。森林里面的一棵新树可能会在之后60年的时间里捕获1吨碳，但大部分都发生在60年的最后15年里。在一片成熟的森林中，几乎所有的碳都封

---

① 根据联合国粮农组织《2020年全球森林资源评估》报告，全球森林面积共计40.6亿公顷，约为陆地总面积的31%，全球森林面积持续减少，1990年以来损失了1.78亿公顷森林。2010~2020年，亚洲森林面积净增最高、最多的是中国，2020年中国的森林面积为2.1997亿公顷，比2010年增加了1936万公顷——译者注。

② 2006年，联合国环境规划署和世界农林中心推出“十亿棵树计划”——译者注。

存在活的树木中，但很少有碳能长期储存。当树木死亡并逐渐腐朽，它们所含的碳会成为从真菌到昆虫等各种有机体的食物。

一棵倒下的树在10年后几乎不会留下任何东西。在一片生长有200年树木的森林里，地表1/3米以下会挖到含碳量极低的土壤（比如是黄沙土而不是富含养分的腐殖土）。碳只能在生物降解失败时储存一段时间，这可能是由于酸性沼泽或其他一些不寻常的原因。因此，除非这棵树落入沼泽，否则防止碳返回大气的唯一方法就是将木材用于建筑或家具，防止其腐烂或燃烧。

· 造纸和纸板行业可以成为“绿色”产业

随着全球经济的增长，纸板消费将出现激增；电子商务的增长将会需要更多的包裹送货上门；由于消费者的压力和新的法律，许多企业将减少使用塑料。

造纸和纸板行业经常因滥伐树木、破坏森林和浪费能源而受到谴责。然而，这种行为实际上是会促进森林的生长而不是破坏森林，关键是要使新老树木平衡。如果要建设一个新的造纸厂，砍伐大片的成熟树木，那么即便有最积极的森林管理，那片森林中的碳也会永久流失。对于这种情况，唯一的办法就是在至少2倍于砍伐面积的地方种植新的树木。

纸和纸板包装在许多方面比塑料更环保，特别是因为从树木纤维中提取的纤维素是一种天然的、无害的物质，许多生物将其作为食物消化。想象一下，如果每棵树都被几棵树苗取代，所有的纸或纸板被作为生物质在发电站燃烧或被堆肥用来种植食物之前至少被循环利用两次。这样的产业是真正可持续的、高效的，如果木屑和其他木材废料也被用来发电的话，则会更加高效。

· 弥漫大陆的烟雾——与森林燃烧和煤炭发电有关

未来 10 年，我们将继续看到跨越大陆弥漫的烟雾 。烟雾会加重人们哮喘、支气管炎和许多其他肺部疾病，因直接暴露在一氧化碳中而导致心脏病发作的风险也会上升，从而导致死亡。在加尔各答这样的城市，这可能意味着每年增加 2.5 万人死亡。对整个地区或大陆而言，其结果可能是毁灭性的。

2013 年，浓密的烟雾在东南亚蔓延超过 160 万平方公里，影响了 3 亿人。印度尼西亚被迫为其焚烧森林种植粮食而道歉。由于印度尼西亚的森林大火，1998 年马来西亚宣布该地区的烟雾为国家灾难，导致整个沙捞越的学校都关闭停课。据估计，这些火灾释放的二氧化碳相当于欧洲一年的排放量。

· 碳配给将造成紧张局势

碳排放上限和税收将导致国际局势紧张以及新兴国家和发达国家之间的冲突，除非公平地实施这些政策——但这几乎是不可能的。更多的全球能源峰会可能会以僵局告终。然而，这不会阻止全球范围内绿色技术的快速发展。

未来 30 年里，中国将成为世界上最大的绿色科技投资国，主要是在太阳能和风能方面，并以此改善环境，太阳能和风能也将成为主要的出口产业。当然，中国作为全球最大的碳排放国，仍将受到来自西方国家的指责和批评。

为了公平起见，碳配额必须是一个以人均税率为基础计算的固定配额，或是以对所有碳消费征税的形式在市场公开出售，为最贫穷和最脆弱的群体提供补贴。但这样的制度设计意味着，村民不能再砍伐自己的树木当作烧饭用的柴火，这将使最贫穷的国家永远处于相对无碳的状态。

新兴国家将继续坚持认为它们应该有自己的碳基“工业革命”（Carbon-based Industrial Revolutions），发达国家必须为现在世界的混乱承担最主要的责任，因为这主要来自发达国家在过去 200 多年的工业活动。

有人会说，尽管最富有的国家在一定程度上减少了碳排放，但它们仍在继续掠夺地球上有限的碳供应，因此它们需要大幅削减排放。以英国为例，1790 年，在其以煤和蒸汽动力为基础的工业革命开始之后，英国的碳排放量曾几乎占全球碳排放总量的 100%。

十　能养活 110 亿人的食物

我听到的最大的担忧之一是，到 2050 年我们将无法养活可能达到 110 亿的世界人口。好消息是，我们或许可以养活更多的人，但必须彻底改革土地使用、粮食关税和其他贸易壁垒的问题。

食品生产是世界上最大的产业，占全球 GDP 的 10%，如果算上农业、食品包装、餐馆等，每年的产值约为 8 万亿美元。根据联合国的数据，全球有 8.4 亿人营养不良，经常挨饿。这一数字在 10 年内下降了 1.6 亿人。

今天，我们已经种植了足以养活 90 亿人的粮食，但我们至少浪费了 40% 的粮食，价值 3 万亿美元，田地、粮仓、工厂、仓库、商店和家庭垃圾箱都可以看到被浪费的粮食。在一些国家，25% 或更多的农产品在收割或储存过程中损失，或在运输过程中受损。在许多欧盟国家，超过 30% 的食品被扔掉。在美国，每年有价值 1600 亿美元的 6000 万吨食物被扔掉。随着农业的进步，我们将拥有更好的基础设施、更大的农场、更优质的农作物和牲畜种类，以及更少的食物浪费。毫无疑问，在50~100年的时间里，理论上，我们将能够养活地球上的每一个人。到那时，我们能看到饥饿的终结吗？也许不会，因为还有干旱、作物歉收、国内冲突和难民危机等地区性问题。

我们将在许多地区看到更多的转基因作物，这些作物能够抵抗疾病，消耗更少的化肥和水，并且能够在盐分高的土壤中生长。这类作物意味着农业中使用的化学物质更少，理论上可以保护昆虫、鸟类和其他野生动物，但转基因作物对害虫有毒，并且其长期影响还未可知。

预计消费者对有机食品的需求将持续增长，原因有三：对农村的保护、健康的需求和口感的提升。自2004年以来，有机产品销售额增长了400%，达到每年1000亿美元，其中以美国、德国、法国、加拿大、中国和丹麦为主。有机农业的生产效率会下降18%，但是更好的方法是把这种差距缩小到几乎为零。

到2040年，转基因动物将在全球30%以上的地区被普遍消费。预计2025年以后，用于饲养动物的谷物产量比例将上升到45%以上。富裕国家生产的谷物中已经有超过70%用于饲养牲畜。由于饲料中含有抗生素和其他物质，生产1公斤鸡肉只需1.3公斤的谷物，而1985年为2.5公斤。自1990年以来，鸡肉产量增长了70%。此时此刻全球大约饲养着230亿只鸡。我们需要7公斤的谷物来换取1公斤的牛肉（前提是牛主要以谷物为食）。

那么人类需要吃多少肉呢？例如，德国人一生平均会吃掉1094只动物：4头牛、4只羊、12只鹅、37只鸭子、46头猪、46只火鸡、945只鸡。预计2040年将有40多亿人达到类似的人均肉类消费量水平，而今天的人均肉类消费量只是这个水平的一小部分。肉类消费将在新兴中产阶层人群中上升，而在发达国家的许多富裕群体中，肉类消费将下降，他们越来越担心胆固醇、心脏病、中风、肥胖症和肠癌的风险。

随着世界人口的增长，随着越来越多的富裕人口消耗更多的肉，随着越来越多的土地被用于生产生物燃料，自 1961 年以来用于农业的土地总面积已经翻了一番。但是，可用土地的供应总是有限的。全球 40% 的土地面积已经用于农业，主要是牧场，12% 用于种植农作物。因此，在未来 20 年，农业用地的价格将继续上涨。

机械化会取得巨大进步，例如机器人拖拉机和收割机，根据降雨量和土壤状况来施肥。由于传感器技术的快速发展，食物分拣机在欧洲和美国的大型农场被广泛使用，每种水果和蔬菜都被清洗、拍照和分级，每小时能够检测 100 万个水果和蔬菜的含糖量，以便更好地满足高档餐厅、超市、食品制造商、果汁或动物饲料生产的需要，食物分拣机使生产率提高了 5%~10%，最终实现“零浪费”。

· 非洲的绿色革命

一些非洲国家将开始一场类似印度在 20 世纪七八十年代所经历的“绿色革命”。中国等国家将帮助非洲加速这一进程，这些国家正在购买大片肥沃的非洲土地，以确保它们本国的粮食供应，它们还投资当地的交通和供水等基础设施，支持非洲国家开展农业和相关专业技术培训，以帮助提高非洲农业产出。

仅在过去的 10 年里，就有超过 45 万平方公里的农田被从埃塞俄比亚、加纳、马达加斯加、马里和苏丹等国通过 734 笔交易购得——几乎相当于西班牙或泰国的面积。中国在乌克兰购买了一份约 3 万平方公里土地的 50 年租期，相当于乌克兰陆地面积的 5%，与比利时或马萨诸塞州的面积差不多。中国将成为澳大利亚农场的最大外国所有者。中国拥有全球 20% 的人口，却只有全球 7% 的耕地。

2/3 的饥饿人口是少数自给自足的农民，如果没有大规模的农场整合和机械化，就不可能从根本上提高整个非洲的粮食产量。这将给那些世世代代居住在这片土地上的部落带来伤害。另一方面，随着人口向城市的迁移，许多地区正在重返丛林。

十一　养殖更多的鱼和保护海洋

全球有 30 亿人从鱼类中获得大约 20% 的蛋白质。由于富裕程度的提高以及人们减少肥胖和心脏病的愿望，对鱼的需求增长速度将快于对肉类的需求。

1/3 的野生鱼类资源被过度捕捞，25% 的捕捞是非法的或未报告的。在过去的 70 年里，金枪鱼、箭鱼和马林鱼等大型鱼类的全球数量减少了 85% 以上，鲭鱼等其他鱼类的数量减少了 50% 以上。对捕鱼量的规定，或者对什么种类的鱼可以在港口上岸的规定，常常导致渔船将大多数不符合规定的鱼又倒入海里，最终导致鱼类死亡。将会有更多关于如何更好地管理渔业，以及如何使用更好的技术来减少捕获不需要的鱼类的激烈辩论。这有助于保护濒危物种，如海龟和海豚。

未来几代人会认为城镇和城市居民食用野生海洋鱼是非常荒诞的——就像在美国射杀野牛来制作汉堡一样奇怪。人们认为发达国家每年仍向海洋渔业发放 350 亿美元的补贴更荒诞。

养殖鱼将成为全球关注的焦点。这可能是一个伟大的可持续发展的故事：不仅支持几十万低收入的沿海居民养殖高蛋白、健康食品，而且还保护野生鱼类资源。但目前，在一个养鱼场里，养殖 1 公斤鲑鱼需要 1.7 公斤来自海洋的饲料鱼（转化鱼粉），唯一的优势在于，养鱼场可以使用消费者无论如何不会去吃的各种长相怪异的海洋生物作为饲料鱼。

科学家们将找到不使用大量其他海洋鱼类和海洋生物来饲养鱼类的方法。将培育出许多新的养殖鱼品种，它们的基因使它们能够消化来自陆地的食物；或者对农作物进行改造，使其产生的蛋白质适合养殖鱼类。但这样一来，我们就陷入了和用农作物喂养动物一样的境地——这是一种生产可食用的蛋白质、碳水化合物或脂肪的非常低效的方式。

人们越来越担心转基因鱼类进入海洋中，那将破坏食物链和生态系统，特别是如果这些转基因鱼是实验室里创造的“非自然”的突变体。事实已经证明，在苏格兰捕获的所有“野生”鲑鱼中，有 25% 来自挪威渔场，或者是过去从渔场出来的鱼的后代。如果这些鱼是经过基因改造的，并且能够繁殖，那么就会永久性地改变所有的海洋物种，这将带来许多潜在的风险——比如突变的基因使某些鱼成为更具攻击性的捕食者，从而破坏食物链。

十二　食品饮料行业的未来

食品零售行业将继续保持保守作风，规避风险，经营着经久不衰、广受喜爱、跨越几代人的品牌——那些祖辈们还记得自己小时候吃过的食品。

食品行业对消费者信任问题非常敏感，这将推动食品可追溯性、透明度、标签化等方面的持续发展。未来整个食品行业将会受到更加严格的监管。人们将更加关注食物健康问题，将会有强调能够增强力量、免疫力或提高记忆力的新型功能性食物。

对于资深的食品购买者来说，营养是首要问题，他们将越来越认识到给健康的肠道细菌提供营养的好处，因为这些细菌制造出的分子能够帮助更新细胞和对抗疾病。期待有更多通过使用超声波、特殊添加剂、高速搅拌器、脂质体和一系列其他技术创造出具有最佳营养价值的新型的食品制剂和配方。药理学和营养微生物学之间的界限将变得模糊，一些制药公司将扩展到这个监管宽松的领域。

新的冷冻食品技术将被广泛采用，即使最精致的水果也能被完美地冷冻，而不会破坏或改变其口感和质地。同样的方法也可以用来保存蔬菜和美味的鱼。这项技术让美食爱好者感到震惊，也会让世界顶级餐厅的厨师们感到高兴。

未来几年，人们将会重新思考食品辐照问题，因为这是一种低成本的方法，可以确保食品的保质期长，减少食物浪费，而且不会改变食物的味道，而一系列的研究表明，食品辐照是完全安全的。这意味着，一个面包在密封的塑料袋里可以保鲜好几个月。

我们也将看到更多的食品丑闻，如中国的大米污染事件和比利时的二噁英动物饲料污染事件。每一个丑闻都将在消费者心也中引起巨大的情感反应，引发广泛的、愤怒的抵制。预计欧盟和其他国家的动物福利将得到改善，越来越多地使用动物标签以实现 100% 的可追溯性。

· 针对肥胖人群的“伪食物”

到 2030 年，全球将有 50% 的人存在肥胖问题。预计新一代“安全”减肥药将抑制食欲或阻止食物吸收，仅在美国，这个市场每年的价值就可能达到至少100亿美元。例如，类似于甲状腺素的分子能使猴子在正常饮食的情况下一周内减轻7%的体重，而且几乎没有副作用。与此同时，“催肥运动”（Fatlash Movement）将会兴起，宣扬“肥胖就是健康”的错误观念，是针对将肥胖人士污名化展开的对抗。食品公司被指责肆意推销不健康食品，导致了各种疾病甚至死亡。

未来可能会出现一个销售“伪食物”（Anti-food）的新兴食品行业，或是销售完全没有营养的食物，这与高营养的食物将形成极其鲜明的对比。“伪食物”是一种由人体无法消化的分子组成的新型脂肪，可以用于蛋糕、冰激凌或其他任何食物。富含这种“伪食物”的饮食会导致出现维生素缺乏，也会导致出现新的暴饮暴食的厌食症患者，他们吃下了大量的食物，却都浪费了。

这将是第三个千禧年的另一个讽刺：10亿人饥饿或营养不良，数以百万计的人使用稀缺资源生产食物，而他们通过彻底的排泄最终浪费掉这些食物。

新一代口味更好的人工甜味剂将会产生，对糖尿病有益的食品将迅速发展，这些食品也有助于非糖尿病患者控制自己的体重。

· 为焦虑的食客提供服务

由于人们开始担心从塑料中析出类似雌激素的化学物质并危害健康，预计“天然”食品和“天然”包装将会增加，一些人更喜欢用传统的可回收玻璃容器盛放牛奶和其他产品。

反添加剂食品公司将创造出一个完整的厨房环境，在那里人们吃的或喝的东西没有任何“人工的”物质污染。对于那些爱吃肉的食客，将会出现相同质地和口味的肉类替代品。预计会出现一系列与各种极端饮食习惯有关的新的健康恐慌，如营养不良，尤其是儿童的营养不良。

食品恐慌之后，会有更多的消费者抢购这样或那样的食品。人们对食物中毒的担忧将增加保护动物福祉运动新的呼声，发达国家中那些环境恶劣、条件糟糕的家禽养殖场将会关闭。违反规定的食品零售商和生产商将受到越来越多激进组织的惩罚，这些组织威胁要进行抵制和恐吓，股东也会采取行动。

食品行业的大部分变化将主要来自消费者的压力，其次是监管规定。对于什么是安全的，什么是不安全的，可能会有很多困惑和焦虑，尤其是那些有年幼孩子的父母，以及那些更注重保持健康的 60 岁以上的人。

数百万人放弃饮用“恶心”的自来水后，却发现他们花高价购买的瓶装水细菌含量更高，并且在盲测研究中根本无法分辨出它们与自来水的区别，更重要的是，它们因储存在塑料瓶中而被污染。预计从其他国家进口的瓶装水将被征收碳税或运输税，尤其是高端品牌。

全球的维生素销售将呈现惊人的增长，尽管关于不同人应该服用多少剂量，甚至是否应该服用的争论仍将继续。大多数证据表明，合成分子在作为正常食物的一部分被吸收时，并不会产生和食物相同的生物性影响。预计将会出现与大量服用某类型维生素片有关的健康恐慌。

· 素食者和半素食者寻找新产品

如果算上那些偶尔吃肉的人，以及数百万选择吃肉比现在少得多的人的话，到 2025 年，一个更大的素食市场将从占美国人口的 5% 上升到 30%。由于担心肠癌和心脏病，红肉、肥肉的受欢迎程度将降低。在英国，40% 的人经常有意识地选择素食，而不是吃含肉或鱼的食物，这个数字是严格素食者人数的 10 倍，而这一产业每年的价值超过 10 亿英镑。

预计某些“素食 ”产品将快速发展。例如，随着技术的进步和口味的改善，在 5 年内素食烧烤和汉堡在英国的销量增长了 139%。将会有新的肉类替代品——由小麦面筋和豆类蛋白质制成的类似肉类的物质，具有肉类的口感、特性、风味和外观。不过，它们在市场份额上的增长将是温和的。

预计除美国以外的许多国家，尤其是法国、奥地利、匈牙利、希腊、卢森堡、波兰和保加利亚，对转基因食品的抵制将逐渐减弱，而德国将保持更为谨慎的态度。

· 饮料市场的大整合

随着数亿消费者出于健康原因，从碳酸含糖饮料转向果汁，然后转向瓶装水，预计饮料行业将在未来 30 年发生巨大变化。更多的研究表明减肥饮料也会对健康造成风险，它会刺激胰岛素的释放，增加心脏病和糖尿病的风险。这不会停止对碳酸饮料征收糖税，而这将促进相同产品的减肥版本的出现。由于人们对使用大量人工甜味剂的潜在风险争议不断，未来将加强对人工甜味剂的监管。

预计会有更多的证据表明，饮用咖啡和绿茶对人们的健康有更多益处，这可能与抗氧化剂或类黄酮有关。健康红利将促进每年 200 亿美元的咖啡豆贸易，从而使 60 个国家的 2000 万种植者受益。随着许多老年人减少咖啡消费，千禧一代将在未来 10 年推动全球咖啡消费量增长 5%。

十三　工作模式的彻底改变

关于“工作的终结”已经做出了许多预测。有人说，大多数体力工作将会消失，形成一个极其庞大的无法就业的下层社会；大多数办公室工作也将实现自动化；大部分经理会在家办公；许多家务活将由机器人来做，机器人还会照顾体弱多病的人和老年人；大部分制造业岗位，还有许多服务业岗位，如银行业、呼叫中心和软件开发将流失到亚洲。

未来 25 年，现实情况将不会那么戏剧化。就业模式最彻底的转变将发生在新兴国家，主要与人口从农村地区向城市的迁移有关。每一次工业革命利用技术节省了成本，这意味着人们的收入和时间可以花在其他事情上。

· 在失业率高的国家创造就业机会

在 2008~2013 年的经济危机中，西班牙和意大利部分地区的年轻人失业率上升至 40% 以上，人们警告说这是“迷惘的一代”。那么，新的工作岗位从哪里来呢？

· 在英国有更多的女性工作者和兼职人员

经济增长的真正关键是就业人数，而在许多国家，就业人数已经飙升。越来越多的女性进入职场；更多原来不工作的人现在在兼职工作；老年人还要工作更长时间才退休；学生打工来支付学费；越来越多的人移民到英国寻找工作机会。因此，未来最重要的指标不是找工作的人数，而是有工作的人数不断增加。

· 仍未满足的需求创造更多的就业机会

假设未来人们都拥有一定的技能，那么需要什么样的工作来吸收这些人呢？发达国家的许多工作将是为中产阶层消费者提供服务和支持。房屋将频繁地重新装修，草坪也定期修剪，公共空间和设施将得到更好的维护，人们将更频繁地做发型，更经常地外出就餐，而且在发达国家，更多的人将雇用他人来家里做保洁。英国的一个例子是手工洗车的繁荣市场，与之相对的是车库中廉价的机器人洗车业务的消失。还有一个日本的例子，是和牛生产的繁荣，需要人工定期给牛按摩。正如著名的帕金森定律所说："工作不断延展是为了要填满完成它需要的所有时间。"

此外，在大多数国家，公众对更好的公共服务有着几乎无法满足的渴望。这意味着会有更多的医生、护士、教师、街道清洁工、警察、园丁、种树工人、涂鸦清洁工、家庭护理员、理疗师、家庭支持工作者、咨询师、顾问、导师等。所有这些工作岗位还未被创造出来的一个主要原因是预算，而预算又受到人们准备支付的税收和经济规模的限制。

但奇怪的是，在同一个国家，可能有数百万人靠某种福利生活，而他们希望有一份工作。这涉及工资等级、福利结构、激励机制和公平的问题。因此，未来的世界将有足够的工作要做，发达国家也将有足够的"有偿"工人来做这些工作。问题在于社会的结构。

与此同时，正如我们将在下一篇看到，大多数英国人很乐意在他们生活中的某些时候，无偿地做一些上面列出的任务。然而，如果他们是靠救济金生活，那么在世界上许多地方，对他们来说，做这种无偿的工作就会变得更加复杂。

· 实习是找到好工作的捷径

有一件事是肯定的，尽管商学院将继续努力证明昂贵的MBA课程是合理的，但进入许多公司的捷径是实习。在美国，63%的学生在获得资格之前已经完成了至少一次实习。由于实习岗位都是无薪的，政府将会严厉打击滥用这种职位，因为这是规避最低工资要求的一种便利途径。

· 为什么办公室有一个美好的未来

就像城市一样，办公室的未来是光明的。人类天生就善于社交。优秀的团队喜欢像一个部落一样团结在一起，呼吸着同样的空气，视频通话不能取代面对面的信任建设。

办公室的工作方式将会发生根本性的变化。过去15年，每个员工的办公空间已经减少了35%，随着更多的办公桌轮用制和部分在家办公，未来15年还将进一步减少25%~30%。更多的非正式会议将在咖啡店召开。但在未来20年，世界上多数公司的大部分活动仍将是通过在办公室面对面的会议来进行。

预计会有更多的公司完全将办公室管理外包出去，大型银行或零售连锁店每年的合同价值将超过10亿美元。酒店、制造商、机场、学校、医院、监狱和办公室都将实行设施管理。

· 企业总部被突发事件所累

大型跨国公司为总部所花的各种费用将持续增加，比如并购或出售行为中的尴尬错误导致总部重新选址或确定其规模，就算总部大楼即将完工也要再次花钱规划。更多拥有大量房地产的公司将出售或收回其房产，以释放资金用于核心业务，从而推动房地产管理的繁荣。

· 在家办公的未来

在英国，超过 400 万人主要或完全在家办公，占劳动力总数的 14%，但自 1998 年以来，这一数字只增长了 3%——完全不像许多专家预测的那样，出现人们大量离开办公室的情况。

甚至像雅虎和谷歌这样的 IT 公司也不鼓励或禁止在家工作。当然，可以说几乎每个人现在一定程度上都在家工作，因为电子邮件、智能手机等无处不在，但很少有人会决定主要或完全在家办公，即便他们的公司提供这样的机会。更受欢迎的做法是每周在家工作一天，或者短时间在家工作。

大多数所谓的居家工作者往往是自雇者（个体经营者），年龄较大，收入较高。许多个体经营者在自己家之外工作，例如清洁工、水管工或儿童保育员。只有 34% 的在家工作的人受雇于某个组织。

在未来，人们会更加强调工作与生活的平衡，希望自己能够掌握工作的方式和时间，以及休假的时间。

· 日常工作模式将继续改变

大多数上班族在 20 年内仍将每周有 2~3 天通勤上班，尽管他们的工作完全是灵活的，可以用任一办公桌，可以在任何场所工作。工作场所的主要功能将是分享想法，激发思考和快速改变，测试解决方案，做出决定，监控进展。由于效率和速度的原因，到 2025 年，纸张仍将用于许多高层会议，而到 2030 年，白板或挂图仍是获取和综合想法的重要方式。

我们也将看到更多的虚拟团队和虚拟组织，尤其是那些员工分散在各大洲的较小型公司，他们中的大多数人从未谋面，而且都是按照顾问式的日程安排来支付薪水，而不是固定工资。

· 时区的挑战

全球化意味着许多高级管理人员需要长途旅行，因为大多数人会觉得没完没了的电子会议相当没有人情味。对地球村居民来说最大的障碍是时间。在一个完美的工作环境中，每个团队成员都应在同一个时区。

· 兼职工作

随着整个世界向一种“随时在线”的文化过渡，以及公司更加全球化，为了支持跨时区的员工和客户，越来越多的人将轮班工作。

更多的人将从事兼职工作或做组合工作。如今，英国有超过 100 万男性选择不做全职工作，沿袭了以前主要是女性的工作模式。对许多人来说，兼职合同将是通向组合工作的一扇门，除了一份长期的工作外，他们可以选择一份每周工作一两天的常规工作或项目制工作。

· 时间长而强度低的工作

未来领导者的工作方式也将转变——更多的虚拟会议，很早或很晚，但在中午有更多的休息时间。对于那些在家办公的人来说，这种新的生活方式会更有意义，尤其是如果他们的伙伴也有同样的工作模式。

“随叫随到”并不是什么新鲜事。几十年来，医生以及其他一些职业已经习惯了这种方式。有人说这种全球化的计时工作模式既不健康也不自然。母亲或父亲独自在家带几个小孩是很正常的，但他们的日常工作却无法正常开展。

跨文化差异使时差不协调的问题更加严重。旧金山一家与迪拜有贸易往来的公司发现，时差很容易引起混乱，迪拜从早上 7 点工作到下午 1 点，周五不工作，但周日正常工作。

· 劳动力面临落后的危险

尽管有了新技术，人的流动性永远比不上资本、技术、信息和原材料快。就像我们看到的那样，群体意识是一种社会力量，他们呼吸着同样的空气，因此本地的团队将继续留在本地。劳动力的技能仍是至关重要的国家资产。预计中国、印度和沙特阿拉伯等许多新兴市场将大规模投资与工作相关的技能，特别是在医疗保健、工程、技术和其他科学领域。

如果你想利用某一社区的技能，你需要将工作点转移到这些技能所在的地方。这不仅是因为当地的人才，还涉及民族心理、税收激励、在当地酒吧或咖啡馆的交谈，或者在一场高尔夫比赛中达成的协议。

房屋所有权使搬家变得更加困难和昂贵。在法国、意大利、西班牙和比利时，卖一套房子和买一套房子的成本都很高。在美国，房屋所有权并不是什么障碍，因为买卖更容易。房屋所有权仍是大众想拥有的，但许多房主将成为“缺席房东”，他们把房屋出租，却在其他地方工作。

然而，高管跳槽通常需要的不仅仅是资金，在许多西方国家，其他因素将变得更加重要。例如，父母身体虚弱的工人在远途搬家前会再三考虑。同样，孩子处于教育关键阶段的父母往往不愿意采取重大行动。那些已经有了第二次或第三次婚姻的人也是如此，他们可能已经从忽视家庭生活中吸取了痛苦的教训，并且有了一群他们希望给更多时间的“新”孩子。雇主们将需要给予双职工家庭更多的关注，因为在任何重大变动中都需要考虑两个人的未来。

在印度等国家，社会等级较低的是大量流动的男性工人，他们习惯每年有 11 个月离开家，挣钱养家。许多人去更远的地方，比如在迪拜当出租车司机，每 2~3 年才回来看望一次亲人。但这种生活方式是年轻的新兴中产工人所不能容忍的，这些工人已在努力奋斗想获得一个大学文凭。

· 工人老龄化——未来将发生的根本性变化

在英国，有 1/3 的 65 岁后仍在工作的人不知道自己何时能退休。1/7 的劳动力根本没有退休计划，1/3 的人没有私人养老金。而大多数 25~31 岁的人希望在 65 岁之前退休。

老年人将成为劳动力中越来越重要的一部分，尤其是在欧洲、日本和中国。随着退休年龄的取消或推迟，经理人将面临微妙的两难困境（在法国和意大利等国仍要面临将退休年龄保持在 65 岁以下的压力）。对于思维过于僵化、有些健忘或身体过于虚弱的人，你将如何建议他们辞掉工作？由于没有固定的退休年龄，经理们将不得不解雇大量的老年人。管理老年团队成员将是未来团队领导面临的压力最大、最耗费时间的事情之一。

· 有目的地管理人才

我们期待咨询和管理工具的快速发展，以帮助大公司发现、提拔、奖励和发展最有才华的人。同时人们将越来越重视在工作中获得成就感，与他们想要有所作为的本能的愿望一致。

第六篇　道德价值（Ethical）

道德是未来最重要的方面。道德是人类之所以为“人”的核心本质，它涵盖了人类的目的、理想、方向、远见，甚至精神。人们对道德的看法将发生根本性的改变。

银行和政治的丑闻深刻地提醒我们“道德”的重要性。2009~2017 年，全球最大的银行中，有 43 家被罚款，金额高达 3210 亿美元，其中 63% 在美国，而这只是那些每宗罚款超过 1 亿美元的银行，还有数百家仍有待裁定。就规模而言，这些罚款总额相当于整个西班牙的 GDP①。

每周都会有很多丑闻出现在世界各地，高管或政府领导人以恶劣的方式牟利。作弊、欺骗、掩盖事实、过度收费、操纵价格等，往往是以团伙的形式进行，而且欺诈规模巨大、形式多样。腐败造成的损失至少占全球 GDP 的 5%，比如政府合同的巨额贿赂，被转移到秘密银行账户的税收，没有诚信的法官或歪曲事实的警察，等等。

如果没有共同的道德规范，人类的未来必将陷入一个无法无天、混乱不堪的地狱般的状态，到处充斥着肆无忌惮的贪婪、财富的两极分化以及社会的动荡。历史上的每一次革命都是由公众对道德问题的强烈不满推动的，包括压迫和其他滥用权力的行为。每一种趋势都有一个道德维度，无论是侵犯隐私、延长退休年龄、缺乏网络监管、外包工作，还是财富差距或医疗保障的获得。

---

① 2017 年西班牙国内生产总值为 1.307 万亿美元——译者注。

一　你想要什么样的世界？

道德与价值观、目标、生活的意义联系在一起：你早上为什么起床，是什么在激励你？是使命感还是个人精神？道德规范还涉及企业行为、预期行为、合规性、法规和可接受的界限等。

道德也关系到我们想生活在什么样的世界里，我们对生活的感受，我们的希望、梦想和欲望，我们的激情和动机。道德为我们提供了一个更美好未来的框架。道德通常是关于我们的未来，而不是我的未来，为最多的人谋取最大的利益，因此道德和可持续性相关。

当然，每个群体和民族都有自己的文化、生活方式和道德准则，每个宗教也都有自己的标准。因此，是否存在一种能塑造我们未来的标准的道德规范？我们能不能找到一种基于未来常识对未来道德进行预测的方法？

· 寻找未来的目标

我们的世界正在发生变化，但人的本性和2000年前是一样的。人们仍然在寻找生活中的意义，并希望自己有所作为。那些觉得自己生活没有任何意义，那些感觉没有为身边人做出任何贡献的人，那些虽然可能得到家人的爱但没有真正可以回馈爱的人，我真的为他们感到忧虑。

我可以告诉你，这样的人应该被列入危险名单。他们肯定情绪低落，自残或自杀的风险很高。当我们失去目标或缺少改变的动力时，我们灵魂深处的某些东西就死去了。这就是为什么老年人养宠物狗或猫时往往活得更长，为什么那么多老年人在伴侣或宠物死后不久就会去世的原因。

当人们物质丰富且有足够的时间去思考时，追求目标的意愿就更加强烈。新一代人希望有所作为，他们想为自己或他们所信任的公司工作，想销售能够使世界变得更美好的产品和服务。

二　终极道德测试

30 年前，当我还是治疗癌症的医生时，我的工作是照顾正在经历生命中最后几周的人，我从中学到了非常重要的一课：生命是短暂的。

生命短暂，以至于无法做你不相信的事情。

为什么要销售那些你从未想过要推荐给朋友或家人的东西呢？为什么要费心去销售那些你知道不适合客户的东西呢？为什么要为一个让你感到羞耻的公司工作呢？

生活不仅仅是经营，生活不仅仅是工作。事实上，生活的意义远不止于生活本身。一个人死后会留下什么？一个人去世后，他的孩子们会以怎样的方式怀念他？

· 不道德——或者只是感到不安

平静还是不安，是未来道德发挥作用的一个核心考验。你可能会被要求做一些事情，这些事情不被法律禁止，也没有任何绝对的理由告诉你不应该做，而且很多人已经在做了，但一想到这些事就让你感到不安。

心灵平静是良知的耳语，是未来道德的有力指引。

仅在过去的 10 年里，就发生了数百起银行丑闻、腐败调查和媒体报道的类似行为。很多时候，那些在当时只引起一丝不安的行为，在一两年内就会被谴责为不道德的行为，很快就会成为违法行为，甚至有人成为监下囚。

· 遵循每项协议的精神

对道德的考验并不是合同里的条条款款，而是协议的精神。不是看你能逃避什么，而是看你要做什么正确的事。大多数商业领袖的下意识反应是保护公司利润和他们自己的股票期权，即使这将损害客户、供应商、员工或监管机构的利益。但这实际上是一条危险且无法实现的道路。

· 法律意见背后有很多风险

人们越是努力为自己辩护，就越有可能陷入困境。曾经有这样的情况：公司雇用律师在每一份合同中寻找“回旋余地”或类似条款，以使他们能逃脱某些惩罚。企业领导人常常躲在法律意见后面，如果你的法律建议越长越复杂，你的辩护能力就越弱。正如我们将要看到的，你可以遵守每一条法律的具体规定，最终却成为媒体抨击的对象。

· 公司需要有一些常识性观点

对我来说，情况很简单：本协议中另一方的合理期望是什么？站在他们的立场上，你希望别人怎样对待你自己？什么是常识观？如果公众在媒体上看到这些，他们的直觉会是什么？当你试图向一个亲密的朋友解释你在做什么的时候，你内心深处是否会感觉到有一点不舒服？

·“但其他人都在这么做”

一家公司承认它们向客户提供隐藏的“利益”是违法的，但业内其他企业都在这么做。如果不这样做，它们就会倒闭。而如果它们向监管机构揭发整个行业的内幕，它们将受到所有客户的指责，最终也可能会倒闭。对于这种情况，不管怎样，总有一天会被发现的，因为只需要一个前雇员或客户就可以揭露这一切。如果能够积极处理和揭露这些错误的做法，将会使企业获得巨大的道德优势。但如果继续错误的做法，只会让事情变得更糟，随之而来的将是巨额罚款、高管团队蒙羞，企业品牌形象也将在全球范围内受损。

·“即使在其他任何地方是非法的，但在那个国家是合法的”

一些公司有一个“道德倾销”的策略——它们只是把让人质疑的活动转移到监管较少的国家。假如一家制药公司具有双重标准，它遵守美国有关胚胎实验的法律，同时也资助另一家公司在其他国家进行“被禁止的”胚胎研究，因为该国对此类事情的监管还不太严格。但它的行为很容易被暴露出来。即便你不在乎道德，但这么做也是非常危险的。

·只卖你信任的东西

这是一个基本的、保险的、道德的生活准则，经久不衰。

爱人如爱己。

对待他人，就像你想被对待的那样，这包括对待员工、客户、商业伙伴、司机、清洁工、供应商、合伙人、邻居、朋友和家人。如果公司的每一位管理者和领导者都遵循道德教诲，我们的世界将会变得更加美好，我们的企业将有更强大的道德观。

三　建设一个更美好的世界

如果想知道公司的价值观将会如何演变，哪些使命宣言具有最大的激励力量，哪些激励工具将发挥最佳作用，答案就在这里。对于未来每一位立法者、监管者、法官或陪审团来说，最根本的问题永远是：这个决定会让我们的世界变得更好还是更糟？

· 建设一个更美好的世界是我们与生俱来的愿望

小时候，我们很快就能学会如何让自己的生活更美好。接着我们开始意识到他人的存在，意识到生活也是为了让我们的家人和朋友生活得更好。长大之后又想让邻居和社区的生活变得更好，希望我们的世界变得更好。

作为社会性生物，作为组成家庭、群体和国家的一分子，变得更好是人类的本能。在动物王国中，尤其是在“高等”哺乳动物中，在社会群体、社区、兽群中，甚至在鸟类的筑巢本能中，我们都能看到它们想让生活变得更好的本能。

· 为什么犯罪如此罕见？

这些道德本能是犯罪罕见的原因。你乘坐地铁或走在街上，想想你身上所带物品的价值，或许是一部智能手机、一台笔记本电脑、一张信用卡和一些现金。

如果有人拿着刀走到你面前，要你的电话和钱包，你有多大可能会反抗？大多数人会把东西交给抢劫者。这种情况多久发生一次？鉴于许多人随身所带的钱数，答案是很少发生。

出于同样的原因，即使全球人口规模巨大，但随意枪击或刺杀陌生人或进行炸弹袭击很少发生，即便是严重的精神病患者也很少会那样做。在每个家庭的厨房里，都能找到刀这样的“致命武器”。美国的家庭枪支拥有量比成年人的人数还多，每个年龄较大的孩子都能通过在线说明书制造出简单的炸弹。

纵观整个人类历史，我们能够发现一个共同的尊重准则，未来它将长期影响着人类。法律、人权条例和文化期望越来越多地体现了这一点，尽管媒体头条仍充斥着血腥的新闻，但我们的世界正日益与共同的道德准则保持一致。

四　探索人类的幸福——幸福经济学

个人的目标和满足感与幸福息息相关。对幸福经济学（Happynomics）的研究表明，发达国家人民的幸福感与以下部分或全部因素密切相关：中等收入、好朋友、稳定的婚姻或伙伴关系、坚定的信仰或精神、外向的性格、喜欢的工作、生活在稳定的民主国家。

一项对 65 个国家 6.4 万人的调查显示，70% 的人对自己的生活感到满意。世界各地的自杀率自 2000 年以来下降了 29%。在许多发达国家，自杀率几十年来一直呈下降态势，英国的自杀率高峰是在 1934 年。自 1990 年以来，中国的自杀率一直在下降。俄罗斯、日本、韩国和印度在过去 10 年也都呈下降趋势。其中的一个关键因素是年轻女性以及 65 岁以上女性对生活的满意度更高。但自 2000 年以来，美国的自杀率又上升了 18%。

非洲是人们认为最幸福的地方（83%），而西欧的人感觉最不幸福，11% 的人说他们不幸福或非常不幸福。在非洲，75% 的人期望生活变得更好，而在欧洲，这一比例只有 26%。

在一个破碎、越来越混乱和快速变化的世界里，长期关系将变得更加重要。未来成功的一个标志是和同一个人长时间幸福地生活。失败的婚姻、混乱的私生活、一时的激情，都是愚蠢的。

五 财富可以创造一个更有道德的世界

发达国家的大多数人对商业道德持怀疑态度，许多人对经济的无止境增长提出了道德上的质疑。然而，在过去 30 年里，商业以惊人的速度为人类创造了财富，并将持续下去。自 2000 年以来，在扣除通货膨胀因素后，全球每天生活费不足 1.25 美元的人口比例已从 30% 降至 10% 以下。这是因为在全球贸易增长的推动下，新兴国家财富的年均增长率比发达国家高出 4.5 个百分点。如果未来 30 年这样的增长继续的话，那么全球人均收入将与目前美国人均收入持平。

· 正义与财富的对比

全球财富的一半由最富有的 1% 的人所拥有，这是我们这个世界上最严重、最不可持续的道德污点之一。在预期寿命为 100 岁的人和预期寿命为 35 岁的人之间、在拥有没有限制的医疗保健的人和必须赤脚走 50 公里以上才能找到（设备简陋）诊所的人之间，这种贫富差距正在不断扩大。

这一不平等状况的极端现象是对人的奴役、劳工抵押和人口贩卖。如今，约有 3000 万人被奴役，仅对人口贩子而言，这个行业的年产值就超过 1500 亿美元。在这 3000 万人中，78% 的人被卖去当劳工，22% 的人被迫成为性工作者。在毛里塔尼亚，每 25 人中就有 1 人是奴隶。据估计，仅在印度就有 1400 万奴隶。希望未来对消灭全球奴隶买卖能做出更多努力。

· 国外援助往往会被视为帝国主义

改善贫困人口生活质量的一种方法是获得国外援助，比如医疗援助和教育援助。但政府援助常常被视为帝国主义的一种形式，当捐赠行为与捐赠方的顾问和捐赠提供者的合同有牵扯的时候尤其如此。

一些最贫穷的国家将继续受到发展项目的控制。在塞拉利昂这样的国家，道路上行驶的大部分车辆属于联合国儿童基金会等组织，这是一种“依赖捐助”经济的表现。

外资项目在不扭转当地优先次序的情况下运作非常困难，在一些国家，资金甚至可能会落入不法之徒手中。一个非政府组织提供的扫盲方面的帮助，可能本身就有腐败或私吞的情况，如果接受了它们的帮助，建立了一个新的教育设施，或许对当地是有帮助，但这是最合适的帮助方式吗？

哪怕是最可持续的发展或慈善模式中都天然存在一定程度的冗余。非洲儿童（AfriKids）是一个在加纳北部开展活动的慈善机构，旨在减轻儿童的贫困和苦难。创始人一开始的目标就是希望有一天能够关闭这个慈善机构。30 年前创办的国际艾滋病慈善机构 ACET 是我们为英国的一个家庭护理项目成立的，只要我们看到政府雇用的医生、护士和家庭护理人员在做他们该做的事，也就是我们将资源转向乌干达、尼日利亚、津巴布韦和刚果（金）等国家的项目的时候。

· 是交易而非援助

在非洲，多数国家的目标是低通货膨胀、低预算赤字和鼓励私营企业。但是，除非美国和欧洲允许进口非洲的商品和食品，停止倾销它们自己补贴的农产品，否则这一目标将难以实现。

许多非洲领导人担心新的帝国主义在经济上掠夺它们的国家，它们面对的不是枪炮，而是金钱，这些国家以微妙的方式控制它们，用少量的钱购买它们的资源，掠夺它们的财富。

非洲国家似乎别无选择，只能任由自己的经济成为经济全球化的傀儡。跨国公司、主权财富基金与国家政府和人民之间的关系将变得更加脆弱，也可能出现短时间的中断。

· 增长是否真的有效？

最贫穷的人会怎么样？一些人根据在孟买等印度城市的经验认为，富人会越来越富有，而穷人仍然忍受饥饿和死亡。这在短期内可能是正确的，但更长远来看则不然。

正如我们在过去 350 年中反复看到的那样，经济增长会改变整个国家，尽管这可能需要一些时间。当更多的资金开始流通，生产力提高，应税收入增加，政府支出增加，从而使整个国家受益。

一个社会的贫富差距越大，会伴随着对抗、侵略和有组织的反对行为的增加，不稳定的风险就越大。因此，所有健康的发达社会都会在一定程度上重新分配财富，不是因为良心不安，而是为了自我保护。

· 为商业领袖提供合乎情理的薪酬

在大公司中，薪酬差距将扩大，那些成就卓越的领导者将获得更高的薪酬。在全球范围内，拥有行业经验、良好的业绩记录、优秀的沟通能力和富有创造性的敏锐决策者非常稀缺。之所以需要这么高的薪酬，原因之一是为了吸引这些人为公司提高业绩。世界上许多最有才华和经验最丰富的领导者已经赚了很多钱，他们已经没有工作的经济需要。要吸引一个任职要求更高的 CEO 或董事长，可能需要巨额的经济回报、有趣的挑战和较高的公司知名度。

如果一家营业额高达数十亿美元的公司因两次灾难性的首席执行官的任命后陷入亏损，那么付出大笔金钱以保证迅速解决问题是符合该公司利益的。

高昂的银行奖金依然是个道德难题。人们不希望给银行家支付高得离谱的薪水，但如果没有这些薪酬，就很难吸引最聪明、最有经验的商界领袖领导银行或进入银行董事会。他们为什么要冒着巨大的个人风险，甚至冒着坐牢的风险，来换取并没有吸引力的报酬，同时又有许多其他更具吸引力的工作向他们招手呢？我们需要确认的是收益与成功相关，也与风险并存。

六　企业道德——信任崩塌

当然，如果人们相信这样的商界领袖的行为合乎道德规范，那么他们的高薪将更容易被人们接受。在英国，只有 1/3 的人认为商业行为合乎道德，只有 1/2 的人认为商业对社会做出了积极贡献。在其他许多国家情况也是如此。

这确实对商业的未来造成了损害，因为这意味着世界上许多最有才华的人不再对商业感兴趣（我们看到许多商业家已经开始参政）。这也是为什么这么多人想要经营自己的企业或在他们认为更有道德和个人价值的小公司工作的另一个原因。

但事实是，每个国家都需要大公司。如果没有这些大公司，一个国家除了个体贸易商、非营利组织和政府，就什么也没有了。全球化意味着规模经济效应。在许多行业中，只有最大的公司才能生存。如果一个国家没有大公司，它的经济将由外国公司主导。大公司是大雇主，它们把国际投资吸引到一个国家。它们在关键行业创建了大量专业知识，通常会以供应商的身份为数千家当地小公司提供订单。

· 公司破产、大量诉讼和罚款

在人类历史上，从来没有如此多的企业因为如此多的道德过失而被罚款或起诉。仅在 2014 年的一个月内，美国银行、高盛和渣打银行分别被罚款 170 亿美元、12 亿美元和 3 亿美元。同年，摩根士丹利、花旗集团、瑞士信贷、丰田、巴克莱、荷兰合作银行、通用电气和美国银行也都被处以巨额罚款。

英国支付保护保险（Payment Protection Insurance, PPI）的丑闻最终使该行业损失逾 400 亿美元。而伦敦银行同业拆借利率操纵丑闻造成的损失更多。在计算利息的时候，大约有 350 万亿美元的金融产品以某种方式与伦敦银行间同业拆借利率挂钩。

在过去的 14 年里，美国联邦机构对美国的公司发起了 2000 多起定罪。这还不包括仅在两年内大幅增长的民事罚款，州和联邦机构从与《虚假申报法》（False Claims Act）有关的处罚中获得了 200 多亿美元。

· 合规为何会失效？

随着监管的不断扩大，合规成本迅速上升。美国各大公司为了遵守 30 万个单独的法律法规，需要在记录保存系统上花费约 4000 万美元，而小公司则没有足够的资金来应对，这就可能会直接走向法律的对立面。

合规性真的很重要。然而，正如许多银行家发现的那样，遵守法律可能让你远离牢狱之灾，却无法保护你的品牌或声誉，也无法建立相应的信任。你完全可以遵守每个国家的每一项规定，但当公众态度发生改变时，遵守法律也帮不了你什么。

与丑闻接踵而至的是公众的反应，这就会导致新的法规出台。这些新的法规由律师给出解释，他们试图弄清楚公众的反应意味着什么。然后你的法律团队把它变成另一个准绳，来检查你是否真的合规。而你只是在顺应过去发生的事而已。

对于一家欧洲公司来说，在欧盟以外的另一个国家（地区）行贿，然后将这笔费用列为业务开支，由审计员签字批准，然后从政府那里要求退税是完全合法的。它们行贿越多，得到的退税就越多。但如今，如果这样一家公司的董事长宣布，他很清楚被补偿回来的是贿金，而且“这一切都是完全合法的”，这就不是一件好事了。他将永远失去工作，公司的声誉也将受到损害。

未来的法律建议将远远超出今天的监管规定，要考虑下一个头条新闻、下一个丑闻、监管机构未来可能采取的行动，以及公众态度可能发生的变化。这已经不是一个简单的对与错的问题。

· 以商业道德来定义真正的成功

未来真正的成功意味着你的公司对每个人都有意义，包括股东、客户和员工以及更大的社群，某种程度上，在一些小的方面也对整个人类有意义——比如保护环境。

“有道德”的雇主有输给“不道德”的雇主的风险，因为这些雇主是碍于法律被迫“有道德的”。当生产被转移到像孟加拉国这样工作条件恶劣、肮脏的工厂时，在美国的监管良好且干净的工厂的工作岗位就会流失。最贫穷国家的工人工资可能几乎为零，他们没有工作保障，面临巨大的健康和安全风险，也没有病假工资或其他权利。在欧盟等地区将出台许多新的法规，以阻止企业在新兴国家逃避道德义务。我们已经看到了一些这样的例子，例如在全球范围内不允许纺织厂雇用童工[①]。

· **做好事才能做成事**

像联合利华这样的公司在减少环境足迹、增加积极的社会影响方面一直走在全球企业前列，其目标是帮助10亿人口改善健康和福祉，将其产品对环境的影响减半，采购可持续的农业材料。3年来它使用的可持续农业供应量从14%上升到48%。

巴塔哥尼亚、英特飞[②]、玛莎百货、雀巢、耐克、Natura、通用电气、沃尔玛、彪马、宜家和可口可乐等公司都采取了类似的措施。其他许多公司则专注于某些特定领域，如减少塑料垃圾。

· **用童工的道德：容易出错**

如今，很少有跨国公司会冒着“明知故犯”的风险，雇用6岁的孩子每天工作12小时生产衣服。然而，在孟加拉国，估计有8万名14岁以下的儿童，每周至少在服装厂工作60小时，其中大部分是女孩。

可悲的是，道德上的愤怒很容易毁掉那些需要保护的孩子

---

① 根据国际劳工组织和联合国儿童基金会2021年6月10日发布的报告，全球童工人数在2000~2016年曾减少9400万人，但2016~2020年的4年间童工人数增加了860万人，达到1.6亿人，尤其是5~11岁儿童做工的人数显著增加，占全球童工总数的一半多。受新冠肺炎疫情的冲击，到2022年底，全球还将有900万儿童面临成为童工的风险——译者注。

② 巴塔哥尼亚（Patagonia）在全美拥有多家品牌专营店，2018年全球销售额达10亿美元，在全球率先为自己征收地球税，即将在全球各地销售额的1%用于当地的生态保护，被《财富》杂志评为“这个地球上最酷的公司”。英特飞（Interface）是一家全球商业地面材料公司，生产综合系列地毯和弹性地面，致力于完成商业目标的同时专注环境可持续发展，旨在通过地毯回收利用，实现废旧材料“归零”——译者注。

们的生活。一场国际运动导致数以百万工作的儿童被抛弃。许多人沦落街头，他们将面临更大的风险。在世界上大多数国家，贫困儿童要么工作，要么乞讨，要么挨饿。就这么简单。

那些“多余”的孩子都去哪儿了？如果把孩子们赶出工厂，有些孩子会在条件更差的工厂门口乞讨，直到有一个经理同情他们，给他们一些剩饭吃。不久之后，会有 20 多个这样的孩子睡在他的工厂门口。他给这些孩子提供吃住，而作为回报，这些孩子开始打扫工厂的地板，或帮忙包装产品。这样的行为是道德还是不道德？是人道主义还是犯罪？

在孟买，一个离家出走的 11 岁女孩游荡到火车站，然后被犯罪团伙抓住，前后平均不到 12 个小时。这样的女孩通常遭受多次暴力和强奸，被关在肮脏的妓院里，直到精神完全崩溃。然后，她们会在红灯区与其他 20 万名性工作者一样提供性服务，直到她们看起来太老或死于艾滋病。

也许那个女孩从 8 岁起就在一家小纺织厂以孤儿的身份生活和工作，但某一天她突然被赶到街上，游荡在街头的她成为罪犯的目标。

我们得到的教训就是，虽然童工这样的道德问题确实很重要，而且必须要加以解决，但需要在社会全面发展的背景下才能解决，而且还需要对当地情况有更深入的了解。

七　非营利性事业的繁荣——慈善事业

每年都有超过 20 亿人在没有报酬的情况下花时间去做他们所信仰的事情，或者帮助家人和朋友之外的人。

慈善事业是中产阶层生活中迅速增长的一个特点，超级富豪的巨额捐款数量惊人地增长，这将给一些基金会带来问题，即如何以适当的方式将每一分钱用于慈善事业。仅在英国，超级富豪捐赠者每年捐赠的资金就超过 32 亿英镑。沃伦 · 巴菲特就向比尔和梅琳达 · 盖茨基金会捐赠了 260 多亿美元。

预计未来 20 年内，慈善咨询服务将蓬勃发展，并成为非常富有客户的私人银行和财富管理的一部分。有 20% 的个人财富超过 100 万美元的美国人已经咨询过这样的慈善顾问。人们越来越认识到，巨大的财富往往对子孙后代的福祉有隐患，而且不能让某个人将这些财富用于享乐或体验，除非他想毁掉自己。既然巨大的财富对家庭来说是有风险的，并且无法带到来生，那么该如何处理呢？

越来越多的资金将用于“遗产项目”——对引人注目的技术进行巨大的、高投机性的投资，人们希望通过这些技术得到未来历史学家的认可，希望创造巨大的进步来造福人类。因此，我们可以期待地球上最富有的 1000 个人去做更多的太空探索、超音速航空旅行以及其他许多事情。

除了这些精英们的奢侈商业冒险，一个必然的逻辑是，要让捐赠的财富用于真正的慈善事业。如何才能做到最好呢？

慈善事业和人类文明一样悠久，而且越是贫穷的人越是愿意做志愿者。传统的农村都有严格的社会规范，各村之间互相联姻，以此保护村庄中的弱势群体，这就意味着大多数人有血缘关系。孤儿会被送到亲戚的家里生活，一座被烧毁的房子在大家的帮助下迅速重建，盲人从别人那里得到食物，等等。这些社区的运转往往只需要少量的资金，它们就像合作社一样，由村里的长者管理。

· 志愿服务将更加普遍

在某一个月，参与志愿服务的人在全世界的比例可能有所不同，但人数还是可观的：土库曼斯坦 56% 的人加入了正式的志愿服务组织，而斯里兰卡 45%，美国 44%，英国 28%，瑞典 13%。这些数字不包括非正式的志愿服务，非正式志愿服务占志愿服务的大部分。

在英国，正式志愿者的工作时间相当于 125 万名全职带薪员工的工作时间，几乎与卫生服务部门的工作时间相同。这项工作绝大多数是由 130 万名教会成员完成的，他们每周都会投入几个小时的时间。如果按平均工资计算每小时的时间价值，那么所有正式志愿工作对国民经济的贡献大约相当于 250 亿英镑。另外还有 250 亿英镑属于非正式或不定期的志愿活动，比如为老人清扫门前的积雪，这相当于英国国内生产总值的 3%。随着退休人数的增加，将会有更多的老年志愿者。

· 让私有化服务成为非营利部门

志愿者机构对政府是有用的，是它们理想的合作伙伴。在许多发达国家，为了节省成本，越来越多的福利机构将被私有化成为非营利组织（NPO）。许多项目将优先授予慈善机构，以避免给人以私人公司从政府项目中获取巨额利润的印象，比如与医疗保健相关的项目。

非营利组织将变得更加高效和商业化，具备更强的专业性、审计和评估能力。非营利组织之间竞争的激烈程度将与商业领域的任何竞争都不相上下。

商业组织和非营利组织之间也将存在竞争，有人指责非营利组织利用志愿者的无偿劳动，或用现金捐款来压低价格。慈善工作这个概念在一些部门受到质疑，因为许多机构发现自己是政府项目的主要分包商。一些志愿者会质疑他们的慷慨行为是否被政府滥用，来削减其成本和工作量。

对于员工和投资者来说，社会性企业将更加流行。这些企业期望赢利，同时也能实现非营利组织追求的目标。这种混合模式对新一代创业者具有很强的启发性。

八　个人隐私和个人自由的未来

在第一篇中，我们谈到了与数字世界有关的道德问题。谁拥有我的数据？是社交媒体网站负责审查发布犯罪材料吗？人们可以要求在死亡之前或死亡时删除自己的网上记录吗？

在接下来的10~20年中，大多数国家将越来越收紧对网络的控制，采取更加严格的网络限制措施，其中包括网络访问的年龄限制。正如我们所看到的，已经有100多个国家以某种方式控制了网络访问，影响了全球60%以上的网络用户。期待未来会有更强有力的法律来打击网络霸凌、色情短信和其他旨在恐吓或使人难堪的网络行为。

在许多新兴国家，出于国家信息网络安全的考虑，将竭力阻止外来网络的访问，除非该访问是通过它们控制的服务器进行的。越来越多的发达国家将尝试同样的做法。在一些国家，那些试图访问暗网网页、使用虚拟的私人网络逃避审查、或在没有管制的情况下使用比特币等加密货币的行为都可能是非法的。

许多国家期望社交传媒公司采取合理的措施，以防止非法或反社会内容的传播，这取决于该国政府如何界定非法内容（有些政府的界定非常宽泛，却采取了严厉的审查制度）。

这将对谷歌、Facebook、LinkedIn和Twitter等公司产生深远影响。比如，坚持尊重和维护版权可能意味着搜索结果上显示的每个图片都需要首先进行验证，以确保版权不受侵犯。那些被稍微改变了的图像的版权需要确认吗？网络博客上的文字段落是否需要确认版权呢？这些文字几乎是从报纸、杂志、书籍或其他受版权保护的来源中一字不差摘抄过来的。未来将会有更多关于网络能否作为自由表达言论的场所的激烈讨论。

在网络世界中，任何形式的骇人听闻的、令人震惊的、有辱人格的、令人作呕的、残忍的、不人道的或犯罪的活动，都可以被任何年龄段的孩子在几秒钟的搜索之后看到。

如果没有对网上内容进行严格的评级，那么给电影分级也绝对没有逻辑可言，而且很少有家长愿意取消所有的电影分级。在一些国家，如巴基斯坦和沙特阿拉伯，与审查相关的问题会被认为是亵渎神明的。

与宗教团体有关联的同盟将大力支持网络控制，而自由派、世俗派团体则强烈反对，它们声称媒体大部分内容纯属幻想，没有能力改变人们的行为。自由派团体辩称说，强奸或暴力等犯罪行为与媒体的报道完全无关。但反对的声音也越来越强烈。我们看到一个又一个可怕的案件，在被告犯下可怕的类似罪行前不久，他还观看了那些使人堕落的网络内容。有时候被告席上的人只是一个年龄较大的儿童、青少年或易受影响的年轻人。

有压倒性的证据表明媒体会影响人的行为。实际上，整个广告行业都是基于这样一个事实发布广告的，即媒体信息易于影响人们的行为，特别是网络内容。

九　机器人道德——约束的规则

我们迫切需要一个能够被广泛认可的关于机器人决策的道德准则，特别是对于那些被用于战斗或被用于驾驶的机器人。

例如，一架无人机发射致命武器时，对人脸识别有多大把握？用什么手段来阻止军用无人机向普通百姓开火？

这里有几个难题：一位母亲抱着一个婴儿在马路中间，如果自动驾驶汽车猛地转弯可能会撞死一个出来遛狗的退休男人。如果不能及时停车，应该转向哪个方向？如果车上的乘客病得很重，需要去医院，机器人能不能突破限速，如果可以，能突破多少？如果这个选择会冒着司机或行人死亡的风险，机器人应该选择哪一个？

一些人警告说，人类的自我复制和快速进化可能会带来灾难，超智能机器人将以某种方式接管地球，使人类成为从属物种，甚至面临生存威胁，人类的末日即将到来。在 21 世纪剩下的时间里，这是纯粹的好莱坞式的科幻剧本。事实上，人体由数十亿个活细胞组成，有成千上万的细微特征和自动修复机制。人类具有的细微化程度足以让 2095 年制造的机器人看起来也极其原始。

然而，到了 22 世纪，情况可能完全不同。到 2120 年，我们可能会看到大量的可自我复制的机器人，它们拥有强大的功能，能够做出复杂的决定，并以各种各样的方式与人类互动。它们可能会联合行动，形成意见，共同做出决定，形成一股强大的变革力量。

更重要的是，我们需要用道德规范来指导各种形式的复杂人工智能机器的行为——这些机器除了芯片外，可能没有任何实体存在，人工智能机器的思维程序在芯片中运行，可能被用于工厂、银行、公司或政府机构内部。这些实体可能是虚拟存在，它们的超级大脑是在云端运行，它们互相交流、监督、思考、计划和控制，这一切将取决于它们的人类设计师或程序员对其思维和能力设置了足够的限定条件……

十　与健康相关的道德观念

医疗中需要怎样的伦理道德呢？历史告诉我们，一代人认为令人震惊、不道德或怪异的现象，下一代人可能会觉得习以为常。

· 适用于健康的最终道德测试

无论在医疗保健方面有什么问题，最终的道德价值都可基于这句话——“建设一个更美好的世界”。当克隆人或让人不衰老的技术很常见的时候，我们的世界是否会因此而变得更好？对于虔诚的穆斯林、基督徒、犹太人、佛教徒或印度教徒来说，这是迈向造物主所期望的世界的一步，还是对自然秩序的违背？

还有一个道德问题，也许是最重要的。世界上每天有 8 亿多人挨饿，10 亿人几乎无法获得基本医疗保障，只能有限地获得清洁的水源，这种情况下考虑医学上的新奇事物是道德的吗？获得基本医疗保障仍然是当今世界最严重的道德挑战之一。

你可能觉得这些事情离我们很远，我也曾这么想，直到亲眼看到非洲的小孩因为缺乏最基本的抗生素而死亡。

· 安乐死在许多国家是最常见的死亡方式

安乐死（Euthanasia）将是世界范围内的重大医学问题。许多人期望将“死亡权”合法化，并将其他问题与其一起考虑，包括允许医生结束那些无法自己做出决定的人的生命。

在安乐死法律宽松的国家，老年人采取安乐死是“负责任的做法”。老人在临终关怀机构或养老院的平均停留时间将缩短，遭受痛苦的人通常会选择安乐死。

在 30 年内，安乐死很可能成为许多国家最常见的死亡方式。在荷兰，研究表明，每年高达 25% 的死亡都是由医学引起的，其中约 7000 人实施了安乐死，这一过程通常只需要几个小时（执行安乐死的标准现在包括慢性病、抑郁和情绪压抑）。每年还有 3.6 万人死于使用大量镇静药物，医生将病人置于昏迷状态，不能进食或饮水，直至死亡。虽然其中许多人有先进的医疗条件，但他们的预期寿命依然非常有限。

安乐死合法化的一个结果是，早期阶段的积极治疗将被更频繁地放弃，在采取措施控制症状的同时允许“顺其自然”，即使在早期阶段即开始治疗也减少不了死亡的可能性。

在大多数国家，医学培训的重点不仅在于治疗，也包括如何管理死亡和死亡过程。姑息治疗[①]（Palliative Medicine）将是新兴国家的一个关键增长领域。医疗止痛方面将获得新突破，未来 10 年，止痛药的销量将在全球范围内迅速增长。

十一　解决与健康有关的难题

这里仅列出未来医疗保健、生物技术和生命科学领域的一些道德难题。公众可能或多或少了解一些，监管机构对此也非常谨慎，或者存在监管盲区。因此，很难预测在全球范围能接受的问题会是什么样的，比如出于保险目的进行基因筛查或针对 80 岁老人的不育治疗（到 2040 年，许多 80 岁的人将像今

---

① 姑息治疗是针对那些对治愈性治疗不反应的病人采取控制疼痛及各种症状，最大程度延长无症状生存期，并对心理和精神问题予以重视，为病人和家属赢得最好的生活质量——译者注。

天的 65 岁老人一样年轻健康）。

表 6-1 中对每种情况的判断 U 或 E（或几个 U 或 E）代表到 2030 年人们对相应的问题或情况的接受程度，U 表示人们会感到不安，E 表示人们一定程度上能够接受。

表6-1　2030年人们对某些问题的接受程度

困境	不安（U）/缓和（E）
采取行动结束一个年老、虚弱或生病的人的生命，因为他们失去了生存的信念。这是正确的吗？	U
在怀孕阶段让一个完全健康的胎儿流产是否正确，如果有帮助的话它可以在子宫外存活吗？	UU
因为想要一个不同性别、或不同发色或更具有数学基因的婴儿，在怀孕早期就对一个非常健康的胚胎实施堕胎是正确的吗？	UU
通过将从自身细胞中获得的细胞核植入一个未受精的卵子中，或者植入早期胚胎，以便得到和自己是同卵双胞胎的新生儿，或者生长细胞球，将来用它修复你的身体，这样的自身克隆对吗？	UU
用流产胎儿的组织来修复你的身体对吗？这会鼓励别人堕胎吗？	UU
用成人干细胞来修复你的身体对吗？	EEE
两个男人或两个女人通过基因手段或代孕（美国每年有2000名妇女这样做）或捐献的卵子或精子来得到拥有自己基因的孩子对吗？	U
允许由两个母亲和一个父亲生育一个孩子（其中一个母亲贡献她线粒体能量包中1%的基因来纠正一个可怕的基因缺陷）对吗？	E
将基因碎片注射到肌肉中来提高运动员在比赛中的表现是否正确？	UU
根据基因筛查的结果拒绝为某人提供保险或新工作对吗？	U
将人类基因添加到养殖鱼类中以使其更快生长对吗？	U
在猪身上添加人类基因，从而改变它们的心脏表面，使其能够为心脏衰竭患者提供移植心脏对吗？	E

续表

困境	不安（U）/缓和（E）
把人类的基因加到猴子身上，试图找出哪些基因决定了人类大脑的语言能力对吗?	UU
用不孕症治疗方法让一个70岁的女人生孩子对吗?	UU
一个女人把自己的子宫出租给另一个不能生育的女人对吗?	E
作为卵子和子宫的联合捐献者，女性与其他女性的伴侣发生性关系对吗?	UU
是否应该允许一家制药公司提取你的一些基因，确定导致你生病的基因簇，并申请专利，让它们拥有你的部分基因组?	E

许多机构和研究人员担心他们所从事的研究被过多讨论或过度渲染，结果导致公众的强烈抗议，进而可能会阻碍未来的研究工作。公众和研究团体之间有时会发生公开的冲突，导致研究人员只能是秘密地从事各种研究活动。

事实上，许多早期的研究都是在远离公众视线的情况下进行的，这样就可以在不引起竞争对手注意的情况下开发新的医药产品。

随着全球宠物饲养数量的激增以及人们对动物福利的担忧，人们将越来越关注在实验室中使用大型动物的道德问题。宠物食品和宠物护理的销售额每年已经超过 1800 亿美元，到 2030 年可能会增至 3400 亿美元以上。

十二　社会女性化——对道德的影响

未来许多西方国家女性化现象变强，在许多发达国家，男性已经处于退化状态，被贴上了睾丸素上瘾者的标签：男性是人类危险的、行为不端的变体，容易发生暴力和性侵行为、淫秽行为和不负责任的行为，成为越来越多负面评论和谴责的目标。父权社会正变成母系社会。女性的本能和反应将成为未来的准则。

· 女性的工作

在许多国家，大多数新的工作更青睐于女性。增长最快的领域是服务业和休闲业的兼职工作，而传统的全职制造业岗位正在减少。以后的工作需要具备灵活性、团队精神和高效率——这对于女性来说更具有优势。在日本，女性在工作中的影响力和权力都有了较大的提高。

在欧洲和美国，大约 70% 的各种产品和服务都是被女性购买的。在银行业，有些国家 70% 的在线账户是由男性申请，但 70% 的交易是由女性完成的。大多数家庭用品、书籍、食品和度假产品都是由女性购买的。

女性在传统零售店的消费也占主导地位，尽管如此，大多数营销主管和客户关系经理仍然是男性。随着公司希望以更女性化的方式重塑品牌，预计这种情况会有所改变。然而，社会女性化还有很长的路要走。比如男人也打扫房间，但并不是很多。在许多领域，女性的晋升仍然受到无形障碍的限制，妇女的闲暇时间也远少于男性。

预计一些国家将出现新的男性解放运动，某种程度上这将与女性活动组织相提并论，在一些传统上由女性完成的工作中为男性寻求更大的性别平等，比如当护士或做护理工作。

未来企业文化也将发生重大转变，特别是老龄化造成的技能稀缺。随着法定配额越来越普遍，越来越多的妇女将担任高级职务，甚至成为董事会成员，就像德国已经实行的那样。

但我们也会看到男性在征兵或需要更多男性配额的工作场所控告女性性骚扰、恐吓和充满偏见。在未来 30 年里，许多国家新的跨性别道德规范将使这一切变得更加复杂。

十三　个人精神的影响

在整个发达国家体系中，我们看到了一种强烈的、日益增长的对意义的渴求，它常常表现在对精神的追求上，与有组织的宗教成员的追求不同。在英国或法国这样的国家，争论的焦点不是你是否相信，而是你相信什么以及你自己的精神目标是什么。

一些患者放弃了药物治疗，选择大多数医生认为没有科学依据的替代方法。

仅在英国就有超过 1700 万人依靠替代药物或疗法，其中香薰疗法（Aromatherapy）和顺势疗法（Homeopathy）最受欢迎。不过，预计将加强这些领域的法律意识，要求公司证实它们所做的健康声明。有人认为科学方法论不是“全人医学”的有效检验方法，有人坚信“客观的”科学数据法律作用的收紧将加剧这二者之间的文化冲突。

· 精神意识仍将是人类存在的核心

当今世界上大约 85% 的人认为他们能觉知生命的精神层面。尽管人道主义无神论的声音在一些发达国家可能会越来越大，但在未来 50 年里，这些声音将在全球范围内被绝大多数人的声音所淹没，这些人深信生命不仅是原子、分子和生物数据库。

在发达国家，人们在日常交谈中会越来越多地提升精神性，而有组织的宗教活动会进一步减少。人们期待在精神启蒙下实现个人成长。

在正式教会人数减少的同时，犹太教堂、印度教寺庙、清真寺和教堂的临时出席人数也有可能增加，在诸如亲子活动团体、流浪人员群体、临时收容中心、食品银行、咨询中心等社交活动中临时参加人员尤其多。在未来 20 年里，这些很可能成为影响英国等国家教堂、清真寺、犹太教堂和寺庙生活增加的重要因素。

· 从个人信仰到有组织的宗教

在新兴国家，我们看到了完全不同的景象，基督教和伊斯兰教等全球性宗教迅速发展，地方性的精神导师反而减少，越来越少的人去接触私人的、个性化的、特殊的、非正式的信仰。

目前，世界上有 16 亿伊斯兰教信徒，占全球人口的 21%，其中 60% 生活在亚太地区，20% 生活在中东地区。在未来 20 年里，伊斯兰教的人口增长速度可能会比世界人口增长速度高出 1.5~1.8 个百分点，但这个增长速度将逐渐放缓，因为在伊斯兰教最强大的国家和在收入迅速增长的国家，家庭的规模将继续缩小（即随着财富增加，家庭规模缩小）。

基督教有 23 亿信徒，占全球人口的 32%，其中 60% 分布在非洲、亚洲和拉丁美洲。基督教徒的增长速度也将超过世界人口的增长速度，特别是在非洲、苏联。

在过去 10 年里，阿根廷的教堂从无到有，现在已达到了数千座，同样的情况也发生在整个拉丁美洲。在非洲，参加教会的人数有了惊人的增长，一些定期的教会活动吸引了超过 20 万人参加，这些活动在类似飞机棚的巨大建筑物中举行，这些活动影响着政治家和政府。

· 强调个人精神体验

改变人生的信仰在全球兴起，它激发了人们的热情，给人们提供了方向，其影响不可小觑。

每一个世界性的宗教都存在着两种分歧：一种是根植于传统教义的激进分子，例如《圣经》或《古兰经》；另一种是自由主义者，他们接受或放弃自己在个人精神旅程中选择的任何作品。

在堕胎、安乐死、胚胎干细胞研究、变性问题和同性婚姻等问题上，正统的理念和自由主义之间的分歧可能会加剧。尽管自由派教会辩称，它们在美国和欧洲更具吸引力，在文化上也更具相关性，但事实上，它们的衰落非常迅速。大多数教会的发展仍然依赖于基督教团体，它们遵循传统的教义，表达了坚强的、能改变生活的、真实的精神性。

无论你是耶稣的信徒，或是穆罕默德的信徒，或是佛陀的信徒，或是自然论者，无论你相信因果报应或轮回，或是其他生命力量，或是什么都不相信，精神性仍然是生命的重要组成部分，塑造着未来全球的道德观、价值观和政治方向，就像它在历史中所发挥的作用那样。

· 宗教运动和道德的未来

审视当今世界，我们发现越来越多的激进的宗教团体，有些不乏革命性。对于来自任何宗教的有影响力的信徒来说，他们很容易用自己的观点解释以下观点是否正确。

√ 社会已经失去了灵魂和道德的指引

√ 传统的道德价值观已经消失

√ 个人主义越来越盛行，人们越来越以自我为中心

√　人们沉迷于名人崇拜，但名人往往是糟糕的榜样

√　年轻人关心的是肤浅和毫无价值的东西，如外表

√　家庭生活正在破裂，社群联系也在减弱

√　许多人沉迷于酒精、毒品、性和网络

√　腐败问题频繁出现，降低了政府的可信度

√　网络已经成为所有人的性自由地，虐待儿童或其他越轨行为被视为正常

√　快速、持续的经济增长承诺了一个更加美好的世界，结果却是令人震惊的财富差距，最严重的全球贫困未能解决，世界的发展是不可持续的

√　一个国家在全世界有着巨大的影响力——输出媒体、文化、企业、品牌等，自身却处于道德和精神的衰退状态

√　贪婪的跨国公司和银行正在破坏我们的世界

√　精神疾病越来越普遍，抗抑郁药的销量不断上升

√　我们忽略了一个基本事实：人类有精神的存在，生命还有另一个维度

√　人类作为一个整体将被追究责任

未来将有越来越多激进的宗教活动家，他们按照自己的信仰，受“神的呼召”宣扬（甚至强加）上帝在人间的主权。大多数人可能会属于一个世界性宗教，他们可能生活在新兴国家。

我们很可能在基督教中看到新的“清教主义”，正如过去20~30年中我们在伊斯兰教中看到的那样：新一波的正统主义浪潮让国教感到不安，它们也很难融入现有的宗教体系中，因此将表现出极度的不宽容和对精神纯洁性的狂热。

· 为信徒和社会制定新的道德标准

这种新的基督教运动很可能试图禁止各种“有罪的”或不明智的行为：教会成员禁止吸烟和吸毒，倡导更严格的性伦理——这些教义让人们想起 19 世纪的禁酒运动。这些新运动也可能孕育着政治激进主义的种子，它们在争取出台新法律。然而，这些运动很可能因为对待同性关系的态度不同而迅速分裂。

到 21 世纪末，僧侣生活会有新的变化，越来越多的人发了一些极端的誓言：要保持贫穷、贞洁和顺服，其中许多人可能会被贴上危险的“洗脑”邪教成员的标签。

· 新兴社群中的教会将推动神学发展

新的清教徒似乎与发达国家其他教会教徒的观点不一致。在发达国家，各种婚外性行为在教会成员中越来越被接受，离婚和再婚是家常便饭，同性恋婚姻也会得到祝福。我们已然目睹了发达国家和新兴的国家教会、自由派和五旬节派、旧式教派和本地教会运动之间的根本分裂。

未来 30~40 年内，几乎所有主要的新传教运动都可能被新兴国家或世界最贫穷地区教会的愿景、教义和价值观所影响，这一定程度上也反映了全球教会的发展。

在欧洲，从英国到德国、波兰、爱沙尼亚、乌克兰和斯洛伐克，大多数发展很快的教会可能是福音派、五旬节派和一些富有魅力的教会。这些教会的教徒都有三个共同点：热情地推行可以改变生活的个人门徒精神；把《圣经》作为跟随耶稣的指南；热切地相信祷告可以释放神的能力，相信圣灵有改写生命的天赋。

这些发展将受到来自新兴国家移民群体的推动，无论是尼日利亚人、波兰人、韩国人还是中国人。然而，这种增长不太可能抵消未来 20 年欧洲大部分地区教堂使用率的总体下降趋势，特别是那些信奉自由神学的老教会。

· 天主教会的发展

天主教会在全球有 12 亿教徒，但相较于 10 亿新教教徒和 4.5 亿东正教教徒，许多天主教徒并不活跃。在教皇方济各（Pope Francis）的领导下，发达国家的天主教将在多年的衰落后逐渐趋于稳定，并在最贫穷国家逐渐发展壮大。

教皇方济各持有激进的神学观点和道德理论框架，涵盖了五旬节派的各个方面，赢得了广泛的认同。然而，他的年龄将限制其精力和影响力，且时刻面临威望丧失甚至被杀害的风险，原因在于他曾公开抨击腐败现象、对穷人表现出漠不关心以及梵蒂冈精神冷漠的本质。

他肯定比其他教皇更容易受到攻击，因为他放弃了梵蒂冈内外几乎所有的安全措施。如果他被撤职或暗杀，我们可以想象天主教会内部将就什么样的教皇应该接替他而产生巨大冲突。

但是无论教皇是谁，都将号召对神父和僧侣做出的大范围的性侵行为采取更激烈的行动。大约有 80% 的案件发生在美国，那里更多的天主教组织将因巨额赔偿而面临破产。

在澳大利亚，1950~2015 年，有 7% 的神父面临指控；在美国，1950~2002 年，这个数字是 4%。丑闻中最严重的部分是针对许多非施虐者的不间断指控，因为他们为同谋掩盖事实。天主教的负面影响将继续扩大，特别是在美国，并将持续到下一代。

· 针对基督徒的全球战争

与伊斯兰教一样，基督教最激进的方式可能是呼吁采取武装行动，即必要时提倡战斗的理念，以保护教会免受激进的伊斯兰迫害者的杀害。作为对 20 多年来教堂和基督教家庭遭受恐怖袭击的回应，这种激进思想特别有可能在中非和北非的极端土著教会中发展。在非洲某些地区出现了这种迹象，特别是在中非共和国首都班吉。

然而，在大多数地方，这种好战思想可能会被占主导地位的基督教道德观所抑制。基督教一直提倡和平主义，遵循耶稣的教导，爱人如爱己，爱自己的敌人，为迫害你的人祈祷，当你的敌人打你左脸的时候，你应当把右脸也转向他。

根据国际人权学会的估计，过去 20 年，基督徒遭受屠杀、折磨、绑架、强奸和斩首的人数是空前的，所有宗教歧视行为中有 80%是针对基督徒的。根据英国政府 2017 年的数据显示，每年有超过 2 亿基督徒面临各种形式的迫害，其中基督徒妇女和儿童特别容易遭受性暴力。路透社报道称，2012~2013 年，经报道的因信仰而被杀害的基督徒人数翻了一番，达到 2100 人，这意味着每年约有 5000 人被杀害，因为其中大多数并没有被全球媒体报道。

· 伊斯兰教的内部战争

伊斯兰教极端分子的袭击不仅仅针对其他宗教，他们中的大多数人也反对其他伊斯兰背景的人。

一些激进的伊斯兰教教师可能会在网络上鼓励信徒杀死所有的“异教徒”和那些支持他们的人，包括那些自称虔诚但生活方式并没有践行《古兰经》的伊斯兰教徒。

我们很可能会看到逊尼派和什叶派伊斯兰教“教众”之间因不同的文化历史、不同的意识形态而发生持续且激烈的斗争。发达国家中较为温和、富有的知识分子信徒与新兴国家中信奉伊斯兰教的信徒之间的文化鸿沟将会扩大。

十四　一种新的世界宗教

在上一篇的最后，我们探讨了一种可能性，即政治理念可能被激进的新意识形态所抛弃，而这种新意识形态可能像 19 世纪末期和 20 世纪上半叶的共产主义一样具有影响力。在未来的 100 年里，世界上所有的主要宗教都可能继续自我改造，因为它们的传统教义在不同的时代和文化中被重新诠释。

· 新世界宗教的全球“市场”

在接下来的几十年里会出现一些更加激进的宗教领袖或预言家，他们充满魅力和活力，用不同寻常的教义迅速吸引着全球的注意。

最大的问题则是它的真实性：有这样的宗教吗？犹太教、基督教和伊斯兰教等全球宗教都宣扬永恒的真理是“不变的造物主上帝”，还给出了各自对上帝的独家解释。相比之下，新时代的信仰很大程度上来自印度教的某些教义，它对真理有更综合的看法，有更灵活的道德框架，不再那么绝对。

在不断变化的世界里，对个人命运等终极问题的确信变得越来越重要。这正是宗教激进主义的诉求。因此，一个新的世界宗教很可能被定义为教条式的教导，声称其排他性和优越性区别于所有以前所了解的关于上帝的真理。

期待出现一位预言家能提供“最后的启示”，即人类逐渐变得“成熟”，现在能接受真理。这个预言家可能会宣称所有伟大的宗教都并非具有完全的真理。

十五　新的世界秩序

世界面临如此多的挑战，其中许多需要人类团结应对，我们是否会看到一个新的世界秩序出现？答案是肯定的，因为它已初露端倪，比如环境条约的制定或全球反恐。

· 更多的国际条约以实现全球控制

事实是，过去几年签署了数百项国际协定，涉及鼓励贸易、制止洗钱或防止人口贩运。因此，非正式的全球治理已经开始出现。

联合国成立的目的是：“使后代免遭战祸”，“重申对基本人权、人的尊严和价值的信念”。

问题是，联合国成员国在它们希望联合国做什么以及如何做上存在分歧。但全球治理对我们的未来至关重要。尽管面临许多危机和挫折，但在苏联解体和冷战之后出现的前所未有的全球合作精神将进一步深化。正如我们所看到的，其中一部分合作将会超越区域联盟、贸易集团和影响范围。事实上，跨越国家和大洲的贸易从一开始就是一种文明力量，而且永远都是如此。

· 国际法庭的权力将会扩大

尽管在许多问题上立场不同，我们仍需要适用于商贸的国际行为守则。事实上，没有它，国际贸易就不可能进行。我们已经开始采取行动，比如，由其他国家的代表组成的法庭起诉一个国家的领导人犯有战争罪。地区法庭已经很完备，比如在欧盟。预计到 2030 年，跨区域法庭将处理越来越多的国际犯罪案件。

· 全球政府

未来几十年里将出现各种形式的全球治理，进入世界新秩序的第一阶段。

预计将有一段紧张的谈判时期来定义全球道德，比如全球性禁止生化武器、应对国际恐怖主义或种族灭绝、限制全球垄断，以及关于奴隶制、童工、工作条例或者其他人权问题的全球协定。

在许多问题上，新兴国家和发达国家的观点将出现两极分化。这些争论将越来越受到富裕国家深刻反思的影响，也将受到不再对发展速度、城市化、物质财富和全球化感兴趣的新一代人的影响。这一代人正在变得更具变革精神，更加注重道德，更加注重精神。

十六　现在是做出选择的时候了

现在，我们已经领略了世界上每一个地区和每一个行业的未来。我们已经看到了每一种趋势光明的一面，也看到了其黑暗的一面，看到了它们组成未来立方体的六个面，看到了这六个面如何在情感的力量作用下转动起来。现在是做出选择的时候了。

掌控未来，或者被未来掌控。

第七篇　2120 年的人类生活

根据已经描述的预测方法和主要趋势，本篇是对下个世纪之初的展望，是会引发争论的一系列场景。主要趋势很明显，它们相互关联，影响着时代。争论的焦点通常集中在变化的速度和时机，而非总体方向。以下内容只是主观预测和希望。

一　未来在很多方面仍是我们熟悉的

许多社会领域的发展都比 30 年前预测的要少。尽管人类拥有了更多的遗传学知识，更富有，更休闲，拥有更先进的科技、人工智能、新型材料和智能化产品，但人类仍将在很大程度上和原来一样。不要期待短期的、激进的变革。

尽管海平面上升了，但大多数城市仍在它们 200 年前的位置，它们还将继续发展。运输路线和国界几乎没变，未来也依然如此。

到 2150 年多数人口将出生在城市，由一位或两位亲生父母抚养长大，上学或上大学，结识朋友，坠入爱河，组建不同形式的家庭，参加工作会议，与他人享受运动和休闲活动，探索自己的世界和创造新事物。

人类社交仍然主要在群体、种族、语言或宗教团体内进行。他们将更多工作委托给机器，委派代表治理并遵守风俗习惯和法律。

尽管很多老年人仍将抱怨变革的速度，但人类文明的重要因素与欧洲在2000年、1950年、1850年、1700年时的社会模式别无二致，甚至可以追溯到2300年前的罗马、希腊或中国秦朝的城市。

二 “永不再来”运动将影响下一个30年

三个“决定性时刻”引发了广泛的反应，推翻了几个民主政府，引发了一场军事政变，创造了新的全球治理。

· 亚太战争和全球民主的崛起

全球民主论坛（Global Democratic Forum，GDF）诞生于2067~2069年的亚太战争之后，该战争涉及19个国家，造成130万人丧生和大面积的核污染。联合国被指责因其失误而导致冲突发生。联合国成立于第二次世界大战后的1945年，每个成员国有一张选票。印度和中国在194票中各有一票，却代表了人类1/3的人口。

因此，联合国是不民主的，它缺乏道德权威来调解这两个大国之间日益紧张的关系。此前，联合国未能在2041~2053年俄罗斯联邦与欧盟的混合冲突中实现和平，造成了严重混乱和破坏，给整个数字世界带来了影响，同时也削弱了北约。

在2071年5月的《新加坡宣言》中，印度和中国同意销毁所有核武器，逐步淘汰核能，和平共处，将未来的争端提交全球民主论坛。这个新组织是通过与其他国家的协商，由中国和印度提出的，按每个国家的人口比例投票。

中国于2072年11月在上海主办了第一届全球民主论坛。每个国家派遣一名大使参加，另外每1000万公民再增加一名投票参与者。举办论坛的目的是要影响“世界的和平、和谐与繁荣”，但不会在国家间施加法律权威。

会议讨论了主要问题，并就非约束性声明（Non-Binding Declarations，NBDs）进行了自由投票。在2072年会议中，超过9/10的与会者通过了六项行动要求。

√　销毁核武器，并对拒绝销毁的国家实施制裁

√　向最贫穷的30个国家支付国内生产总值的0.5%，以改善它们的健康状况

√　所有国家承诺将把政府开支的3%用于应对全球变暖行动

√　全球体系将更公平地向超级富豪征税，并实施更有效的监管

√　美国和俄罗斯要全面参与全球民主论坛，并尊重多数投票

√　所有国家将情报共享，以实现更好的预测分析和安全

在接下来的10年里，许多国家退出了联合国，像世界卫生组织这样的机构被重新分配到GDF。更多的决策由预测情报部门（Predictive Intelligence）牵头，制定GDF议程并提出解决方案。GDF的“道德权威”不断增强。随着美国和俄罗斯的全面参与，以及GDF维和力量的迅速扩张，GDF的力量和影响力也在迅速增长。虽然全球民主论坛的非约束性声明不具约束力，但在接下来的20年里，预计多数国家的政府将实施获得80%以上全球支持的大多数NBD条款。

· 孟加拉国洪灾与气候变化的“战争”

第二个“永不再来”的时刻发生在2083年7月。在预测情报部门发出的大量预警被无视后，孟加拉国的洪水夺走了

120 万人的生命。这是海水墙在 10 年内遭受的第三次重大破坏。根据预测，到 2095 年全球平均气温将上升 2.1℃，海水墙就是为了应对海平面上升而建造的，这次洪水恰逢历史上最大的季风降雨。

同月，迈阿密遭受到有史以来最严重的飓风袭击，造成巨大的洪水破坏，有记录的死亡人数为 3758 人，包括在一所学校避难的 483 名儿童。虽然与孟加拉国相比，迈阿密的死亡人数很低，但第二起悲剧引起了美国的注意，美国是唯一一个仍没有执行 12 年前制定的《2071 年全球变暖行动声明》的国家。

由于这两起灾难以及更多的预测情报，世界各国政府在过去的 15 年里在减少碳排放和碳捕获上的花费将超过过去 100 年的花费。

· 变异流感大流行与“健康属于我们”（HIFOR）的组织

2089 年 12 月 19 日，在西贡养鸡场首次出现变异流感病例。最先感染的 237 人中有 1/9 在几周内死亡，但 12% 的病人是具有轻微症状的高度传染性携带者，其中一些是返回美国的游客。

至 2090 年 1 月 16 日，英国、法国、丹麦、美国、中国、泰国和柬埔寨共报告了 275 例疑似病例。在 8 周内，全球有数千人被追踪，在接下来的一个月里，这一数字上升到了 1 万多人。

2090 年 4 月 10 日，世界卫生组织（现在是 GDF 的一部分）宣布全球进入紧急状态。27 个国家约 47528 人被隔离，3785 人死亡，世界各地的学校和公共活动关闭、停止，航空公司停飞，城市出现恐慌性抢购。

尽管全球动员起来了，但到9月共报告了100万疑似病例，其中32.4万疑似病例得到确认。在世界卫生组织宣布紧急状态结束之前，历时两年时间，在预测情报部门的指导下制订了一项全球疫苗接种计划。汇总如下。

√　估计死亡86500人，主要是婴儿、幼儿和85岁以上的老人

√　有14.7万人需要长期护理或是残疾人

√　有13亿个工作日被损失或中断

√　这两年中，每年的损失占全球经济产出的1.2%

有1/6的死亡人数在美国。联邦调查人员报告显示，美国的反应出现了多次延迟，这是由于美国不加入与GDF有关的国际机构，这也意味着美国在获取关键数据、技术和共享全球大规模疫苗生产设施方面的进展较慢，而世界其他国家已经投入其中。所有这三次“永不再来”事件都强调，在22世纪需要更深度的全球合作。预测情报部门也赢得了权威和尊重。或许将成立一个“健康属于我们”（Health is for Our World）的国际组织。

三　人口的巨大变化：对未来经济的影响

世界人口在2073年达到了118亿人的峰值，如今下降到104亿人。到2130年，这一数字将再次下降到95亿人，因为育龄夫妇生育的孩子更少了，这一年，需要食物、清洁饮用水或电力的人数将降至总人口的0.3%以下。

在过去的80年里，大约有47亿人迁徙，主要是从农村地区到本国的城市，但正如所预测的，随着城市化进程的结束

以及旅游管制的实施，这一进程在过去10年中已放缓至每年2300万人。

到2130年，家庭平均规模将从目前的1.7人下降到1.5人，许多地方的差异与收入有关，如2098年的非洲。

√ 最贫穷国家的最低收入人群，每对夫妇有3.2个孩子
√ 第一代中产阶层，每对夫妇有1.2个孩子
√ 第二代或更多代的中产阶层，每对夫妇有1.7个孩子
√ 第三代非常富有，每对夫妇有2.8个孩子

大约96%的人类生活在80年前实现部分工业化的国家，高于2020年85%的水平。这一时期的经济平均增长率为3.1%，高于“旧世界”的1.6%。

80年1.5%的增长率差额意味着“新世界”经济体的实际平均增长率比2020年增加3.2倍。新世界国家创造了67%的全球财富，预计到2130年这一数字将增至72%。

在2130年之后，随着历时350年的重新平衡，全球经济增长率将趋于一致，结束了18~20世纪老牌国家工业革命造成的扭曲。

四 财富对比将加剧革命性的紧张局势

财富差距的扩大将引起更多的公众怨恨和愤怒，威胁到未来的和平。尽管GDF承诺增加对超级富豪的税收，但全球1%的人口拥有全球财富的70%，高于2050年的65%。差距和风险将在大多数专制社会中达到最大值。

五　健康状况越来越好，但预期寿命将迅速下降

欧洲出生人口的平均预期寿命已从 2050 年的 91 岁提高到 102 岁。假设大多数人生前都能获得积极的医疗保健，虽然这不大可能，那么预计到 2130 年平均预期寿命将达到 112 岁。在中国和欧洲出生的婴儿中，有 3.6% 是经过基因编辑的，或者（更普遍的情况）是从父母那里继承了编辑过的基因。预计未来 20 年，在中国、欧洲和美国出生的婴儿基因编辑的发生率将翻一番。

在过去的 15 年里，我们已经达到了老龄化的“逃逸速度”，享有特权的人剩余的潜在预期寿命每年都会增加一年以上。造成这一结果的原因有：基因重新设计，利用自身细胞的再生医学，超营养，使用新药，比如提高细胞内线粒体活力的药物。

然而，在英国、法国、加拿大和韩国，半数以上的人选择在自己预计的最大年龄之前至少 5 年停止延长寿命。“自然”死亡通常发生在停止延长寿命后的 3~6 个月，但现在这个时间将缩短到 8 周左右，因为新的治疗方法使停止延长寿命后更快地死亡。

20% 的欧洲人则更激进，他们要求医生在（通常）近亲在场的情况下实施主动死亡（Active Death，AD）。主动死亡主要是老年人选择的，他们害怕在停止延长寿命后出现精神和身体崩溃。主动死亡在大多数国家合法化已 40 年了，到 2125 年可能会普及。到那时，主动死亡将成为欧洲最常见的死因（超过 35%），是美国的 2 倍，是中国或印度的 7 倍。统计数据显示，欧洲老年人申请主动死亡的主要原因是他们每天的预测分

析健康评分连续 14 天低于 10 分。关于如何计算和呈现预测分数的争论会越来越多。

六　机器人和预测分析的好处

回顾过去，我们可以看到 20 世纪的数字革命几乎在 2050 年完成，除了预测情报、机器人技术和状态监控之外，大多数信息技术设备将得到优化，创新的步伐有所放缓。

有 2/3 的人类活动处在国家的数字控制之下，在线访问被记录和过滤，政府基于人工智能决策和全面监控有能力在 5 分钟之内拘捕任何公民。过去一年中，中国和印度所有抓捕行动中的 40% 是针对“反社会行为”，而欧洲和美国正朝着类似的方向发展。

2098 年，巴黎首次成功起诉街道清洁机器人埃比拉（EXPIRA）谋杀。先前的诉讼在上诉中被驳回，因为每一个机器人都辩称所有的错误行为都是由错误的人类编程造成的。判决后，法国各地掀起了一股针对机器人的街头袭击浪潮。

大多数新机器人都是隐蔽的，它们不是物理实体，而是智能工业系统，控制着程序、车辆、飞机和农场。到 2110 年，预报员将能准确预测覆盖地球陆地面积 65% 以上区域 18 个月内的 24 小时天气情况。

成年子女将继续为体弱多病的父母购买家庭护理机器人，老年人大多会憎恨或拒绝使用。由于安全和可靠性问题，iFriend 8 年内在全球的销售未能超过 100 万台，更多的家庭护理制造商将面临倒闭。

七　消遣性药物导致冷漠时代到来

在欧洲，具有消遣性的“聪明药”在很大程度上已经取代了酒精，现在人们对酒精的看法就像100年前人们看待烟草一样。预计未来在基于基因、性格、生活方式、期待的效果和可能带来的影响等数据，会出现为个人定制由多种材料合成的药物。

美国绝大多数学生的头发样本显示他们曾经使用过增强记忆的药物，预计美国考试委员会将决定停止常规药物测试。调查显示，大多数教授定期地使用此类药物。

预计“快乐药物”（情绪促进剂）的使用将进一步激增，也将产生重大的社会和政治影响。根据剂量，下一代的“快乐药物”将减少40%~70%的“本能的”欲望和野心，包括与他人交往的欲望、性生活或生育的欲望，也会降低食欲和肥胖。许多宗教团体反对使用这类药物。但年轻人的依赖心理很强，过量服用会导致精神失常或昏迷。向未成年人提供药物将受到更严厉的惩罚，并永久丧失网络权利。

由于“快乐药物”的使用，人类将进入一个“冷漠时代”（Age of Indifference），不再关注个人隐私、国家管控、个人成就、未来灾难等，而是依靠人工智能来识别和管理风险。

预计，活跃的家长将创建一些新的社区，对“正常的”情绪和心理健康问题更加宽容。当个人因为“快乐药物”中毒、失业或无家可归而做出“愚蠢”的决定时，政府将介入，其面临的压力更大。

到2130~2140年，在分析揭示使用“快乐药物”所付出的真实代价后，“冷漠时代”才可能会被“责任时代”（Age of Duty）所取代，人类才开始关注自己、家庭、社群、国家和更广阔的世界。

八　零售业更具创意，体验更愉悦

人们在实体店购物可以体验产品、获得面对面的建议、感到身心愉悦，还可以锻炼身体。因此，各大零售商将继续在实体店按时间收费，完成销售后可部分退款。几十年前，购物和娱乐就已经融合了，而在较大的城镇中，现在 80% 的实体购物都是送货上门的，送货上门通常不到 1 个小时。大约 17% 的欧洲零售额实现了全自动化，靠人工智能决定需要自动下单购买的东西。

预计在未来 10 年里，创意零售业（Quirky Retail）将实现爆发式增长，比如具有当地生活、文化、特色和创造力的小型独立商店或街头市场，它们不收取任何入门费，是一种令人耳目一新的、真正轻松的购物，可以解决大型零售商场几乎程式化和成本高昂的问题。到 2120 年，创意零售业将在欧洲国家、美国和澳大利亚赢得 7% 的零售市场，而现在只有 3.5%。

九　工作岗位更加适应世界的变革趋势

第六次工业革命融合了生物统计学、人类大脑组织（少数特权群体）、人工智能和机器人技术，导致超过 45 亿个工作岗位消失，主要是在 2020~2040 年，自动化影响了绝大多数制造业和办公室工作岗位。然而，在欧洲大多数国家和许多其他国家，几乎每 10 年，带薪在职人数都比之前有所增加。

蓬勃发展的个人生活体验行业（Personal Life Experience industry，PLE）创造了超过 52 亿个工作岗位，作为一个重大的职业转变，许多 65 岁及以上的人将从事这些工作。这类行业包括旅游业、酒店业、娱乐业、成人教育（全球每年增长6.4%）和个人技能培训（每年增长4.2%），此外还有心理治疗师、家庭治疗师、婚姻治疗师、精神顾问（每年增长2%）、个人导师或教练、音乐家和音乐教师、各类艺术家、创意顾问、高龄家庭护理（每年增长3.7%）等工作岗位。

十　家庭与婚姻关系

全球大多数年轻人仍然渴望有朝一日能与异性结婚，建立自己的家庭。尽管受到“快乐药物”的影响，浪漫的梦想依然存在，一如既往。而且全球调查显示，多数父母一生中大部分时间都与自己的父母保持密切联系，其中1/3的人住在距离父母一小时或更近的地方。

同时，离婚也将更加普遍，尤其是在经济增长较快的国家，人们对其他类型的关系将更加宽容，除了在中非的一些国家以及在亚洲和欧洲的一些地区，这些地方的婚姻关系受到了伊斯兰教或基督教的影响。

十一　休闲与旅游——追求真实的体验

各种形式的学习仍是占用休闲或工作时间的主要因素。与过去50年一样，多数情况下，学习是个人的单独体验，探索国家批准的免费资源。

音乐从来没有像现在这么重要，为了控制情绪、娱乐和提高注意力，音乐行业的消费在全球范围内飞速增长。预计不需要经过增强或处理的“自然音乐”将取得快速发展，它可以提升人们对真实、共享、传统的音乐体验感。

未来 30 年，旅游需求持续增长，比多数国家的 GDP 增速高 1~2 个百分点。许多人认为旅行是“真实和现实”的活动，享受与不同国家和文化群体的互动。对于来自知识获取方面管制最严格的国家的游客，或非权威组织（包括宗教集会等），更是如此。

预计信息旅游业将快速发展，信息旅游的意思是一个人前往尚未实施《GDF 数字宪章》的国家是为了逃避数字审查，或在没有审查的情况下进行虚拟社交互动，或出于其他原因如反社会行为和犯罪行为。由于以上原因，旅行管制也将加强，根据预测的社会评分，离开一个国家所需的许可往往比入境签证更难获得。

尽管 10 年来许多大城市的自动出租车和自动货运服务使白天的交通量减少了 20%，但预计在新机场、公路、高铁和超级高铁方面的投资仍将继续。

汽车拥有量将继续下降，但在最贫穷的国家是个例外，因为拥有一辆汽车仍然是重要的地位象征。在北京、纽约、巴黎和圣保罗等城市，大多数短途旅行将使用共享或公共的、专用小型车辆，而且很少有人自己拥有车辆。

到 2120 年，拥有飞行汽车的人仍然很少见——在迪拜和孟买这样的城市，涡轮增压器出现在出租车上，几分钟内就可载着乘客行驶 10 公里。政府将继续对所有车辆征收重税。

在过去的 50 年里，太空旅游的成本下降了 85%，在未来的 30 年里可能还会下降 35%。但在中国的 3 个月球基地以及几家绕月球轨道运行的酒店所发生的致命事故提醒我们，太空旅游是不可持续的冒险探索。

尽管如此，上一年由中国、印度、美国、尼日利亚和俄罗斯发起的全球防止灭绝计划（Prevention of Extinction，POE），很可能在 2128 年前在月球上、2136 年前在火星上建立第一个真正可持续的太空城市，这些城市的设计目的是在地球发生灾难时有可能重建地球。

十二　银行数量减少

100 年前银行的数量是 1.8 万多家，现在只有 3400 家，鉴于合规性、网络安全和监管成本的考虑，未来 20 年将再次减半。同样，基金管理、养老基金和其他财富管理领域的大规模整合也将继续。印度仍将是世界金融科技创新的中心，2031 年，成为第一个废除所有纸币的国家，也是第一个全民普及生物识别的国家。

尽管有许多关于诈骗和其他风险的报道，但在新一轮放松管制之后，预计非正式的、以社群为基础的金融集团每年将增长 12%，这些新实体中许多将使用它们自己的新工具和货币。

十三　有活力、有干劲的领导人涌现

随着宗教信仰在许多“旧世界”国家持续衰退，大国最受爱戴和信任的国家领导人更有可能被神化，就像他们自己的人生传奇故事，他们的形象也会被精心策划的国家监管媒体大力宣传而得到加强。哪怕他个人被“证明”缺乏诚信，但对他的信任已经成为这个时代的政治特征。

十四　非洲财富与影响力不断增长

撒哈拉以南的非洲地区 100 年来基本上处于和平状态，年平均经济增长率为 5.8%。尼日利亚仍是非洲政治力量的中心，拥有最大体量的经济和最强的军队，是很重要的国家。在几乎所有白人企业主和地主被迫退出 54 年之后，南非经济将艰难实现 2.6% 以上的增长，但未来 10 年内，总部位于尼日利亚的跨国公司的投资可能会使南非经济繁荣。

十五　中东神权统治

沙特阿拉伯的神权政治将继续主导整个地区的政治，受到经济问题和内部动乱的阻碍，许多人希望这些问题在 2079 年沙特王室自愿下台后会得到解决。这些国家的经济将越来越依赖沙漠能源：太阳能农场通过超电网向欧洲及其他地区提供电力能源。然而，这些脆弱的线路也将继续成为武装力量的攻击目标。

十六　网络恐怖主义使国家管制更加严格

预计敌对组织或国家将进一步企图劫持公司、政府甚至国家以勒索赎金。这将使政府有理由更广泛地进行监督和建立国家内部网。内部网断开了与世界其他地区的直接网络访问，还将对所有国际流量进行有效过滤。

十七　越来越多的人放松了对隐私的关注

虽然现在大多数老年人能坦然接受因国家监督而失去隐私，但预计年青一代之间的网络语言会更加混杂，这是一种温和的反对国家的抗议形式，朋友或同事会用新的词语拓展群体词汇，或者以只有他们自己能理解的方式使用现有词语。语言的混杂现象已经产生了成千上万个常用的新词和短语。这种情况让政府也感到很困惑，而且很难立法反对。

十八　传统宗教被外星人信仰所冲击

根据过去10年的媒体报道，47%的人类现在相信我们正在与来自其他星系的智能生物接触。人们对遥远文明的力量和起源有着不同的信仰，这一信仰催生了新的宗教崇拜，被统称为Philaliens。预计这些宗教将不断成长和融合。

在过去的20年里，每个主流宗教在很多方面都经历了重大的转变，比如人们表达信仰的方式以及集会的规模，趋向于要么是大集会，要么是小聚会——比如足球场集会或家庭聚会。这两种趋势都会引起政府的担忧和打击，它们会担心所有有影响力的宗教运动，无论是由具有魅力的领袖人物推动的大型活动，还是由数以万计的处于“地下”传播的私人聚会。各种打击很可能都是无效的。

大多数穆斯林将继续生活在亚洲和非洲北部以及中东地区，非洲中部尤其是尼日利亚、刚果民主共和国、乌干达、肯尼亚、马拉维和布隆迪将出现更多意识形态冲突，不仅是与基督教的冲突，也有来自伊斯兰内部的冲突。

十九　2120年面临的主要风险

我们按照风险及其潜在影响从低到高的顺序，对人类面临的四大风险进行预测。

√　地区冲突——在一个拥挤的星球上，由部落主义和资源匮乏引发的冲突

√　病毒大流行——与全球人口规模和旅游业繁荣直接相关的风险

√　革命或内战——贫富差距及其不可持续性

√　预测分析警告被忽视——预算削减导致社会控制减少、地区冲突、工业混乱、犯罪活动和经济混乱

第八篇　塑造你的未来

正如我们在本书开头所看到的，你自己未来的立方体取决于你是谁、你在哪里、你的工作性质和你的人生阶段。

我们也看到了要同时考虑整个未来是多么困难。你无法同时看到未来的六个面，这就是为什么要不停地转动立方体，当聚焦一面时，其他的面就隐藏了。

所以，要持续地转动这个立方体，保持敏捷、专注，并忠于自己的使命。生命太重要了，不能浪费任何一天。人生短暂，不要去做自己不相信的事情。

一　细微改变未来

人们经常告诉我，他们觉得无力改变自己的未来，更不用说改变别人的未来。但我们大多数人改变事情的能力比我们意识到的要强得多。在达沃斯世界经济论坛（World Economic Forum, Davos）上，我与来自全球最具影响力企业的首席执行官和董事长们进行了交流，那是我第一次开始展示未来的六个面。

我向他们展示了未来这个立方体：公司的首席执行官通常是从顶端观察这个立方体的。他们往往只关注未来的三个面：快速发展、城市化和全球化。换句话说，一切都与变化的速度、城市化、人口统计、医疗保健、时尚和潮流、技术和全球化等有关。这是银行、IT 公司、全球制造业和电子商务行业的典型世界观。

把立方体旋转 180 度，我们就面对着未来的群体化、激进变革和道德价值三个面。这是一个由民族主义、宗派主义、社会媒体、激进主义、个人动机、抱负、野心、可持续性、政治、宗教和恐怖主义运动等力量驱动的未来。

我给 CEO 们提出了一个问题：根据他们自己的经验，需要多少人才能完全改变他们的战略？

如果思维非常激进、道德观念非常强、群体意识很强，或是组织良好，那么他们需要多大比例的公司股东、客户、员工或社交媒体才能彻底改变公司的发展方向？答案是一样的，少于 2%，也就是说 50 个人中有一个人就足够了。

我又问了一个问题。需要多少股东才能让上市公司的董事长在年度股东大会召开之前夜不能寐？答案总是一样的。只需要一个人，一只股票，花费几美元，对一个既有争议又“激进”的问题提出一个合乎“道德”的问题，就可以在“群体”中释放不可控制的力量，迫使改变重大政策。

但如果一个股东就能决定整个跨国公司的未来方向，如果一个公司或群体中的一小部分积极分子就可以影响一个五年战略……

你可以认识或影响多少人？几乎可以肯定的是，在你为之工作的组织内部，或者你所认识的人中，你改变事情的能力远远超过你所意识到的。

看看一个股票持有者能做些什么，考虑一下你自己的生活在未来 10 年的潜在影响，影响你周围的人，让他们变得更好。

二　如何保持“未来方向”

人们经常问他们应该如何保持消息灵通。一个关键的答案是阅读高质量的出版物，如《金融时报》《经济学人》《新科学家》，以及任何你能得到的东西，以拓宽你的视野。

尽可能多地去不熟悉的地方旅行，与人们谈论不熟悉的事情，寻找不熟悉的经历、文化、地点和论坛。比如多与出租车司机交谈，因为他们往往是最先注意到城市变化的人。

结识来自不同行业的新朋友。从这个角度来看，我在伦敦已经生活了 40 年，作为这个国际性大都市中的一员，我受益良多。30 年前创立的艾滋病慈善组织 ACET 对于我来说是一次精彩的学习经历，现在 ACET 已经在 15 个国家开展活动，带我去了一些最贫穷国家的偏远地区。

观察身边人。当你游览一座城市时，停下脚步，在那里逗留一会儿——在咖啡馆也好或是在公园也好。你看到了什么？未来的一切都在流淌。

当你身处国外的时候，如果可以的话，去拜访一户人家，你将在一小时内了解他们的生活方式、家庭关系和文化，这可能比在同一个团队工作 30 年了解的还要多。

最重要的是，对别人的故事保持强烈的好奇心和兴趣。改变自己的观点，改变自己的未来。每天都有选择，做自己相信并最有激情的事。

关键词索引

E

F

G

H

J

R

S

T

W

X

Y

Z

图书在版编目（CIP）数据

未来的真相：不容忽视的六大趋势 /（英）帕特里克·迪克松（Patrick Dixon）著；杨鹏，车吉轩，陈智霖译. --北京：社会科学文献出版社，2022.10（2023.2重印）

书名原文：The future of（almost）everything: How our world will change over the next 100 years（second edition）

ISBN 978-7-5201-9843-1

Ⅰ.①未… Ⅱ.①帕… ②杨… ③车… ④陈… Ⅲ.①未来学 Ⅳ.①G303

中国版本图书馆CIP数据核字（2022）第040397号

未来的真相：不容忽视的六大趋势

著　　者 / ［英］帕特里克·迪克松（Patrick Dixon）
译　　者 / 杨　鹏　车吉轩　陈智霖

出 版 人 / 王利民
组稿编辑 / 恽　薇
责任编辑 / 冯咏梅　陈凤玲
责任印制 / 王京美

出　　版 / 社会科学文献出版社·经济与管理分社（010）59367226
地址：北京市北三环中路甲29号院华龙大厦　邮编：100029
网址：www.ssap.com.cn
发　　行 / 社会科学文献出版社（010）59367028
印　　装 / 三河市东方印刷有限公司

规　　格 / 开 本：889mm×1194mm　1/32
印 张：11.625　字 数：275千字
版　　次 / 2022年10月第1版　2023年2月第2次印刷
书　　号 / ISBN 978-7-5201-9843-1
著作权合同登记号 / 图字01-2021-3096号
定　　价 / 89.00元

读者服务电话：4008918866